U0324066

■材料科学经典著作选译

Jingti Jiegou Jingxiu——Jingti Xuezhe de SHELXL Ruanjian Zhinan

晶体结构精修
——晶体学者的SHELXL软件指南

Crystal Structure Refinement
—— A Crystallographer's Guide to SHELXL

P. Müller R. Herbst-Irmer A. L. Spek 著

T. R. Schneider M. R. Sawaya

P. Müller 编

陈昊鸿 译

赵景泰 校

高等教育出版社·北京

内 容 简 介

本书详细介绍了晶体结构精修中的常见问题及其处理技巧，采用具体示例的方式加以说明。本书使用晶体学领域内享有盛誉并广泛使用的精修软件——SHELXL。对小分子晶体结构精修中的加氢、原子类型指定、无序、赝对称、孪晶、赝像等方面进行了阐述，讨论了小分子晶体结构验证的必要性和手段，同时对蛋白质等生物大分子的精修和结构验证也进行了概述。书中每个示例的原始数据和各步精修操作的结果文件均附于随书光盘，方便读者自行练习使用。本书有助于促进对晶体结构精修知识的理解和运用，掌握先进的结构解析工具，提高晶体结构测定的技术水平。本书可以作为具有初步 X 射线晶体结构测定基础、能运行相关软件的入门者的进修教材，也可以作为相关研究人员的参考书。

译 者 序

尽管我国古代在炼丹、制盐、陶冶、金石加工等技术中已经积累了现代晶体学的一些知识，如硫化铅晶体的升华和食盐晶体的溶液过饱和技术；然而，晶体学知识体系的建立和发展却源自欧洲和美国，而且仅在该学科知识被引入我国后，国人才将传统的经验加以整理，从而在我国和世界晶体学发展史上添上重要的一笔。因此，西方晶体学方面的著作是国内学者入门和精通这门学科的根本途径，也是国内晶体学著作的第一手资料。其中，施士元译的《X 射线晶体学》（Guinier 著）和中国科学院生物物理研究所晶体结构分析组集体翻译的《X 射线晶体学导论》（Woolfson 著）等哺育了国内几代晶体学者。

与偏理论讲述的译著受到重视并备受推崇相反，国内迄今为止仍缺乏偏技术性的译著。从实用角度上说，技术的应用者并没必要成为理论的研究者。如利用现代计算机技术可以把实现理论算法的代码封装在底层，使用者仅仅注重技术层面上的输入信息准备、输出结果解释和相应处理即可。而且在国外，晶体学方面的会议、著作等是理论和技术齐头并进的，他们经常以讲习班的形式举办技术培训，集中于 FullProf、SHELX 等著名软件的使用方法讲解和典型例子操作。相反国内仍主要处于研究团体各自口耳相传的阶段，使得刚刚入门的研究人员不得不将大部分精力花在技术的寻觅、理解和掌握上。即使是晶体学专业人员，由于经验不足，同样也存在着技术运用上的困难，在缺乏外界指导的条件下，其研究进展经常受到阻碍。因此，引进并翻译国外关于先进软件应用和具体学术问题处理方面的著作是一项亟待解决并具有重大意义的工作。

牛津大学出版社 2006 年出版的由 Peter Müller 主编的 "Crystal Structure Refinement——A Crystallographer's Guide to SHELXL" 一书是国际晶体学的经典教材。这不是偶然的，其主要原因有二：首先，SHELX 程序包是国际晶体学界广泛使用的免费软件，90% 以上报道晶体结构的文章都注明使用了 SHELX 程序包或者基于该程序包的商业软件 SHELXTL；其次，本书是名家经典，内行巨著。因为作者 Peter Müller 自 1996 年起师从 George M. Sheldrick，后者恰恰是这套软件的作者，而 Müller 本人的学术研究集中于晶体结构的确定，尤其注重精修过程的技巧和结果纠正，美国麻省理工学院特意邀请他讲授晶体结构精修课程，在国际晶体学界享有很高的声誉。更难得的是，这本书需要的起点很低，仅要求掌握晶体学的基础知识，并懂得基本的软件操作，而其要解决的问题又是晶体结构确定中最难理解和掌握的技术。因此，高等教育出版社与牛津大学出版社协商、及时引进和翻译这本书，对提高国内相关研究人员晶体结构解析水平以及为掌握晶体结构测定知识提供一本实践性教材等都具有非常重要的意义。

本书章节内容安排如下：第一章与序言介绍的 SHELX 简史呼应，扼要说明 SHELX 程序包及其 SHELXL 精修程序的输入输出文件；第二章总结了数据处理、SHELXL 精修程序的常用指令（自由变量、约束、限制等）、精修结果及判据等内容。这两章是全书的基础，建议熟读并不时参考。随后六章分类阐述了精修中常见的加氢、指定原子类型、无序、赝对称、孪晶和赝像六大问题及处理技巧，并以大量实例加以说明。第九章介绍了小分子结构验证的必要性并详细说明了 PLATON 程序中的各种验证项目。接下来两章以蛋白质为例，分别介绍了大分子晶体的精修步骤和要点（第十章）以及结构交叉验证的必要性和各种验证程序的使用（第十一章）。最后一章作为总论，对精修问题的一些方面进行强调和深化，同时提供了常见配位几何、键长等数据。随书光盘提供了作者介绍、用于练习和自我精修技术水平检查的各章示例的各步输入、输出文件，以及一份 SHELX –97 软件手册。

在翻译这本书的过程中，译者在保持"可信"的基础上注重以汉语的表达方式行文，并且考虑到西方讲究互动而东方注重命令的人文差别，因此文中不再出现"让我们……"等类似的语句，而直接以更符合中文语境的陈述语句代替。另外，目前常见于外文读物句子中的一个结构"A and/or B"表示"A 和 B 共存最好，不然有 A 或者 B 中的一个也行"的前提假设，由于汉语没有对应的词语，为了避免啰唆，一律用"和/或者"表达。出于历史原因以及布拉格方程的借用表达，reflection（反射）和 diffraction（衍射）两个词语在晶体学领域经常混用，这本书也不例外，出于避免引起读者混淆的考虑，书中一律翻译成衍射。关于 X 射线晶体学中的反射和几何光学的反射的区别，有兴趣的读者可以参阅高等教育出版社 2006 年出版的《现代无机材料组成与结构表征》的第五章。

本书全文由陈昊鸿负责翻译、修改，并由赵景泰校订、统稿。

我们在这里真诚感谢提供了如此优秀教材的 Peter Müller 博士、极力推荐该书翻译出版的陈小明教授以及推动这本书的出版工作的高等教育出版社刘剑波编辑。另外也感谢中国科学院及高等教育出版社相关人员的支持和帮助。

由于译者和校者见识和水平有限，因此错误和疏漏在所难免，恳请批评指正。

陈昊鸿　赵景泰

chen-h-h@ mail. sic. ac. cn

jtzhao@ mail. sic. ac. cn

中国科学院上海硅酸盐研究所

2009 年 9 月 4 日

序

SHELX 简史

5000 行 FORTRAN 程序代码构成的 SHELX－76 起源于 1970 年左右剑桥大学 ICL Titan 计算机被 IBM－370 计算机代替的时候。早期我尝试用 Titan Autocode(一种简单却有效的,比现代高级程序语言更偏向汇编语言的编程语言)编写程序,而随着 IBM 计算机的到来,出现了两个主要的革新:FORTRAN 编译器和穿孔卡片。我被迫将有关晶体学最小二乘精修的首个作品 NOSQUARES 程序用另一种程序语言重写,而这是完善它的一个好机会。不过由于我懒于阅读 FORTRAN 手册或者参加相关培训,所以我用 FORTRAN 一个非常简单的子集重写了这个程序,得到了原 Titan Autocode 代码编写的程序的一个"古怪"类似物,并且取消了不利于移植到别的计算机的性能,以便我不用再为了运行于其他计算机而重写这个程序。这种做法的好处是代码高效,这点对当时主流计算机有限的计算和存取速度(约是现代计算机的万分之一)来说是非常重要的。实际上 SHELX－76 在几乎所有的现代 FORTRAN－95 编译器中仍然能够编译并且运行正确。

当时我自认是属于喜欢应用各种物理方法的无机化学家。我的博士论文题目就是《无机氢化物的 NMR 研究》(导师 Evelyn Ebsworth)。当我 1978 年进入格奥格－奥古斯特－哥廷根大学(即哥廷根大学)后,我发现我的德国同事们比起我来是多么更擅长于"烹饪"(制备化学)。我觉得自己围绕晶体结构解析展开工作将更好,因为当时他们迫切需要表征他们自己合成的所有化合物。

20 世纪 60 年代,我们擅长使用的结构确定方法之一是气相电子衍射,它可以用于确定相当不稳定的,具有与空气接触就爆炸的特性的—SiH_3 衍生物的结构。使用这种方法需要先在剑桥大学合成样品并带到格拉斯哥大学,再到曼彻斯特的 UMIST。在那里 Durward Cruickshank 拥有国内唯一的可运转的气相电子衍射仪器。在一次访问中,我向 Durward 提到我将需要做些 X 射线晶体学的工作,因为不是我们所有的样品都具有足够的挥发性从而可以在气相中确定结构的。并且提到我找到了一台 X 射线发生器和一台魏森堡相机,但是仍然需要为 Titan 电脑写一个合适的 Autocode 程序来分析得到的数据。Durward 非常友善地提供了一些关于最小二乘精修的意见。后来这些意见被他发表于

1969 年在渥太华举办的计算培训班。它们组成了今天 SHELX 最小二乘精修的基础。

SHELX – 76

SHELX – 76 是为我自己和我的学生而写的，我从没有想到它会被剑桥大学这个象牙塔外的人使用。无论如何，这个程序经过几年相当完善的调试，有一个权威的发行版本显然是一个好主意。最终确定为权威的发行版本被称为 SHELX – 76，它包含对魏森堡相机数据的 LP 和吸收校正部分。此外，我还为我们用的魏森堡几何衍射仪写了二进制控制程序以便尽可能多地使用 4 K 大小的 12 位字符存储器。很幸运的是利用方向余弦的性质使得程序也可以处理其他数据来源。在 SHELX – 76 中除了上述的数据处理，还包括用于产生独立衍射点列表文件的数据合并、用于结构解析的有点粗糙的直接法和帕特逊法模块、最小二乘结构精修、独立参数的计算和傅里叶合成。这些导致整个程序过于庞大，以至于 5 000 行 FORTRAN 语句相对于个体穿孔卡来说太长了，不便携带。因此我为 FORTRAN 写了一个小型压缩程序，同时也为测试数据写了另一个小型压缩程序（它使得每张穿孔卡平均保存 9 个衍射点，每个衍射点大概 9 字节——但是这种压缩使数据稍微丧失了一些精确性）。程序，测试数据和（未压缩的）FORTRAN 解压缩程序能全部装入一个标准的带 2 000 张穿孔卡的盒子里，可以被邮寄或者随我周游世界。实际上这些被压缩的数据仍然能够用"HKLF 1"命令读取并且当因时网①（BITNET）出现后还短暂地流行了一段时间。曾经有一次当我正在度假时，一个学生碰翻了盛放一重要晶体的唯一一套数据的卡片盒，卡片掉得到处都是，但是在我回来前，他成功解决了代码问题从而把卡片按顺序放回盒内。

一个问题很快出现了——程序中数组维度只能用于 160 个原子（包括氢原子）的限制确实小了点——我本来觉得它永远不需要增加。Dobi Rabinovitch 解决了如何增加数组维度用于处理 400 个原子的办法并且加入这个程序中产生了新的规范版本。后来我又遇到将这个程序移植到通用数据公司的首批微型计算机上的麻烦。我能够克服内存限制（这个程序和操作系统必须适合于 64 K 字节的内存）的问题是依靠"覆盖（Overlay）"技术的广泛应用（只在内存中保留一部分可执行代码）以及相当有效的分块 – 级联最小二乘精修算法。该算法以系列动态选择的小规模局部块结构的处理来精修整个结构，并且仅对上一轮精修中变化的原子重新计算结构因子贡献。这个作品成为我接受并为 Syntex 公司

---

① 1980 年美国纽约市立大学和耶鲁大学的研究者们建立的一个学术研究网络，也有比特网等译名。——译者注

（后来变为 Nicolet 公司，随后转为 Siemens 公司，最后成为 Bruker 公司）编写的 SHELXTL 版本的 XLS 精修程序的基础。因为 XLS 只适用于 Nova 计算机中的带 2 字节缓存的存储器，所以它很难进一步扩展，甚至难于修改漏洞。

SHELX–97

在有关直接法解析结构方面，Michael Woolfson 和 Lodovico Riva di Sanseverino 组织了一些培训活动。第一次活动于 1970 年在帕尔马举行，从 1974 年开始活动则改在埃利斯。这些优秀的培训使我受益良多。20 世纪 80 年代，直接法取得的发展促使我决定单独编写一个结构解析程序，即 SHELXS–86。SHELXS–86 在 1993 年最终伴随着一个新的精修程序 SHELXL 问世了，究其原因部分是因为 Syd Hall 和 "Acta Crystallographica" 杂志的编辑们老是要求我编写 cif 格式输出程序。但是 cif 文件并不是理想的解决晶体学数据交换和存档问题的办法。虽然 cif 文件比相应的 SHELXL.res 文件长，但是它缺乏很多信息，比如精修中使用的约束和限制条件。在 1997 年 SHELXS 和 SHELXL 被再次更新，随后它们被证实足够可靠，不用再进一步修改了。这两个程序（包括后来为大分子相角问题而写的 SHELXC、SHELXD 和 SHELXE 程序）在它们公开前已经过多年的测试，发布的结果版本已经处于调试足够完善的阶段。这和当前一般的编程原则不同，它们都是尽可能快地分发程序代码，用户理所当然会碰到"臭虫"。上述程序加上处理 cif 格式文件的 CIFTAB 和与大分子领域的软件交互的 SHELXPRO，一起构成了众所周知的 SHELX–97。

程序手册一直是一个问题，因此我从 1992 年开始每次一个地发送这个程序集的 β–测试版本，每个潜在的 β–版测试者都被赋予一份手册的拷贝并被告知：只要能告诉我手册中至少 3 处错误或者有其他好的改进建议，那么他们将继续获得拷贝。然后我根据收到的意见全部做了更正，又将更正版本发送给下一批"豚鼠"①。虽然首批测试者看了手册并发现了大量的拼写检查错误（我的拼写从来不是很好），然而在送出几百个测试版本后，人们开始抱怨这完全是一个"恶魔的阴谋"，因此我简单总结了一个不打算再送出以征求意见的自以为无错的（这是不可能的）程序手册来聊以塞责。

程序风格

几乎没有和 SHELX 同样古老的软件在今天仍广泛应用（虽然 ORTEP 软件也是一个甚至更加古董的幸存者），可能原因之一是 SHELX 使用一个非常简单的 FORTRAN 标准子集，甚至更后面的对 SHELX 系统的扩展也是如此，这

---

① 在西方，豚鼠常用于实验，这里指代被选中的测试者。——译者注

就使得移植这些程序到新的电脑硬件中显得轻而易举。和其他编程语言相比，FORTRAN 保持着显著的稳定性和向上兼容性。工作期间我学了一些 C 和 C++，几年前甚至还进修了 PASCAL 课程，但是我仍认为 FORTRAN 是编程语言中解决复杂数据处理问题的选择。FORTRAN 没有要逐渐消亡的迹象，其应用正被 Linux 系统中唾手可得的优秀 FORTRAN 编译器进一步扩大。巨大的 FORTRAN 科学软件代码基石所产生的一种绝对惰性使我们有理由相信它们在漫长的未来仍将一直存在。FORTRAN 有很多优秀的数值计算程序库，但是我宁愿不用这些程序库，自己编写 SHELX 的每一行代码。这么多年来，程序相当强的可移植性就是因为没有随着某个数值计算库而受限于特定的时代。此外（按照现代标准），编写这些程序时我非常注意执行速度和内存调用的优化，甚至达到"过犹不及"的地步，导致的一个"负面效应"是执行程序时再利用编译器的优化功能几乎不会进一步得到多少改进。可能就是这种斯巴达式编程风格，比如说一维数组的命名限制用一个字母并且要求注释简洁——这些起初是为了降低穿孔卡用量，保证能够压进一个盒子——完全阻止了程序代码的"改进"。

用户界面

作为 SHELX 的重要部分之一，也让我费尽心机的就是用户界面。程序实现了所需的输入和输出文件的数目尽可能最少，同时不用配置文件或者环境变量。因此对结构精修来说，（一般静态链接的）可执行 SHELXL 程序放在 PATH 定义的位置后，所需要的全部东西就是扩展名分别是 .hkl（包含衍射数据）和 .ins（包含除衍射数据外的别的内容）的两个文件。SHELX-76 经常用"HKLF-1"从单一的卡片盒中读取并链接被压缩的衍射点数据到前面取出的数据的末尾。如果能够找到一个读卡器，同样的卡片盒也可以被现在的 SHELXL-97 读取并得到合理的结果。有些用户还会记得我对 .hkl 衍射数据文件格式最后做的小改动是在 1975 年。由于保持可兼容是软件的最高守则，所以我现在不再进行改变，即使很多人觉得应该在文件中的第一个衍射点前插入与晶·面指标相对应的晶胞参数。

.ins 输入文件是让人们编辑的，而不是计算机。缺省值的大量使用保证这个文件不大。使用缺省值需要仔细衡量，因为软件 99% 的运行时间里都在使用着它们。当 SHELX-76 面世时，该文件的一个罕见特性是输入格式自由化并且不被 FORTRAN-66 支持，因此必须一个字节接一个字节地嵌入 FORTRAN 程序中，不过最起码它是彻底可移植的。四个字符构成一个关键字在 SHELX 输入和通用英语语言中都扮演了重要的角色。除了缺省值外，.ins 文件中还存在别的特性使得它很难被其他计算机软件解析；为节省空间我没有像 PDB 或者其他格式那样，用"ATOM"作为每个原子的开始，因此一个原子名仅仅是一个键盘字符，没有其他预定的含义。当然，改变这些的确是好的想法，但是更加重要的还是保持向上兼容性。

精修策略

SHELX 的大多数内容主要基于其他人特别是程序用户的想法。我尝试在程序中加入自己的创新点子，结果有近 90% 是多余无用的。于是我仔细清除掉这些内容以便没有人会不慎误用它们。而在结构精修中证明是有用的残留创新点值得在这里说一下。其中一个就是引入了自由变量，允许简单、广泛地使用线性约束，而其他程序经常需要用户逐个编写特定的子程序来达到目标。在SHELX－76 中特殊位置约束是自由变量的一个主要应用。到了 SHELX－97时，特殊位置的识别和约束已完全实现自动化，并且现在经常使用自由变量的地方可能是耦合不同无序原子或基团的占有率的精修了，而其他蛋白质精修程序多数仍缺乏特殊位置和占有率的约束。刚性基团的定义（和去掉刚性基团约束）在 SHELXL 中是非常简单和直观的——尽管用户基本上不知道四元数在匹配标准碎片与所选电子密度峰方面潜在的强大应用。关联数组和 PART 序号的使用提供了一个简单而有效的定义无序和生成氢原子以及各种限制的框架。其他大分子程序则倾向于使用复杂得多的模板，在模板库中包含了所有化学键、氢原子等的定义（这是为什么一些蛋白质绘图程序不能画双硫键的原因）。SHELXL－97 的另一个创新是将循环差值傅里叶用于确定—OH 和—CH_3 等基团中氢原子的最佳位置。"相似间距"限制和各向异性位移参数限制（DELU、SIMU 和 ISOR）也首次在 SHELXL－97 中广泛应用——虽然刚性键限制可能是John Rollet 首次使用的。这些限制对大分子精修和小分子结构（多为溶剂分子）的无序处理是必要的。我确信将来我们能发现更好的限制位移参数的办法，这种发展是永无止境的。

我从没有想到 SHELX 后来会被用于大分子精修。20 世纪 90 年代早期，Zbigniew Dauter 和 Keith Wilson 一直在寻找可以利用汉堡 DESY 同步辐射的EMBL 光束站收集的数据再次精修分辨率非常高的蛋白质结构的方法。在他们的鼓励支持下，我在程序中加入了一些针对这个目标的必要的特性，包括溶剂模型（基于 Dale Tronrud 和 Lynn Ten Eyck 在 TNT 软件中使用的方法）和最小二乘正规方程组的共轭梯度解法（CGLS）（见于 John Konnert 和 Wayne Hendrickson编写的 PROLSQ 程序）。通过考虑前一轮循环中的偏差，我引入了一些加速CGLS 收敛的措施。实际上 CGLS 法是非常鲁棒的，在大或小分子方面有更加广泛的应用。但是 CGLS 不能够估计参数的标准不确定度。因此最后一轮采用最小二乘精修循环——通常加入 BLOC 1 和 DAMP 0 0，对获得大分子的这些标准不确定度值来说是必要的。SHELXL 编程中最复杂的部分可能还是基于来自全最小二乘矩阵求逆的所有关联项计算所有衍生参数的标准不确定度。

缺面和非缺面孪晶的精修仍是大分子晶体学家没有注意到的问题。Garib Murshudov 和其他人的检测表明 PDB 数据库中累积的部分结构因为没有考虑到孪晶而存在严重的错误。在发展用 SHELXL–97 处理和精修孪晶的方法上，我的同事 Regine Herbst-Irmer 做出了主要的贡献。

多年来我收到过大量的来自出版商或者其他人让我编写一本关于 SHELX 的书籍的请求，但我总是立即加以拒绝，因为对我来说，写程序比写书更有趣得多。因此当 Peter Müller 和他的作者团队终于为我完成了这件事，我对此感到高兴。他们的工作使我能够继续自己编写晶体学程序的爱好，而不用担心现在是我应该向世界上其他人解释如何使用它们的时候了。

George M. Sheldrick

哥廷根

2005 年 11 月

前　言

晶体学已成为确定物质结构的最重要手段，介绍晶体学基础的教材种类繁多。不过这本书并不是它们的又一个样本——因为它将要介绍没有被这些教材太多涉及的晶体结构精修的更高级部分。本书重点讨论晶体学者日常生活中遇到的实际问题，包含了如下专题：第一章首先介绍这本书所用的精修程序SHELXL的特性；第二章接着简要总结了结构精修过程；然后第三章及后面各章分别介绍了结构精修的方方面面，包括氢原子处理、原子类型指定、无序、非晶体学对称性和孪晶。关于蛋白质精修的一章介绍了大分子晶体学领域的一些特点并帮助读者理解 SHELXL 将蛋白质看成是非常大的"小"分子结构的观点。另外，这本书还包含关于结构验证(小分子结构和大分子结构)的两个小章节，以及解答经常被忽视的常见问题的一个总论。大多数章节都给出了基于 SHELXL 程序的精修示例用于对各种问题加以详细介绍。随书光盘提供了重现这些精修过程需要的所有文件。从这一点看，这本书类似一本操作指南，其操作可以在室内进行或者不受任何空间限制——只要你有一台笔记本电脑。

这本书其实是 SHELX 手册的补充，而不是类似于 SHELX 手册的东西。许多在手册里有详细介绍的内容在这里只是简略涉及。随书光盘包含了一个SHELX 手册的 pdf 格式的版本，每一个与晶体学相关的研究结构均应该把它作为工具书——因为它是所有 SHELX 问题的最终权威参考。

晶体学家的培养过程经常让我联想起杰迪武士①的训练——实际的知识只能由师傅对徒弟口耳相传。如果没有内行专家的帮助，外行或自学者是难以掌握的。即使这个世界里优秀晶体学家明显不像杰迪武士那么稀少，但是我想这本书仍可以为许多热心结构分析的科研工作者提供一个有用的工具。通过揭示一些技巧的内幕，我希望《晶体结构精修》这本书能有助于减少像 Richard Marsh、Richard Harlow 等这类擅长于发现其他晶体学者发表作品中错误和过失的人需要付出的工作量。

当开始写这本书时，为了避免与任何已经存在的教材重复，我就假设读者已经具有晶体学的基础。因此这本书不包含关于对称性、X 射线产生机理、衍

---

① 杰迪武士为《星球大战》中代表正义的人类骑士，其训练需要师傅亲身指导，比如天行者卢克的成长就是一个典型。——译者注

射理论等内容。在书末尾"进阶读物"的小节里，我给出了介绍晶体学的经典著作，读者可以自行参考。

这本书的大部分章节由我编写；Regine Herbst-Irmer 写了孪晶一章；Thomas Schneider 负责蛋白质精修；Anthony Spek 和 Michael R. Sawaya 分别编写了小分子结构和蛋白质结构的验证，SHELXL 的作者 George Sheldrick 为本书作序，介绍了 SHELXL 的简要历史。

我热忱感谢 Regine Herbst-Irmer 等四位作者对这本书的无价贡献。另外，我要特别感谢 George Sheldrick 从 1996 年起成为我的"杰迪师傅"以及他对这本书的支持和帮助。没有他就不会有这本书！我也感谢 Claire Gallou-Müller 和 Dan Anderson，他们通读了我的草稿，始终支持我在写作中的各种"奇思妙想"。

Peter Müller
马萨诸塞州剑桥
2005 年 12 月

英文原著作者

Dr. Peter Müller
Department of Chemistry
Massachusetts Institute of Technology
77 Massachusetts Avenue, Building 2, Room 325
Cambridge, MA 02139, USA

Dr. Regine Herbst-Irmer
Department of Structural Chemistry
Institute of Inorganic Chemistry
University of Göttingen
Tammannstr. 4
D – 37077 Göttingen, Germany

Prof. Dr. Anthony L. Spek
Laboratory of Crystal and Structural Chemistry
Bijvoet Center for Biomolecular Research
Utrecht University
Padualaan 8
3584 CH Utrecht, The Netherlands

Dr. Thomas R. Schneider
IFOM – The FIRC Institute of Molecular Oncology
Biocrystallography and Structural Bioinformatics
Via Adamello 16
I – 20139 Milan, Italy

Dr. Michael R. Sawaya
UCLA Technology Center
University of California Los Angeles
Box 951662
Los Angeles, CA 90095 – 1662, USA

目　录

1

SHELXL

Peter Müller

这是一本利用 George M. Sheldrick 编写的 SHELXL 软件进行晶体结构精修的书。SHELXL 既是小分子精修中最流行的程序，同时也与 Axel Brünger 的 CNS、Garib Murshudov 的 Refmac 同列为最常用的三个蛋白质结构精修程序。在本书的序言中，George Sheldrick 讲述了第一个版本的由来，并且简要介绍了 SHELXL 的发展。

1.1 SHELX 程序包

SHELXL 是 SHELX 程序包的一部分，这个程序包包括如下程序：

SHELXS   用帕特逊法和经典直接法解析结构

SHELXD   并不仅限于大分子的结构解析

SHELXL   结构精修

SHELXH   用于极大结构的精修(基本上和 SHELXL 相同,但是允许的最大参数个数更多)

CIFTAB　　从 . cif 文件准备各种用于发表等的表格

SHELXPRO　　SHELX 和其他蛋白质相关程序的接口，提供了多种文件格式的转化、电子密度图计算等功能。

SHELXWAT　　为大分子自动添加水分子

用于多种操作系统的所有程序版本可以免费[①]从 George Sheldrick 处获得，唯一的要求就是填写一个注册表单(www. shelx. uni-ac. gwdg. de/SHELX)。

1.1.1　SHELXTL 和其他程序

SHELX 程序包存在一个商业化孪生版本——Bruker AXS[②] 销售的SHELXTL 程序包。这个程序包含有 SHELX 里相应的程序：XS(SHELXS)、XM(SHELXD)、XL(SHELXL)、XH(SHELXH)、XCIF(类似 CIFTAB)、XPRO(SHELXPRO)、XWAT(SHELXWAT)，同时还包含 George Sheldrick 和别的作者编写的其他一些程序，前者有 XP 和 XPREP，后者有 XSHELL 以及 Anthony L. Spek 编写的 PLATON[③] 等。整个程序包可以从一个核心图形用户界面进行操作，这个用户界面也可以调用编辑 . ins、. res、. lst 和 . cif 格式文件的文本编辑器并且保持正确的文件名记录。

XPREP 用于交互分析衍射数据，除了别的许多功能外，它还能够帮助确定空间群、计算并显示衍射数据统计结果、产生不同种类的帕特逊图、确定缺面孪晶以及建立 SHELXS 和 SHELXD 的输入文件(在 SHELXTL 里分别对应 XS 和 XM)。不幸的是 XPREP 不是一个免费程序，只能从 Bruker-AXS 获取商业化版本。实际上使用本书的示例文件并不需要这个程序，但是 XPREP 对各种有关晶体学的工作来说，是一个非常有用的工具，我们竭诚建议购买这个程序用于晶体学工作。

XP 是一个相当久远却仍广泛应用的程序，用于显示、分析和编辑晶体结构。XP 本质上是 SHELXL 的绘图部分。它读取 . ins 和 . res 文件，允许检查和处理结构坐标。此外，XP 能够绘制诸如 Ortep 风格的热椭球图、电子密度图等好几种格式的图形。它最引人注目的特色可能是可以产生对称等效的原子和/或分子，以及可随心所欲地对结构中的原子施加任何给定的对称性操作。

---

① 这是针对用于非盈利目的的情况。

② www. bruker-axs. de/products/scd/shelxtl. php。

③ PLATON 标准版本可从 www. xraysoft. chem. uu. nl 免费获得，更详细的信息可参考第九章。

XP 和 XPREP 是非常有用的优秀程序，但并不是完成这些任务的唯一选择。例如人们可以用 SORTAV（CCP4 程序包①的一部分或者从作者 Robert H. Blesssing 那里直接获取独立的版本）代替 XPREP；也可以用 ORTEP－Ⅲ（学术用户可以免费从作者 Michael N. Burnett 和 Carroll K. Johnson 获得）②或者 ORTEP－3 视窗版（学术用户可以免费从作者 Louis J. Farrugia 处获得）③取代 XP。使用本书中的示例文件不需要购买 SHELXTL 或者其他任何程序。示例文件中提到的每一步骤可以用对搞学术或者非盈利用户免费的软件来完成。

XSHELL 是 SHELXL 的图形化用户界面，最早源于 Bob Sparks。它用于辅助编辑 .ins 和 .res 文件，交互确定原子类型和显示结构。XSHELL 直接与 SHELXL 交互，即可以从 XSHELL 开始 SHELXL 的精修循环并且立即显示精修结果。XSHELL 具有 XP 中没有的部分特性，比如用鼠标操作、更现代化的视觉效果等。不幸的是，Bob Sparks 于 2001 年逝世，不能继续完成 XSHELL 的编写。因此至少当前的 XSHELL 版本在限制条件的操作、无序和/或者孪晶结构处理、加权方案及其他具体问题上都存在着缺陷，这清楚表明编写这个程序的作者并不是一个晶体学家。虽然 XSHELL 是容易上手、便于操作的程序，但是笔者强烈建议除了指定原子类型和标注原子外，不要用于别的事情。不远的将来很可能会出现一个新版的 XP，在具有这些方便性能的同时还保持着现有 XP 已知的可靠性④。

除了提到的程序外，还有其他大量的晶体学程序。它们中的大多数对学术用户是免费的。其中的部分程序（twinrotmap、cell _ now、Gemini、SAINT、Coot、XtalView 等）会在这本书中有所涉及，并在相应的地方概述了要点。

除了 SHELXTL 外，还存在别的用于 SHELXL 和其他晶体学程序的图形用户界面，最流行的可能是 Louis Farrugia 的 WinGX。WinGX 是一个对公众开放的多种程序的集成系统，用于单晶衍射数据的分析和精修。它来自 Glasgow GX 程序包（这也是它名字的由来）并主要集中于小分子晶体学，可以从作者那里免费获得⑤。

---

① www. ccp4. ac. uk/main. html。
② www. ornl. gov/sci/ortep/。
③ www. chem. gla. ac. uk/ ~ louis/software/ortep3/。
④ 实际的发展是 Bruker 公司承继并开发了新的 XSHELL 版本。——译者注
⑤ www. chem. gla. ac. uk/ ~ louis/software/wingx/。

1.2 SHELXL

这一小节的大部分差不多都是 George M. Sheldrick 主编的 SHELX-97 手册的照搬照抄，这本手册可以在随书光盘上找到。建议每一个与晶体学有关的机构将该手册打印一本，因为它是有关 SHELX 问题的最权威的参考。

SHELXL 是利用衍射数据精修结构的程序，主要面向小规模结构的单晶衍射数据——尽管它也可以用于数据分辨率为 2.5 Å 或更大的大分子的精修。因为它使用传统的对结构因子求和的算法，所以相比标准的基于 FFT 的大分子程序有点慢但是精确度稍高。SHELXL 的设计目标是易于安装和使用，可用于所有的空间群和各种结构类型。它能自动产生极轴限制和特殊位置约束，可以处理孪晶、复杂无序、确定绝对结构、输出 cif 和 pdb 文件，并且可以为难弄的精修过程提供大量不同的限制和约束条件加以控制。界面程序 SHELXPRO 能将大分子精修结果用 Postscript 格式的图形显示，并产生用于与广泛使用的大分子程序交互的图像和其他文件。辅助程序 CIFTAB 基于 cif 输出文件为小分子结构的精修结果生成各种报表。

1.2.1 程序组成

虽然有几个图形用户界面可用于 SHELXL，但是它基本上是输入文件驱动的。只需要两个输入文件（原子/指令和衍射数据）就可以运行这个程序。由于这些输入文件和输出文件都是标准 ASCII 文本文件（其中的指令没有严格区分大小写），因此很容易在不同类的网络中共享这个程序。衍射数据文件 name.hkl 以标准的 SHELX 格式包含 h，k，l，F^2 和 $\sigma(F^2)$ 数据。在这个文件中，程序已经合并了等效点并且去掉了系统消光的衍射点。另外该文件中衍射点的排列顺序并不重要。晶体数据、精修指令和原子坐标一起输入并组成了 name.ins 文件。在 .ins 文件中，指令的体现形式是四字符关键字后跟原子名称、数值等，其格式不限。几乎所有的数值型参数都有切合实际的缺省值。SHELXL 可以正常运行于任何计算机系统，所用命令如下：

shelxl name

这里的"name"确定了相应于某个给定晶体结构的所有文件名称的前面部分①。该可执行程序必须是通过程序所在路径（或者其他等价机制）可以被访问。另外，在运行时它不需要环境变量或者额外的文件。

结构精修过程的简要总结会出现在命令行窗口中，而完整的叙述则写入

---

① 另一部分为扩展名。——译者注

name.lst 文件，该文件可用任意文本编辑器打印和检查。每一轮精修后会产生 name.res 文件。它与 .ins 文件相似，不过所有用于精修的参数都被刷新了。name.res 文件可以被拷贝或者编辑，保存成 name.ins 文件进入下一轮精修（见图 1.1）。

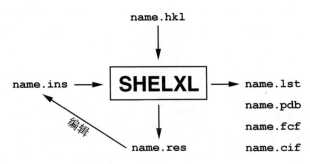

图 1.1　SHELXL 的文件组织图

1.2.2　指令文件 name.ins

所有的指令行开始于一个四字符（或者更少）组成的关键字（也可以是一个原子名称）①，随后跟着自由输入的数字和其他信息，并用一个或多个空格来分隔。大小写输入可以自由混合（例外的是使用 TITL 指令时输入的文本字符串），在 SHELXL 操作中，这些输入字符会被转化成大写。指令 TITL、CELL、ZERR、LATT（视情况使用）、SYMM（视情况使用）、SFAC、DISP（视情况使用）和 UNIT 必须按照这个顺序排列，其他指令、原子名等则排在 UNIT 之后和最后一条指令之前，该指令通常是 HKLF（用于读取衍射数据）。许多指令允许指定原子作为操作对象，如果没有加上相应的原子名则意味着指代"所有非氢原子"。排成一列的原子名称也可以简写成首个原子名，字符">"（用空格分离），最后一个原子名的格式，它意味着"包括这两种命名的原子及排在二者之间的所有非氢原子"。

1.2.3　衍射数据文件 name.hkl

.hkl 文件中每行代表一个衍射点，每一行中，h，k，l，F^2 和 $\sigma(F^2)$ 数据以及批序号（可选择的）以格式（3I4,2F8.2,I4）②排列。这个文件需要用所有项

---

① 因为有些指令，比如位置占有率设置是位于原子信息行中的一列，该行以原子名称开头。——译者注

② 即三个四位整型数据，两个浮点型数据（小数点后两位，整数部分 8 位，一个四位整型数据。——译者注

都是零的一行来结束。该文件中各个独立的数据集没必要彼此分开——批序号就是用来区别以不同比例因子分开进行精修的衍射数据集的。衍射点的顺序和批序号顺序并不重要。HKLF 指令（该指令在 .ins 的结尾）负责读取 .hkl 文件，规范 .hkl 文件的格式并且使用比例因子和重取向矩阵进行处理。.hkl 文件中的数据默认已经做过洛伦兹、偏振化和吸收校正。必须注意，对劳厄和粉末数据，.hkl 文件有相应的扩展，这和处理孪晶时不能仅仅用 TWIN 指令一样。

1.2.4　SHELXL 中的数据合并

SHELXL 自动去掉系统消光的衍射点。MERG 指令控制衍射点的排序和合并。通常 MERG 2（默认）适用于小分子：等效衍射点被合并并且其指标被转化成标准的对称等效值，但是对非中心对称的空间群并不合并 Friedel 反常散射点。指令 MERG 4 则合并 Friedel 反常散射点并且将所有元素的 $\delta f''$ 设置为零，这可以节省处理没有明显反常散射效应的大分子的时间。F_o^2 代表观测到的实验结果，如果由于统计涨落原因而使得背景高于相应的峰，则 F_o^2 可能略小于零（参考第二章）。SHELXL 会按下式计算数据合并的残差因子 R_{int} 和 R_{sigma}：

$$R_{int} = \frac{\sum \left| F_o^2 - \langle F_o^2 \rangle \right|}{\sum F_o^2} \tag{1.1}$$

在这个公式中，两个求和都包含了所有输入的衍射点，其中各组对称等效点被平均，而 $\langle F_o^2 \rangle$ 就是所测等效点的平均值。

$$R_{sigma} = \frac{\sum \sigma(F_o^2)}{\sum F_o^2} \tag{1.2}$$

这个公式中，对已合并数据列表中的所有衍射点进行求和，$\sigma(F_o^2)$ 表示这些已合并衍射点的标准不确定度估计值。在赋予某个已合并衍射点的 σ 估计值时，SHELXL 采用等效的各个衍射点的 $\sigma(F_o^2)$ 数据的平均值，如果已合并衍射点的标准不确定度更大，就要用这个各等效点合并后所得数值的标准不确定度。

1.2.5　连通性表

表征连通性的列表是自动产生氢原子、分子几何数据、限制条件等的关键。这个表可以在 .lst 文件中找到，它包含了与一个结构中每个个体原子结合的所有原子的信息。对一个非无序的有机分子，连通性表能使用标准原子半径自动产生。对无序基团，使用一种简单的标记就可以在最少的用户干涉下处理大多数无序问题——每个原子被赋予一个 PART 序号 (n)，n 的值通常为 0，但是可用其他值来作为一个无序基团组分的标记（参考第五章）。两个原子足够靠近并且仅当至少有一个满足 $n = 0$ 或者两者的 n 一样时才认为存在化学键。

连通性表中自动列出了非对称单元原子的最近邻对称等效位置。

　　求算等效位置（比如中心对称的甲苯分子）的操作可通过指定一个负的 PART 序号来阻止。必要的话，可以使用 BIND 或者 FREE 指令在表征连通性的列表中加入或者删除化学键。用于添加与对称等效原子形成的化学键则使用 EQIV 指令。

2

晶体结构精修

Peter Müller

　　晶体结构的确定包含几个步骤，其中精修属于靠后的一步。晶体结构确定的第一步是生长出好晶体，然后放到 X 射线衍射仪上。第二步就是测定晶胞参数和收集数据——最好是在低温(比如100 K)下进行，并采用能收集到一套完整数据、具有高的观测多重性的收集策略，要达到这个目标最好配备三圆或者卡帕几何侧角仪。① 第三步是很容易出错的数据还原——来自探测器的原始强度数据被转化成结构因子(或者结构因子的平方——大多数情况下)。在这一步，数据还原程序应用了几个校正(例如洛伦兹、偏振、吸收等)，并确定每一个衍射点的标准不确定度值(σ)。确定晶体结构的第四

---

① 从数据质量看，晶体旋转具有三个独立坐标的卡帕几何比三圆几何更好一些，后者只有两个独立的晶体旋转坐标(ω 和 φ，而 χ 被固定在 54.7°)。一个真正的四圆衍射仪比三圆更加强大，并且在倒易空间的覆盖度上与卡帕几何不相上下。然而四圆衍射庞大且相当重的欧拉环产生的死角限制了 ω 坐标的有效范围，并且阻碍或者使低温设备、摄像机等的安装复杂化。另外，三圆几何优于卡帕几何的地方就是它的牢固和低价。

步也叫结构解析（structure solution），即采用各种方法确定每一个结构因子的相角。对这些方法的选择，最好视具体的问题（比如结构尺寸、是否存在重原子，是否存在反常散射、最大分辨率等等）而定。

在这四步之后，晶体学者就获得了部分或者所有非氢原子坐标。多数时候对一些坐标位置所属的原子类型的指认是不正确的，或者根本就不能确定它们的原子类型。而且，在这个初步解析的结果中这些坐标通常也不准确：与正确值相比可能存在 0.1 Å 以内的误差。此外，结构的很多细节仍需要确定，比如更轻的原子、无序、氢原子位置等。从初步解析到最后精确给出可以发表的模型的过程就称为精修。根据相应的结构特点，这个过程可以是一段短暂的快乐之旅，也可以是一条伴随痛苦和遗憾的漫长而崎岖的路。

通常，迅速的"直达快线"能够在自动提示下完成，此时回车键成为计算机操作中最重要的一个键——即使不是唯一一个。参考 ASCII 字符集中回车键对应的十进制数值，我们可以称这条路为 13 号高速路——这本书并不想涉及它，而是考虑精修崎岖路上的冒险旅程，考虑那些充满问题（problems）和毛病（pitfall）的险峻（perilous）且冗长（ponderous）的征途（progress）。在尚未被这些头韵（单词都用 p 开头）搞得头昏脑涨之前，让我们开始谈论精修吧！

2.1 最小二乘精修

初步解析得到的原子位置并不是直接来自衍射试验的结果，而是通过分析由测试的衍射强度和概率确定的初始相角计算的电子密度得到的。新的，通常更精确的相角能够利用这些原子位置的计算得到，进而以更高的精度重新计算电子密度函数。这张修正后的电子密度图可以导出更准确的原子位置，这样又能得到更好的相角……当最近一次电子密度函数显示晶胞某个位置存在一个高的电子密度值而结构模型在该位置还没有一个原子的时候，就要在结构模型中加入这个新的原子。有些时候，当某些原子在晶胞中的占据位置对应的电子密度函数值低，就要将它们从模型中删掉。当原子建模完成时，这些原子应当能够用椭球描述而不是球（即可以各向异性精修），并且氢原子位置能被确定或者理论计算。逐步提高模型的精确度，从初始的原子位置到获得最后的、精确的、（如果可能的话）各向异性精修过的以及包含氢原子位置的模型，这一整个过程就叫做精修。

精修过程的终点取决于对模型的评价，仅当改动能提高它的质量才能对模型进行调整。存在多种以最小的值来对应最好的可能模型的数学函数定义：在小分子领域（一般少于 200 个独立原子），最小二乘逼近是目前为止最通用的方法，而对蛋白质结构，还有其他方法比如最大相似性法等。这本书着眼的 SHELXL 程序主要是为小分子结构设计，最小二乘精修就成为书中需要关心的唯一的方法①。最小二乘的原理很简单：通过傅里叶变换，从所得的原子模型计算一整套结构因子，推导出衍射强度。然后比较计算的衍射强度和测试的衍射强度，具有最小 M 值的模型就是最好的：

$$M = \sum w (F_o^2 - F_c^2)^2 \tag{2.1}$$

或者

$$M = \sum w (|F_o| - |F_c|)^2 \tag{2.2}$$

两个方程中，F 代表结构因子，其下标 o 和 c 分别表示观测值和计算值——本书将一直使用这种注释方案。加和中的每一项都分别乘以各自的权重因子 w。权重因子 w 代表给定数据的可信度，可由该数据点的测试标准不确定度 σ 得到②。这两个最小取值方程的唯一差别就是前者对应使用结构因子平方值（F^2）的精修，而后者对应结构因子原值（F）。

2.1.1　精修应基于 F 还是 F^2——这会成为问题吗？

在过去，精修一般是基于结构因子 F。为了求得上述方程 2.2 的最小值，必须将所测强度转变成结构因子。由于这个过程包含了提取平方根（别忘了，$I \propto F^2$），因此对于非常弱的衍射点或者所得强度为负值的衍射点就会发生数学性的错误③,④。为了避免发生这个问题，在基于 F 的精修中就必须把负的测试值强制为零，或者设定成某个随意指定的小正数。这种处理办法会使结果产生偏差——因为很弱的衍射也实实在在包含了结构信息，忽略它们将影响结构的确定。使用原值的另一个问题来自由 $\sigma(F^2)$ 估算 $\sigma(F)$ 的困难，而 $\sigma(F^2)$ 可通过数据还原来确定。由于最小二乘方法对上述加和中每一衍射项使用的权重非常敏感，因此估算 σ 的问题将导致精修结果的不准。

基于 F^2 的精修（即方程 2.1）就不会出现这些问题，甚至还有如下优点：从数学的角度上简化了孪晶结构的精修，并且降低了精修陷入局部极小值的可能性。因此，即使再多的守旧晶体学者仍然坚持基于结构因子原值的精修，基于 F^2 还是要优于基于 F。

---

①　SHELXL 对小分子和大分子精修都同样使用最小二乘法——尽管可以选用全矩阵最小二乘和共轭梯度最小二乘。前者更精确，而且矩阵求逆能够计算所有原子间距和角度等的标准不确定度。而共轭梯度最小二乘则快得多，更适合于蛋白质精修以及较大的小分子结构精修的早期阶段。

②　通常取 $w = 1/\sigma$。

③　即负值不能开平方。——译者注

④　因为计数统计原因（背景噪声高于衍射峰的信号），有时非常弱的衍射点会得到稍小于零的强度值。

关于这个问题的进一步讨论超出了本书的范畴，不过有兴趣了解更全面信息的读者可以参考 Hirshfeld 和 Rabinovich（1973）以及 Arnberg 等（1979）的文章。

2.2 弱数据点和高分辨率截断

如上所述，包含弱衍射数据点是十分重要的。然而，当来自高分辨率壳层的数据都非常微弱时，使用它们就不明智了，因为这些衍射其实是噪声，并不包含可用的信息。一般说来，2θ 角越高，强度越弱，当角度达到理论阈限 $d_{max}=\lambda/2$ 时就几乎没有晶体衍射存在。在确定某个数据集的有效最大分辨率时必须谨慎点。

确定数据截断分辨率有两个主要标准必须考虑：表征信号强度的$\langle I/\sigma \rangle$和所有处于同一壳层内的数据的合并 R 值 R_{int}（或者 R_{sigma}）。通常分辨率越高，$\langle I/\sigma \rangle$ 数值越小而 R_{int} 越大。那么将信号与噪声区别开来所需的最小$\langle I/\sigma \rangle$值和最大 R_{int} 值到底是多少呢？这个问题很难回答。不过多数晶体学者认为全体数据的$\langle I/\sigma \rangle$数值 $\leqslant 2.0$ 和/或者整个给定的分辨率壳层的 $R_{int} \geqslant 0.45$ 时，这些数据应被视作噪声。当然实际操作中需要考虑更多的因素，这时经验一般可以提供帮助。下表列出了使用 CCD 探测器收集的某套数据的统计结果。虽然探测器的界限对应于 0.77 Å 的分辨率，但是所用晶体并没有那么远的衍射能力。在表中，该数据集按不同分辨率壳层进行划分，并给出了各自的完整性，观测多重性（MoO）[1]，强度与标准不确定度的比值平均（$\langle I/\sigma \rangle$）以及两个不同的合并 R 值（R_{int} 和 R_{sigma}）[2]。

分辨率/Å	完整性	MoO	$\langle I/\sigma \rangle$	R_{int}	R_{sigma}
Inf. [3] ~ 2.15	99.2	9.27	43.21	0.0294	0.0171
2.15 ~ 1.70	100.0	9.49	31.76	0.0455	0.0210
1.70 ~ 1.50	100.0	7.86	28.57	0.045 0	0.024 2
1.50 ~ 1.35	100.0	6.95	22.07	0.058 8	0.031 6
1.35 ~ 1.25	100.0	6.33	18.28	0.076 1	0.039 5

---

[1]　这个术语是 2003 年 9 月在哥廷根召开的 SHELX 专题研讨会上定义的，用于将 MoO 与冗余度（redundancy）或者多重性（multiplicity）区分开来，与从同样晶体取向的同一个衍射重复记录（即将晶体旋转 360° 后再次扫描）而产生的冗余度不同。有时也可以看做是真实冗余（true redundancy）的 MoO 用于描述不同晶体取向的条件下同一衍射的多次测试（比如改变 ψ 角的测试）——引自 Müller 等（2005）。

[2]　合并 R 值的定义参见第一章。

[3]　Inf. 表示无限小。——译者注

分辨率/Å	完整性	MoO	$\langle I/\sigma \rangle$	R_{int}	R_{sigma}
1.25 ~ 1.15	100.0	5.72	14.60	0.096 0	0.051 1
1.15 ~ 1.05	100.0	5.18	11.33	0.136 5	0.071 2
1.05 ~ 1.00	100.0	4.67	8.49	0.184 8	0.099 2
1.00 ~ 0.95	99.7	4.22	7.53	0.206 6	0.119 3
0.95 ~ 0.90	98.8	3.79	5.22	0.287 3	0.177 4
0.90 ~ 0.85	94.3	3.08	3.75	0.392 8	0.263 2
0.85 ~ 0.80	61.1	0.87	1.94	0.493 2	0.477 7
0.80 ~ 0.77	16.9	0.17	1.50	0.470 4	0.598 1
0.90 ~ 0.77	58.2	1.34	2.79	0.406 2	0.376 0
Inf. ~ 0.77	84.2	4.19	12.90	0.071 5	0.065 3

对比表中各分辨率壳层的不同项目，显然内侧的数据完整、强度很大（有高的 $\langle I/\sigma \rangle$ 值）并且相当准确（合并 R 值低）。随分辨率增加，一般的趋势是数据的强度减弱并且精确性稍微下降，但是完整性变化不明显。不过，当分辨率高于 0.85 Å 时，完整性迅速降到很低的数值。另外，$\langle I/\sigma \rangle$ 值提示外侧数据主要是噪声，并且合并 R 值比数据可接受时允许的阈限大得多。表中最后一行对整个数据集的全局统计结果表明这个数据集具有非常好的 $\langle I/\sigma \rangle$ 和完全可以接受的合并 R 值。但是完整性和观测多重性（MoO）却相当差。对应于上述数据统计结果，该数据集理应在 0.85 Å 或者甚至在 0.90 Å 处截断。如果有所顾虑的话，可以采取保守一些的选择——采用在 0.85 Å 处的高分辨率截断。所得新数据集的统计结果如下所示：

分辨率/Å	完整性	MoO	$\langle I/\sigma \rangle$	R_{int}	R_{sigma}
Inf. ~ 2.30	99.0	9.11	44.10	0.028 7	0.017 1
2.30 ~ 1.80	100.0	9.88	33.20	0.043 6	0.019 9
1.80 ~ 1.55	100.0	8.24	30.54	0.042 6	0.022 6
1.55 ~ 1.40	100.0	7.23	25.00	0.051 5	0.027 9
1.40 ~ 1.30	100.0	6.58	19.04	0.072 7	0.037 6
1.30 ~ 1.20	100.0	6.02	16.13	0.088 4	0.046 1
1.20 ~ 1.15	100.0	5.59	13.95	0.096 2	0.052 0
1.15 ~ 1.10	100.0	5.35	12.90	0.113 1	0.060 5
1.10 ~ 1.05	100.0	5.04	10.06	0.164 2	0.082 9
1.05 ~ 1.00	100.0	4.67	8.49	0.184 8	0.099 2

分辨率/Å	完整性	MoO	$\langle I/\sigma \rangle$	R_{int}	R_{sigma}
1.00~0.95	99.7	4.22	7.53	0.206 6	0.119 3
0.95~0.90	98.8	3.79	5.22	0.287 3	0.177 4
0.90~0.85	94.3	3.08	3.75	0.392 8	0.263 2
0.95~0.85	96.3	3.40	4.43	0.333 5	0.218 4
Inf.~0.85	98.9	5.46	14.58	0.070 3	0.050 8

现在，整个数据集的统计结果（最后一行）改进了不少：全局完整性达到 99% 并且 MoO 取值 5.5 是可接受的。这个数据集就是模型精修所要用的数据。

2.3 残差因子

模型的品质可以借助各种残差因子或者"R 因子"来鉴定。这些因子在精修中应当收敛到最小值，并且发表该结构时必须引用它们。最常用的三个残差因子是：

基于 F^2 的加权 R 因子：wR（在 SHELXL 中表示为 $wR2$）。它与基于结构因子平方的精修关系最为密切。

$$wR = \left[\frac{\sum w (F_o^2 - F_c^2)^2}{\sum w F_o^2} \right]^{1/2} \tag{2.3}$$

权重因子 w 从所测衍射点的标准不确定度得到，代表每一个衍射点的可信度。

另外，虽然基于 F 值主要源于传统习惯，但是基于 F 的未加权残差因子 R（在 SHELXL 中为 $R1$）仍是最常见的。

$$R = \frac{\sum \| F_o | - | F_c \|}{\sum | F_o |} \tag{2.4}$$

最后就是拟合优度（goodness of fit）：$GooF$，GoF 或者简单写成 S。

$$S = \left[\frac{\sum w (F_o^2 - F_c^2)^2}{(N_r - N_p)} \right]^{1/2} \tag{2.5}$$

方程中 N_r 为独立衍射点的数目，N_p 为被精修参数的数目。理论上，对于合适的加权方案，S 的数值应接近于 1。不过，手动修改或者重新调整权重 w 比例可以人为改进这个数值。事实上，SHELXL 建议的加权方案是由上式推算出来的。这就使得精修中不要过早调整权重因子成为一件十分重要的事——无论如何不能早于结构模型中所有原子都被找到的时候——因为参数的数目会影响 S 的结果，从而影响 SHELXL 建议的加权方案。

拟合优度 $S < 1$ 意味着所得结构比所用数据理应体现的结构更好。显然这

是不可能的，通常意味着数据和/或者精修存在着某些毛病。虽然吸收校正不恰当往往会造成 *GooF* 数值的低估，但是用错误的空间群进行精修也会产生同样的效果。

对大分子结构，还要加上一个残差因子。它由 Axel Brünger 在 1992 年引入，提供了一个检测过度拟合的手段（可参考第十章和第十一章）。

2.4 参数

结构模型中处在晶胞内某个一般位置的原子，需要精修三个原子坐标以及一个或者六个位移参数（各向同性时取一个，各向异性为六个）。此外，每个结构还有一个全局比例因子（*osf*，即 SHELXL 内的首个自由变量，参见 2.7 节），有时可能还有几个附加的比例因子，比如孪晶结构精修中的批比例因子（batch scale factors）、非中心对称结构中的 Flack-x 参数以及反映消光的参数等。扣除掉全局比例因子，SHELXL 另外允许独立精修最多 98 个自由变量。这些变量可以代表占有率因子（参见第五章）和其他各种参数，比如原子间距等。

除了这些参数外，还存在着另一类同样能明显影响结构确定的参数：原子类型。虽然原子类型不会被精修，而是由晶体学者指定，但是它们决定傅里叶变换中要使用哪些原子散射因子。某原子类型指认的错误会引发多种问题，比如与该原子相关的参数在精修时会被错误调整，为了迎合这种错误的原子类型有时甚至会得到无意义的数值。

由上可见，所有参数的数目主要取决于结晶学独立原子的数目，大约是各向异性结构模型中非对称单元原子数目的 9 ~ 10 倍（也可参见图 10.1）。要实现稳定可靠的精修，每单位精修参数的观测强度数目[1]就不能过低。国际晶体学联合会（IUCr）目前推荐的数据－参数比值的最小值是：非中心对称结构取 8 而中心对称结构为 10。这相应于 0.84 Å 左右的分辨率或者使用 Mo-K_α 射线时最大 2θ 角为 50° 而使用 Cu-K_α 射线时最大 2θ 角为 134° 的衍射条件[2]。对于多数小分子，以 0.75 Å 或者更高分辨率收集数据是很容易的，但是某些时候晶体的衍射数据会不够用，这时约束和限制可以间接帮助提高数据－参数比例，其中以后者更为重要。

---

① 即下文的数据－参数比值。——译者注

② 这里假定所有对称等效的衍射已经合并（除了非中心对称结构的 Friedel 衍射对）并且不作为独立衍射参与数据－参数比例的计算。

2.5　约束

约束是硬性关联两个或多个参数的方程，也可以是对特定参数强制赋予固定的数值。因此，约束会降低待精修的独立参数的数目。以下将概略介绍晶体结构精修中常见的约束。关于约束和限制在晶体结构精修中的应用的经典介绍见 Watkin 在 1994 年发表的文献。

2.5.1　位置占有率因子

差不多每个精修都会用到的约束就是位置占有率因子。当不存在无序时，这个因子要固定为 1，即该原子位置是全占据的（换句话说，该原子在每一个晶胞中处于这个位置上）。而对于在晶胞中两个位置上无序分布的原子，相应的两个位置占有率因子的比例可被精修，不过通常它们的和仍约束为 1。

2.5.2　特殊位置约束

位于特殊位置的原子需要对它们的坐标进行约束，有时甚至包括各向异性位移参数。此外，特殊位置原子的占有率——必要时也包括与其成键的那些原子的占有率——需要反映该特殊位置的多重性。这些约束就组成了特殊位置约束，表 2.1 给出了一些例子。而图 2.1 粗略展示了处在沿 b 方向的二重轴上的某个原子及其相应的坐标和各向异性位移参数的分布。

表 2.1　对特殊位置的坐标、各向异性位移参数和位置占有率因子进行约束的例子

特殊位置	坐标约束	U^{ij}数值约束	占有率约束
反演中心	x, y, z 固定为该反演中心坐标	无	0.5
⊥y 轴的镜面	y 值由镜面位置确定	$U^{12} = U^{23}$	0.5
平行于 y 轴的二重轴	x 和 z 由二重轴位置决定	$U^{23} = U^{12} = 0$	0.5
四方四重轴	x 和 y 由四重轴位置决定	$U^{11} = U^{22}$且 $U^{12} = U^{13} = U^{23} = 0$	0.25

2.5.3　刚性基团约束

刚性基团由按给定空间排列分布的原子组成，比如位于一个理想五元环上的五个原子（Cp 基）或者构成正四面体的 SO_4 基团的五个原子等。对于某些严重无序的基团，内部个别原子的位置不能明确，但是整个基团的几何结构是已知的（比如硫酸根或者高氯酸根离子），这时精修整个刚性基团的六个参数（三

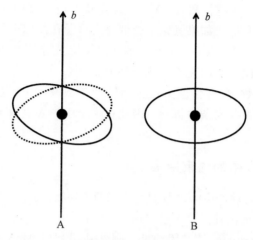

图 2.1　处于沿 y 轴方向的原子的简略示意图。180° 旋转操作必须保持该原子的位置和热椭球形状不变。由前一个规定得到：$(x, y, z) = (-x, y, -z)$，仅当 $x = z = 0$ 时该等式恒真。而第二个规定得到：$(U^{11}, U^{22}, U^{33}, U^{23}, U^{13}, U^{12}) = (U^{11}, U^{22}, U^{33}, -U^{23}, U^{13}, -U^{12})$，仅当 $U^{23} = U^{12} = 0$ 时该等式恒真。A 图显示了该原子以二分体形式表现的形状错误的热椭球，B 图才是正确的形状。

个平移参数、三个转动参数）而不是个别原子所需的 $3N$ 个参数就显得特别有效。除了上述提到的六个参数外，还可以精修第七个参数，即体现刚性基团呼吸的键长比例因子。这个比例因子在保证整体几何结构不变的条件下，实现了刚性基团中原子间距的精修。

2.5.4　浮动原点约束

具有浮动原点的极性空间群（比如原点完全可以随机设置的 $P1$ 或者原点可取 b 轴上任一点的 $P2_1$）中，整个原子结构模型沿极轴平移并不会引起空间群对称性的变化。在结构中存在某个重原子时，这个原子的坐标可以约束在某个位置比如对 $P1$ 取 $(0, 0, 0)$ 而 $P2_1$ 取 $(x, 0, z)$。或者将结构中所有原子的坐标之和约束为某个恒定的数值，从而每有一极轴就减少一个参数。

关于这个问题，SHELXL 则采用基于另外的数学原理并且略稳定一些的办法：Flack 和 Schwarzenbach 在 1988 年介绍的全部坐标加权求和并限制该加和保持恒定。这种对浮动原点给予相对高的权重的做法产生的效果几乎等价于对它施加了一个约束。

2.5.5　氢原子

氢原子往往被定位在根据几何结构计算的位置上，然后利用"骑式模型"

进行精修，即对 X—H 键长和 H—X—H 或者 H—X—Y 键角施加约束，将它们设定为某些给定的数值。如果氢原子所键合的原子在晶胞中移动，则氢原子也随之移动（就像骑手和坐驾一起移动一样）并保持氢键长度和键角恒定。这些约束其实是刚性基团约束的变种，将与某个非氢原子键合的氢原子看成一个刚性基团，其平移参数（多数情况下也包括转动参数）不用于精修，而是从该非氢原子的坐标和配位几何条件得到。因此在模型中加入氢原子并不需要增加参数的数目。

2.5.6　SHELXL 中的约束用法

SHELXL 可以自动产生大多数的约束条件（当然，用户可以进行修改），不过下面一些约束必须视其需要手动添加。

首先是已经提到的刚性基团约束。刚性基团利用 AFIX 指令定义并构建，该指令与两个数值 m 和 n 联合使用。这两个数值分别表达了这个基团的几何结构和数学处理方法。该刚性基团原子的列表紧跟在 AFIX 命令后并且以指令 AFIX 0 作为结束。

对于氢原子，后跟 m 和 n 的 HFIX 命令会生成合适的 AFIX 命令及氢原子。关于可用的 m 和 n 的各种有效取值将在第三章中更全面地介绍。

最后，还要再提下两种约束：后跟两个原子名称的 EXYZ 指令可以约束这两个原子的坐标相同，而也跟着两原子名称的 EADP 指令则约束这两个原子的各向异性位移参数相同。

2.6　限　制

一般说来，结构由原子形成是每个精修中的唯一一个假定。不过，精修中也可以加入关于某个分子所具有的化学或物理方面的各种额外信息（比如芳香体系趋向于共面或者叔丁基片段的三个甲基等价等）。这可以借助于限制来实现。限制被看做是附加的实验观测数据，因此可以间接增加精修所用数据点的个数。当存在限制时，最小取值函数（方程2.1）变为如下形式：

$$M = \sum w(F_o^2 - F_c^2)^2 + \sum 1/\sigma^2 (R_t - R_o)^2 \tag{2.6}$$

方程中 σ 为指定给某个限制的标准不确定度［即可伸缩性（elasticity）］；而 R_t 和 R_o 分别为被限制数量的期望值和实际值。

许多精修可以根本不需要应用限制。不过，当数据－参数比例不高或者需要将某些参数关联在一起（比如在无序精修及赝对称精修中）的时候，限制就变得相当重要了。当在 SHELXL 中使用限制时，通常需要仔细检查 .lst 文件中的"最不匹配限制（most disagreeable restraints）"列表。该列表比较了限制的期望值和精修所得的结果。在存在严重偏离某个限制的情况下，换句话说就是某个限制被衍射数据"否决"了，就必须验证这个限制的有效性。如果条件允许，可以降低这个限制的标准不确定度，从而提高限制的权重。

应用限制必须小心谨慎，并且仅在被证明是合适的时候才使用［George Sheldrick 说："只要限制用得对头，你可以用一头大象来拟合任何数据（with the right restraints, you can fit an elephant to any data）"］。不过，只要时机适当，就应当毫不迟疑地使用它们，并且不要怯于让所用限制的个数多于精修参数的数目。

SHELXL 中，应用限制就是在 . ins 文件中加入包含合适关键词的指令，指令中有时也包含原子名称。虽然随书光盘中包含的 pdf 格式的 SHELXL 参考手册已经极为详细地介绍了所有的限制，接下来的章节仍要简短提及一些限制指令——因为它们在这个程序中最为常用。

2.6.1　几何限制

除了手性体积限制指令 CHIV 和共面限制指令 FLAT 外[①]，SHELXL 还有两种距离限制手段：绝对和相对的距离限制。前者将距离值限制为某个给定的期望值（DFIX 和 DANG 指令），而后者将理应等价的间距值限制为等价（SADI 和 SAME 指令）。相对距离限制具有不需要给定期望值的优点，从而尽量降低了赋予结构模型的外来信息。这种限制也可以促进精修的收敛性，尤其是当非对称单元包含几个等效分子的时候。另一方面，相对距离限制往往也会低估键长和键角的标准不确定度。此外这种限制让给定分子在低对称空间群中的精修变得相当容易，从而可能导致晶体学者被"马斯化（being Marshed）"[②]。

DFIX 和 DANG

借助于距离限制指令 DFIX 和 DANG，可以将两原子的间距限制为任意期望的数值。用于化学键间距限制的语法如下：

DFIX d s [③]atom names

s 为标准不确定度，d 是其后原子对列表中开头两个原子之间，第三和第四个（如果有的话）原子之间……的距离期望值。如果不指定 s，则其缺省值预设是 0. 02 Å。举例来说，假如 C(1) 和 C(2) 原子间距应该是 1. 54 Å，则合适的指

---

① 实际上，FLAT 和 CHIV 指令所用算法相同。CHIV 只限制一个原子的手性体积为某个给定的值，而 FLAT 则将多个包含所涉及原子的正四面体的(手性)体积限制为零。

② "马斯化(to be Marshed)"源自 Richard E. Marsh(理查德 E. 马斯)长期揭发以错误空间群报道的晶体结构的事迹。与 Richard L. Harlow 设立的年度 ORTEP(ORTEP of the Year)奖一起，马斯的工作数十年来一直提醒着人们细心工作并谨慎利用晶体学方面的技巧。

③ 原书中参数次序颠倒，现已根据软件实际执行情况给予修正。感谢读者陈登泰发现了这一错误信息并提供了改正建议。——译者注

令形式是：DFIX 1.54 C1 C2。

DANG 指令用于限制键角，相应于限制 1，3 - 间距。DFIX 和 DANG 的唯一不同在于它们的缺省标准不确定度不同（DFIX 为 0.02 Å 而 DANG 是 0.04 Å）。从而 DFIX 更适合于限制 1，2 - 间距，而 DANG 用在 1，3 - 间距上则比较合适①，使用该指令时刚性限制略低一些②。不管怎样，可以手动提高缺省标准不确定度，此时两个指令行 DFIX 1.54 C1 C2 与 DANG 1.54 0.02 C1 C2 是等价的。

SADI

相似限制指令 SADI 用于限制两对或多对原子之间的距离误差不大于缺省的标准不确定度 0.02 Å——不管是何种间距。除了没有指定这些间距的期望值，其语法同于 DFIX/DANG：

SADI s atomnames

假设有理由认为 C(1) 和 C(2) 原子间距近似等于 C(7) 和 C(8) 之间的距离，相应的指令行如下：

SADI C1 C2 C7 C8

另外，标准确定度的缺省值 0.02 Å 可以改变——将处于 "SADI" 和首个原子名称之间的 s 改为新的数值即可。应注意这个限制作用于原子对，因此原子名称的个数是偶数。

SAME

依靠 SAME，两个或多个原子基团的几何结构可以限制为相似，这对于包含几个结晶学独立但是几何等价的分子或基团的结构是很方便的。对于等价的分子或者分子片段，SAME 指令可以生成所需的具有合适标准不确定度（1,2 - 间距为 0.02 Å，而 1,3 - 间距为 0.04 Å）的 SADI 限制指令。SAME 指令非常强大也特别容易用错——因为它需要保证 .ins 文件内 SAME 限制指令行包含的原子名称与跟在该 SAME 指令行后的原子列表满足正确的映射关系。该指令的语法和利弊将在第五章中介绍。

FLAT

如果四个或更多个原子被认为共面（比如位于某个芳香环上的原子），就可以使用 FLAT 限制其在符合给定标准不确定度 s（缺省值为 0.1 Å³）的条件下共面。该指令正确的语法如下：

FLAT s atomnames

比如为了限制苯环的六个原子（C(1) - C(6)）都位于一个平面上，可以用如下所示的 FLAT 限制指令：

---

① 1，2 - 间距即邻位原子间距，1，3 - 间距为间位原子间距。——译者注

② 因为允许偏差更大。——译者注

FLAT C1 C2 C3 C4 C5 C6

或者，如果在 .ins 文件中，这六个原子依次衔接排列，则可以写成：

FLAT C1 > C6

CHIV

　　CHIV 指令用于限制某个原子的手性体积(chiral volume)。在 SHELXL 中，手性体积表示某个原子通过三配位形成的正四面体的体积，要求参与该原子成键的必须是三个也只能是三个非氢原子并且这些连接要体现在连通性列表中。这个手性体积的标识符号以形成这三个化学键的原子名称按字母顺序的排列来定义。该指令的语法如下：

CHIV V s atomnames

　　手性体积 V 的缺省期望值为 0(即将某个原子的近邻环境限制为一个平面)，标准不确定度 s 的缺省值为 0.1 $Å^3$。这个限制对生物大分子的精修特别有用(氨基酸残基的 α 碳原子的手性体积大约是 2.5 $Å^3$)。

2.6.2 位移参数的限制

　　三个关于位移参数的限制指令有两个(DELU 和 SIMU)考虑的重点在于彼此键合原子的运动在方向或者幅度上是相似的(Hirschfeld,1976;Didisheim 和 Schwarzenbach,1987)。而第三个(ISOR)将实际各向异性精修的原子按近似各向同性处理。SIMU 和 DELU 都是物理意义上非常合理的假设。在数据 - 参数比例本身不高或者是精修时遇到的其他问题需要进一步提高这个比例时，就可以对所有或者大多数原子使用这两个指令。不过，SIMU 应尽量避免用于非常小的离子、孤立的原子以及属于可自由转动基团组成片段中的原子。

DELU

　　同一个 DELU 指令中连接原子的所有化学键被加上刚性键限制(rigid bond restraint)。在给定标准不确定度 $s1$ 内(缺省值为 0.01 $Å^2$)，DELU 将两个原子沿成键方向的各向异性位移参数限制为相等。条件允许时，该限制还可用于 1，3 - 间距，对应标准不确定度 $s2$(缺省值也是 0.01 $Å^2$)。其语法如下：

DELU s1 s2 atomnames

　　如果没有给出原子名称(atomnames)，默认是所有非氢原子。如果指定 $s1$ 而没有 $s2$，$s2$ 自动与 $s1$ 取值相同。DELU 的用法将在第五章详细解释并举例介绍。

SIMU

　　SIMU 指令基于相连的原子在相同方向上以近似相似的幅度往相同方向移动的假设，语法如下：

SIMU s st dmax atomnames

通过该语句，距离比 d_{max} 值(缺省是 1.7 Å)更近的原子在标准不确定度 s (缺省值 0.04 Å²) 内被强制成具有相同的 U^{ij} 成分。对末端原子，用 st(缺省值 0.08 Å²)来代替 s。如果没有指定原子名称，默认是全部非氢原子，如果指定的是 s 而没有 st，st 默认是 s 值的两倍。第五章中会再次解释和说明 SIMU 的使用。

SIMU 的限制假设比 DELU 更加粗糙(因此其缺省标准不确定度扩大到四倍,而这就使得该限制的权重要低得多)，不应用于非常小的分子或离子，特别是自由转动可允许的时候(比如 C_5H_5—基团或者 AsF_6^- 离子)。然而对于数据分辨率差劲的更大的结构，SIMU 和 DELU 通常都是间接增大数据–参数比例的一个好办法。

ISOR

ISOR 限制被各向异性精修的原子的 U^{ij} 参数在标准不确定度 s 或者 st(用于末端原子)(缺省值分别是 0.1 Å² 和 0.2 Å²)内以近似各向同性进行精修。其语法如下：

ISOR s st atomnames

如果没有指定原子名称，就默认为全部非氢原子，如果是指定 s 而没有 st，st 默认是 s 的两倍。第五章会再次解释和说明 ISOR 的使用。

ISOR 能被用于溶剂水分子的精修，而 SIMU 和 DELU 就没有这种功能(见图 2.2)。ISOR 也能被用于(很容易被乱用)防止某个原子成为"非正定的"[1]。总的说来，ISOR 主要作为具有相当大的标准不确定度的弱限制来使用。

2.6.3 其他限制

BUMP

如果依据连通性表并没有连接的两个原子彼此之间的距离短于预设的最短非成键间距，那么就可以用 BUMP 生成一个限制，强制它们各自独立。这种反碰撞限制用于元素类型为 C，N，O 和 S 的原子以及不与同一个原子成键的氢原子[2]。它几乎只用于大分子结构的精修，有助于避免能量不合理的支链构象。它也能辅助产生一个溶剂模型，其中可接受的氢键间距与衍射数据匹配。

BUMP 的语法如下：

BUMP s

s 是标准不确定度(缺省值 0.02 或者等于第一个 DEFS 参数)，如果 s 是负

---

[1] 所谓的一个原子是非正定的(non-positive definite)意味着它的各向异性位移椭球的三个半轴有一个或更多个被精修成负值。

[2] 即避免处于不同位置的同一原子或者对称等效原子成键。——译者注

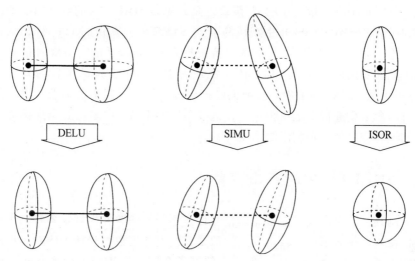

图 2.2 DELU、SIMU 和 ISOR 的限制效果，图形引自 Schneider(1996b)

值，那么除了标准不确定度使用其绝对值外，在确定哪些原子连接在一起的时候还会考虑对称等效的原子（这种特性对非对称单元包含存在对称要素的某个完整分子的碎片和化学键的情况是有意义的）。

SUMP

SUMP 命令允许将加权的几个自由变量的加和（参考与自由变量有关的 2.7 节）限制在一个事先假定的目标值，这个命令能被用于超过两种组分的无序精修（详见第五章），不过它的作用还不限于此。其语法如下：

SUMP c sigma c1 m1 c2 m2…

以下是基于所给定的自由变量的线性关系式：

$$c = c1 \cdot fv(m1) + c2 \cdot fv(m2) + \cdots$$

其中 c 是限制的目标值；$sigma$ 代表标准不确定度；$c1$、$c2$ 等是权重因子，通常取值为 1；$m1$、$m2$ 等代表独立自由变量的数值[1]。

DEFS

DEFS 全局改变各种限制的缺省标准不确定度数值，涉及的限制包括 CHIV、DANG、DELU、DFIX、FLAT、SADI、SAME 和 SIMU。DEFS 使用如下语法：

DEFS sd[0.02] sf[0.1] su[0.01] ss[0.04] maxsof[1]

缺省值在中括号里，sd 是 DFIX 和 SADI 中的 s 以及 SAME 中的 $s1$ 的缺省值，对于 DANG 指令，$s1$ 默认是 sd 的两倍。sf 表示 CHIV 和 FLAT 的默认标准不确

---

① 即 $fv(mi)$，这里 fv 表示自由变量的缩写。——译者注

定度。su 对应 DELU 指令中的 $s1$ 和 $s2$，而 ss 则是 SIMU 中 s 的默认值。如前面已提到过的，SIMU 和 ISOR 中默认的 st 与 SAME 中的默认的 $s2$ 一样，从相应的 s 或者 $s1$ 值计算得到（除非由用户特别指定）。$maxsof$ 指定精修时位置占有率因子允许变化达到的最大值。固定的或者链接自由变量的位置占有率因子（$sofs$）值不受 $maxsof$ 的限制。在前面已提到过，任何限制中的标准不确定度能在各自的命令里进行本地单独定义，这并不影响 DEFS 中定义的全局标准不确定度的缺省值应用于别的限制指令。

2.7　SHELXL 中的自由变量

名副其实，自由变量能被用于精修许多不同的参数并为规定各种约束和限制提供便利。排名第一的自由变量一般是将衍射强度数据集转为绝对强度的总体比例因子（osf）。本书中 4.4.3 节中的例子介绍了不正确的标度化对精修的影响。其他的自由变量可以联系无序原子构成的基团的位置占有率因子（sof，详见第五章），也可以与其他原子参数（比如 x、y、z、sof、U 等），甚至包括原子间距、手性体积等其他参数相关联。

一般说来，任何参数 P 或者任何 DFIX，DANG 或者 CHIV 限制可以在 .ins 文件中按"$10 \cdot m + p$"定义，具体分为四种情形：

$m = 0$：指定初值为 p 的参数 P 用于精修；

$m = 1$：p 的值固定，从头到尾不用于精修；

$m > 1$：$P = p \cdot fv(m)$；

$m < -1$：$P = p \cdot [fv(-m) - 1]$。

这里 $fv(m)$ 表示第 m 个自由变量的数值。

乍一看，这规定的确古怪或者复杂，但是，下面几个例子将表明这种构想实际上相当直接，灵活且通用。

$m = 0$ 属于普通事件，它说明了可精修变量 P 从初始值 p 开始处理，这是常见的自由精修某个参数的情形。

如果 m 值是 1，p 值就要被固定。假设你要限制某个原子位于平行于 $a - b$ 面的并交 c 轴于 $-1/4$ 的镜面上，就要固定 z 坐标为 -0.25。如上所述，这时可以通过设置 $m = 1$ 并且给定原子参数 p 及数值为 $z(-0.25)$ 来实现，从而 .ins 文件中该原子的 z 原子参数值是 9.25。第二个例子如下：有些时候，固定某个原子的各向同性位移参数 U 为某个数值，比如 0.05，是有用的，此时 $m = 1$ 而设定的参数及值是 U：0.05，在 .ins 文件中这个待确定原子的各向同性位移参数就是 10.05。

不管 m 是大于 1 还是小于 -1，都涉及其他自由变量。如前所述，这种条件下最普遍的情形是无序精修。不过，CHIV 和距离限制指令 DFIX 和 DANG 也能与自由变量联合使用。比如要限制 ClO_4^- 离子为正四面体，这可以用 SADI 或者 DFIX 限制指令及附加的自由变量来解决，假定该离子中的原子命名为 Cl(1)、O(1) 到 O(4)，则使用 SADI 限制的例子如下：

SADI Cl1 O1 Cl1 O2 Cl1 O3 Cl1 O4

SADI O1 O2 O1 O3 O1 O4 O2 O3 O2 O4 O3 O4

同样可以用 DFIX 指令及增加一个自由变量来实现。应用上面提到的方程，将 m 设定为 2 指代第二个自由分量，对应 1，2 - 间距的 p 值为 1，而 1，3 - 间距为 1.633（正四面体中，1,3 - 间距是 1,2 - 间距的 1.633 倍）：

DFIX 21 Cl1 O1 Cl1 O2 Cl1 O3 Cl1 O4

DFIX 21.633 O1 O2 O1 O3 O1 O4 O2 O3 O2 O4 O3 O4

　　第二个自由变量精修时可以自由变动，最终收敛于平均 Cl—O 间距。第二种限制 ClO_4^- 离子为正四面体的方法的优势在于可以计算具有某个标准不确定度的平均 Cl—O 间距（除了计算个别的具有各自标准不确定度的 Cl—O 间距外），该法的不足在于精修时需要额外的最小二乘参数。

2.8　结果

　　作为精修成功的结果，晶体学者会得到包括氢原子在内的完整的各向异性精修过的模型，使用该模型可以生成各种引人注目的图像用于科学出版（或者基金投标）以及获得有关分子的多种信息，其中最显著的是键长和键角。另外从原子坐标出发也可以计算其他多种性质，比如扭转角或氢键。下面的段落将对如何获得相应数据做一个简单总结（更详细的则参考 SHELXL 手册）。程序计算的所有数值都包含了相应的、来自全关联矩阵的标准不确定度估计值。

2.8.1　键长和键角

　　如果 .ins 头部出现 BOND 指令，SHELXL 会在 .lst 文件下写入一个包含在连通性表中规定的所有键长和键角的表列。BOND $H 则扩展该表格为包括氢原子在内的所有原子的键长和键角。

2.8.2　扭转角

　　如果晶体学者或者化学家希望在 .lst 文件中单独显示扭转角数据列，可以用一个 CONF 指令指定显示一个扭转角数据：

CONF atomnames

其中原子名确定至少 4 个原子组成的一个共价连接关系。如果没有指定原子名，SHELXL 自动产生所有允许的扭转角。

2.8.3 共面原子

利用如下语法：

MPLA na atomnames

SHELXL 会计算通过指定的原子名序列中的前 na 个原子的最小二乘平面。这个平面的方程、所有指定的原子与该平面的距离及相对于前一个最小二乘平面(如果存在的话)的角度都被写入 .lst 文件。如果没有指定 na，程序默认拟合通过所有指定原子的平面。

这个命令也能被用于确定一个原子与某个平面的距离。假设要计算某个金属原子(比如 Ti(1))与 Cp 配体(用原子 C(1) – C(5) 表示)的间距，它们构成了金属与 5 个碳原子相配位的结构(即典型的 Cp 配体的 $\eta 5$ 结合方式)，所用 MPLA 指令示例如下：

MPLA 5 C1 C2 C3 C4 C5 Ti1

该指令将计算最佳的通过前 5 个原子(Cp 配体)的平面以及所有指定的原子(包括 Ti 原子)与这个平面的间距。所有的间距及标准不确定度都被写入 .lst 文件中。

2.8.4 氢键

在 .ins 文件的头部单独使用 HTAB 指令(如果没有其他限定项目)，SHELXL 会查找结构中存在的所有极性氢原子①并检验是否存在氢键。在 .lst 文件中罗列的化学键(氢键)代表受体原子和氢原子的间距小于受体原子半径 $+2.0$ Å，并且给体原子、氢原子和受体原子形成的夹角大于 110°。而通过如下语法：

HTAB donor-atom acceptor-atom

该指令促使 SHELXL 产生给定给体和受体原子间具有标准不确定度的氢键，并且当结合 ACTA 指令时(参考下面的叙述)，相应的结果将列表于 .cif 文件中。EQIV 指令被用于给出受体原子的对称等效位置。第三章给出的第三个例子介绍了酸性氢原子和氢键的处理方法，并且也介绍了 HTAB 和 EQIV 的用法。

2.8.5 RTAB 指令

RTAB 指令允许晶体学家汇集各种结构性质，所列结构性质的数量和种类

---

① 即与电负性元素相结合的氢原子。

取决于指令行中的原子名称序列(atomnames)给出的原子个数和种类，语法如下：

RTAB codename atomnames

该指令将计算手性体积(给定一个原子)、距离(两个原子)、角度(三个原子)或者扭转角(四个原子)等结果并且列表输出，必须指定 codename 以便在 .lst 或者 .cif 文件中找到这个性质列表。codename 必须以字母开头并且不能超过四个字符。

2.8.6 MORE 指令

指令 MORE m 设置 .lst 文件中输出结果的数量，MORE 0 输出最少，而 MORE 3 输出最繁杂，m 缺省值是 1。

2.8.7 cif 文件

一方是晶体学家及包含某个晶体结构的科学出版作品作者，另一方是该出版作品的读者及电子数据库，两者之间的交互界面就是被国际晶体学联合会引入的晶体学信息文件(crystallographic information file)，也就是所谓的 .cif 文件 (Hall 等,1991)。

如果指令 ACTA 出现在 .ins 文件的头部，SHELXL 就产生这个 .cif 文件。ACTA 自动设置 BOND、FMAP 2、PLAN 和 LIST 4 指令，并且不能人为地指定与其他 FMAP 或者 LIST 指令结合使用。在存在 ACTA 时、CONF 和 HTAB 指令在分别确定扭转角和氢键的同时也将这些结果写入 .cif 文件中，而 RTAB 和 MPLA 汇集的数值仅罗列在 .lst 文件里。

2.9 精修问题

在精修某个晶体结构的时候，晶体学家会遇到许多困难程度不同的问题。其中最突出的问题有孪晶、无序、赝对称和原子类型多义性。而关于蛋白质结构的精修还存在别的困难。接下来的章节将介绍这些最普遍的问题，相关介绍通俗易懂，只要具有基本晶体学知识和一些简单晶体结构的精修经验即可。

3

氢 原 子

Peter Müller

化学中氢原子既重要又难以在 X 射线确定的结构中进行定位。当 X 射线光子射入晶体时，晶体中的电子与之相互作用[①]，产生了衍射图案，所测得的衍射强度中可以忽略原子核的贡献。因此通过 X 射线衍射测得的结果是电子密度的反映。原子越重，电子就越多，对衍射图案的影响就越强。这也意味着，轻原子的位置确定会更困难一些——特别是存在重原子的时候。所有原子中最轻的是氢原子，围绕原子核就只有一个电子，因此用 X 射线衍射方法确定氢原子是极为困难的。要从背景噪声里把氢原子分辨出来，就需要非常准确的高质量数据与合适的定标。

例外的是当氢原子与碳原子相连时，因为标准键长和键角已被熟知，所以可以利用与氢原子键合的原子坐标计算出氢原子的位置。不过，水分子中的氢原子却必须由实验电子密度图确定，否

[①] 中子衍射法很容易找到氢原子，然而，中子衍射需要很大的单晶和中子源。

则它们可能并不存在于模型中①。重金属氢化物中确定氢原子的存在与否更为困难，有时重原子位置附近相当强的傅里叶截断波动（Fourier truncation ripples）会湮没掉氢原子的弱电子密度峰。此时定位这些氢原子需要非常准确并且特别完美的数据以及细心的精修。

3.1　氢原子的 X—H 键长和 U_{eq} 数值

X 射线衍射中，包含氢原子的原子间距一般会被定得过短。这有两个原因：首先，虽然属于氢原子的那一个电子在原子核周围的真实位置不能被观察到，但是现实的化学键源于电子的相互作用，因此这个电子被人为定位在氢原子以及与氢原子键合的原子之间，从而使得该键显得更短。另一个原因是会在第八章详细解释的振动效应，原子的热运动降低了它们的表观化学键间距。这种效应对轻原子来说更强，同时对终端键合原子的影响也特别大。氢原子非常轻又几乎都是终端成键，因此它们严重受到振动的影响。振动与温度相关（温度越高，振动越强），更低的温度会导致更长的表观 X—H 键长。初看起来，这种观测结果似乎与原子间距在低温下应该更短的常识相矛盾，然而，这里说的不是真实的间距而是表观间距——所观测到的更短的结果源于温度越高效果越大的振动效应。因此，当应用标准的 X—H 键长从其他原子的坐标计算氢的位置时，必须考虑衍射实验时晶体的温度并对更低的温度采取长一点的距离（利用 SHELXL 中的 TEMP 指令）。

由于氢原子的精确定位困难，因此它们的热振动也好不到哪里。不过，可以假定一个氢原子的热振动正比于它所结合的更重原子的热振动，并且正如前面所述，氢原子受热振动的影响强于比它更重的原子。进一步可以合理地认为甲基的氢原子比其他氢原子移动程度大，因为它额外引入了一个自由度——扭转角。因此当原子模型中含有氢原子，通常不精修它们的热振动，而是假设一个氢原子的各向同性 U 因子是它所键合的原子的 U_{eq} 因子的 1.20 倍；对甲基则是 1.50 倍。在 SHELXL 中，这可以通过在 .ins 文件中将氢原子的各向同性 U 值替换为 −1.2（或者是 −1.5——甲基中的氢）来实现。在 .ins 文件中，由于这个负值将 U 因子与排在该氢原子前面的非氢原子的 U_{eq} 绑定在一起，因此文件中正确列出氢原子的位置十分关键，以便保证它们直接跟在各自键合的非氢原子之后。

---

① 有时水分子中氢原子的定位能从它的周围环境推导而得，这意味着要找到与它形成氢键的其他原子，在蛋白质结构中这种情形特别常见。

3.2 与不同类型原子成键的氢

由 X 射线确定结构时关于氢原子的处理取决于很多因素，比如含氢部分的几何构型、会影响 X—H 间距的数据收集温度以及也起到一定作用的与氢原子成键的原子的元素类型。

3.2.1 与碳原子成键的氢

大多数 X 射线晶体结构精修中，一个原子模型里与碳成键的氢原子的位置几乎不用任何或者只要很少的直接来自衍射实验的信息。有些时候，比如对于苯分子的六个氢原子，它们的位置是显而易见的，能从碳原子的位置计算得到。对于其他场合，比如一个乙基的三个甲基氢，其位置就不那么明显，但是它能够由甲基的扭转角进行预测——乙基中的甲基氢原子相对于其他原子是交错排列的。

不需要任何与氢原子自己相关的实验信息，这个设定就允许仅利用碳原子位置计算出这些氢原子的位置。而其他场合下，比如乙腈或者甲苯中的甲基，其扭转角不能被计算，在缺乏相关实验信息时就不可能获得氢原子的坐标。不过，在已知 C—H 键长和 H—C—H 键角时，乙腈、甲苯或者 Cp*[①]等中的甲基的扭转角问题仍可以很容易地得到解决。这些键长和键角给定了这三个氢原子必位于其上的一个圆，甚至还可进一步给出这三个氢原子在圆上的彼此间距，从而只需要确定沿圆周的电子密度函数，然后找到相应于氢原子的弱峰即可（图 3.1）。

3.2.2 与氮或氧成键的氢

即使已知并列出了 N—H 和 O—H 的标准键长，一般仍然不清楚氮或氧原子是否的确质子化。在这种情况下，加入或取消一个氢原子将改变某个金属原子的氧化态——对化学家来说，氧化态可是一个关键的信息。因此仅当潜在的酸性氢原子确实在差值电子密度图中被找到才在模型中添加它们的确是一个好习惯。这意味着晶体学者必须在氢原子实际可能存在的位置处发现明显的残余电子密度峰。如果那里没有这样的电子密度峰，待定氢原子就不应加入模型中。这并不意味着该氢原子不存在，而仅仅意味着不能基于衍射数据找到它。

众所周知，有些时候，比如当结构中所有原子的氧化态和所有离子的电荷已知，或者通过别的方式被确定时，为了满足电中性就必须将某个氧原子或者氮原

---

① 五甲基 - 环戊二烯基。

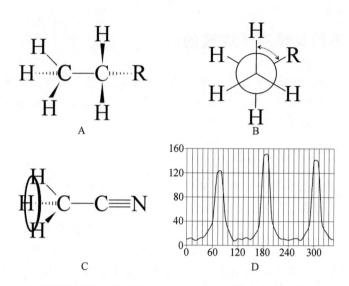

图 3.1　各种甲基氢的布局示例。A：乙基中，根据交错排列的预设，氢原子位置能单独利用碳原子的位置计算；B：用 Newman 投影图表示的和 A 图同样的构象，并以虚线箭头阐释扭转角；C：乙腈中的甲基：不管扭转角如何变化，通过这些氢原子的圆对应于它们在空间中必居其上的位置曲线。D：沿 C 中所示圆的电子密度图（随意指定比例下的模拟数据，横轴给出从随意指定的起点开始的各点在圆周上的位置，以度为单位）：假定分别对应于图 3.1C 中落在该圆上的氢原子的位置的三个峰相隔 120°左右

子质子化。在这种情况下，就能如同碳原子的情形计算氮或氧上的氢原子位置。羟基在理论上和上面介绍的甲基一样：氢原子正确位置的计算不能仅仅利用氧原子的坐标，不过，由氧原子坐标等可以有把握地预测氢原子必位于其上的圆。由于 O—H 键长度的变化比 C—H 键大，因此这个圆的精确度略低于 CH$_3$ 基团中的氢原子对应的圆。

3.2.3　与金属成键的氢

金属氢化物中的氢特别难以在差值电子密度图中进行定位，因为来自重原子的傅里叶截断波动容易掩盖掉其附近微弱的氢原子电子密度。只有达到亚原子分辨率（超过 0.8 Å）的很准确的且非常完整的数据才足以用于在邻近重原子位置处通过差值傅里叶合成找到氢原子。定位氢原子需要高分辨率的数据似乎让人惊讶——谁叫氢原子的散射弱，并且对结构因子的贡献在数据分辨率低于1.5 Å 左右时实际上接近于零呢！无论如何，高精度数据条件下，傅里叶截断波动会弱很多，并且更加靠近金属原子（参见 Cochran 和 Lipson，1966）。这就更加容易从噪声和赝电子密度中鉴别出属于氢原子的残余电子密度峰。

3.3 在 SHELXL 中定位氢原子

实际 SHELXL 精修中 X—H 键长和 H—X—H 键角一般通过约束条件指定。SHELXL 简化了氢原子位置的确定：除了可以生成正确的氢原子位置外，HFIX 指令还能对任何指定的 C—H 以及其他大多数的 X—H 产生各种必要的约束条件。HFIX 指令的一般语法如下：

HFIX mn atomnames

m 描述了几何位置，确定了所要生成的氢原子数目。n 则指明程序如何处理氢原子或者非氢原子，后者由原子名称(atomnames)指定。HFIX 可以计算合适的氢原子位置，生成这些氢原子并且正确地加入结合这些待定氢原子一起进行的精修所必需的 AFIX 约束(关于 AFIX 指令的全面介绍参见第二章)。在 .res 文件中，新加入的氢原子位于 "AFIX mn" 行之后，并且其后紧跟着 "AFIX 0" 行代表这个氢原子区段的结束。新加入的氢原子的各向同性 U 值由程序自动设为 1.2(对甲基则是 1.5)。SHELXL 可以根据 .ins 文件指定的温度(温度值放在 TEMP 命令后，以摄氏度为单位)确定合适的 X—H 键长。因此指定晶体数据收集的温度十分重要。

在大多数情况下，n 取值为 3，用于形容 "骑式模型"。这种模型将氢原子看作骑马的人，而非氢原子就是那匹 "马"。当精修中非氢原子移动时，氢原子相应跟着移动，好比当马走路的时候，马上的人也跟着马一起移动(假设这个人不会从这匹动物的身上掉下来)。其他经常用于氢原子精修的 n 值是 7 和 8，两者也表示骑式模型，但是具有额外的自由度(参见下面介绍)。

3.3.1 HFIX 指令中最常用的 m 和 n 取值列表

关于 AFIX 限制中 m 和 n 所有允许取值的有效组合，SHELX 用户手册给出了全面、清晰并完整的介绍。下面仅罗列了借助 HFIX 指令生成氢原子的 m 和 n 取值中最常见的九种组合，不算是对这类组合的完整介绍。

HFIX 13 理想叔氢(C—H)基团，所有 X—C—H 角度相等，随后以骑式模型(riding model)精修。

HFIX 23 理想仲氢(CH_2)基团，所有 X—C—H 和 Y—C—H 的角度相等，以骑式模型精修。H—C—H 角度根据相应正四面体进行计算，如果 X—C—Y 角度偏离正四面体分布，该角度将被加宽。

HFIX 33 理想正四面体分布的 CH_3 基团，以骑式模型精修。该甲基的扭转角根据与最短的 X—C 键错开的规则计算，为此就要求键合甲基的原子成四面体配位几何分布，如果不符合这一条件（比如对于甲苯或者乙腈分子），就不能使用 HFIX 33。

HFIX 43 芳氢 C—H 或者氨氢基团，以骑式模型精修。氢原子位于 X—C—Y 或者 X—N—Y 键角等分线的外侧。

HFIX 93 理想终端氢（X $=$ CH_2 或者 X $=$ NH_2^+）基团，以骑式模型精修。氢原子与 X 的最近邻取代基共面。

HFIX 123 理想无序 CH_3 基，与 HFIX 33 类似，但是要计算甲基中两两交替变化的位置，彼此错开 60°。最终模型有六个氢原子位置，每个占有率为 50%。

HFIX 137 理想正四面体分布的 CH_3 基团。该甲基的初始扭转角利用差值傅里叶分析确定，随后在保持正四面体几何结构的条件下以刚性基团的形式用于精修，从而得到最佳扭转角。这是计算甲基氢坐标的最精确也是最正规的方法。不过，这需要数据足够准确从而在实际氢原子位置上至少可以显示微弱的峰才行。

HFIX 147 理想的 X—O—H 键角按正四面体中的键角取值的羟氢 OH 基团。和 HFIX 137 指令一样，初始扭转角利用差值傅里叶分析确定，随后以刚性基团形式精修。

HFIX 163 具有线性 X—C—H 结构的炔氢 C—H，以骑式模型精修。

3.3.2 酸性氢原子的准自由精修

如上所述，计算与氮和氧原子成键的氢原子位置并不总是轻而易举的。不过，当可以获得良好的低温数据时，一般就可以在差值傅里叶合成中找到氢原子并且由处在 .res 文件末尾的残余电子密度峰值的位置简单获得其坐标。这些氢原子可以使用 AFIX 约束进行精修，也可以进行准自由精修，即仅利用 DFIX 指令限制 X—H 的间距。准自由精修限制需要晶体学者对该距离给定一个期望值。如 3.1 节解释的那样，"X 射线结构"中表观 X—H 间距在低温下要稍微长一些，但是总体上讲仍明显短于真实的原子核间距。在由 .ins 文件指定的温度下 X—H 键长的合适取值存在于 .lst 文件的一个列表中①，它可以提供 DFIX 指令所需的期望值。本章的第三个示例将对此加以介绍。

酸性氢原子的准自由处理手段相当高明，并且实现了对氢原子位置稍为宽松的精修。仅在极少数场合下，当可以得到非常准确的高分辨率数据，并且氢原子参与形成的氢键较强以至于明显拉长了给体原子与氢原子的间距的时候，才不一定要对间距进行限制。任何时候准自由精修的氢原子的各向同性 U 值

---

① 仅在模型中至少存在一个借助于 AFIX 约束进行精修的氢原子时才会生成这个列表。

仍应当被约束为所键合的氮或者氧原子 U_{eq} 数值的 1.2 倍[①]。

3.4 SHELXL 中的氢键信息

SHELXL 能分析并罗列出氢键,当 .ins 文件中包含 BOND 指令时,所有非氢原子的键长和键角会罗列在 .lst 文件中[②]。如果采用 BOND $ H,那么也会列出包括所有氢原子在内的键长和键角。但是氢键信息并不会自动写入 .lst 或者 .cif 文件,而是要用 HTAB 或者 RTAB 指令来指定。第二章有关于 BOND、HTAB 和 RTAB 的更详细介绍。有关酸性氢原子的处理和 HTAB 的用法见本章的示例 3,另一个介绍 HTAB 的例子见第六章的示例 2。

3.5 示例

接下来要介绍三个有关氢原子的布局和处理的示例。对这些例子自行精修所需要的所有文件都在随书光盘里。示例 1 中,5 个最常用的 HFIX 指令(HFIX 13,23,33,43 和 137)被用于定位与碳结合的氢原子。示例 2 讨论了金属氢化物中氢原子的定位。第三个例子则与存在氢键的酸性氢原子有关。最后一个例子也包括了 HTAB 和 EQIV 的实际应用。

3.5.1 常规氢原子定位操作:$C_{31}H_{54}MoN_2O_2$

$C_{31}H_{54}MoN_2O_2$ 晶体属于单斜晶系,空间群为 P_n 且非对称单元包含一个分子(Adamchuk 等,2006 年)。这个结构的精修只要按常规步骤就可以顺利完成。此结构中不存在无序或者共晶溶剂,反而是分子中包含好几种不同类型的氢原子。所有这些都使得该分子成为讨论常规氢原子定位操作的佳例。在随附的光盘中,hyd-01. res 文件包含了一个没有氢原子的完整的各向异性精修过的模型。图 3.2 显示了这个完整的分子模型并给出所有非氢原子的名称。基于该图,结构中不同种类的 C—H 片段可被识别出来(比如 C(2) 和 C(3) 的间距是 1.33 Å,属于典型的 C≡C 双键;而 Mo(1) 和 C(1) 也可以认为形成一个双键):

tert - CH	C(13)、C(220)、C(260)	叔氢
sec - CH₂	C(11)、C(12)、C(14)、C(15)、C(16)、C(17)	仲氢

---

① 需要指出的是,并不是所有的晶体学者都认可氢原子的 U 值必须总是相对地受限于与其键合的原子的 U_{eq} 数值。某些时候利用很好的数据也可以自由精修若干个氢原子的 U 值。

② 当使用诸如 XPREP 程序自动生成原始 .ins 文件时,通常就包含了 BOND 指令。

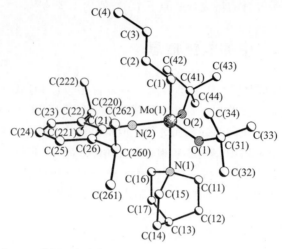

图 3.2　带原子名称标记的 $C_{31}H_{54}MoN_2O_2$ 分子结构示意图

CH_3	C(4)、C(32)、C(33)、C(34)、C(42)、C(43)、C(44)、 C(221)、C(222)、C(261)、C(262)　伯氢(甲基氢)
$C(sp^2)$—CH	C(1)、C(2)、C(3)、C(23)、C(24)、C(25)　烯氢

以上罗列了所有氢原子。根据 3.3.1 小节中的罗列的 mn 组合，可以选择正确的 HFIX 指令使 SHELXL 生成这些氢原子位置以及适当的 AFIX 约束。HFIX 对应于叔氢基团的编码是 13，对仲氢是 23，对芳香氢为 43(基于几何环境等效的原因,碳原子 C(1)、C(2) 和 C(3) 可以按芳香碳处理而获得氢原子位置)。除了一个例外，其余所有甲基都与 sp^3 杂化的碳原子键合，如何放置这些氢原子存在两个选择：纯理论计算相对于最短的 X—C 键交错排列的位置(HFIX 33)或者将每个 CH_3 片段作为一个刚性基团，精修扭转角(HFIX 137)。哪种方式更好主要取决于数据的质量：如果数据好得可以显示实际氢原子的位置，精修扭转角将是一个更好的选择，相反则是 HFIX 33 更合适。前面说过，HFIX 33 只可用于所考虑的甲基与一个四面体配位的原子成键的场合中，因为其他配位条件下不能如此生成氢原子(参考 3.2.1 小节和图 3.1)，从而 C(4) 上的氢原子不得不用 HFIX 137 指令来生成。当使用诸如 XP 或者 Ortep 等程序检查 hyd – 01. res 文件中的残余电子密度时，可以看到多个相应于氢原子位置的残余电子密度峰[①]。这保证了 HFIX 137 指令的有效运行——在这种条件下，理应优先选择这个指令。下面，首先使用位置交错的方式得到氢原子位置，接下来改用自由一些的手段，然后进行比较。(对前者)编辑 hyd – 01. res 文件，在第一个原子前直接加入如下 5 行：

---

①　Q(19)的位置支持了碳—钼形成双重键的观点并且表明对 C(1)原子使用 HFIX 43 指令是恰当的。

HFIX   13   C13   C220   C260

HFIX   23   C11   C12   C14   C15   C16   C17

HFIX   33   C32   C33   C34   C42   C43   C44   C221   C222   C261   C262

HFIX   43   C1   C2   C3   C23   C24   C25

HFIX   137   C4

然后保存这个文件并命名为 hyd – 02. ins，运行 SHELXL 开始精修。

　　大概经十轮精修后，R 因子降到 $R1 = 0.0316$ [对于 $F > 4\sigma(F)$] 并且 $wR2 = 0.0863$（对于所有数据）[1]，现在模型包含了所有氢原子，其位置是计算值，并且已使用骑式模型精修过。现在为了进行比较，将 hyd – 02. ins 中的 HFIX 33 改为 HFIX 137，并保存为 hyd – 03. ins 文件，重新运行 SHELXL。这次经过十轮精修后，R 因子降到 $R1 = 0.0315$ [对于 $F > 4\sigma(F)$] 而 $wR2 = 0.0860$（对于所有数据）。这两种精修的差别仅是后者多精修了 10 个与 sp^3 碳原子结合的甲基的扭转角并且 R 因子稍微好些。当然，更好一点的 R 因子可能仅仅是由于计算产生的效果，因为精修中包含的参数越多，R 因子往往越好。不过，也有可能是两种结构模型极为相似，因为后者的扭转角精修结果与前者使用 HFIX 33 指令计算的结果非常接近——毕竟甲基相对于近邻原子交错排列本来就具有相当大的概率。然而即使这两种分子模型不相上下，只要数据足以用于精修扭转角，则最好让它们被精修一下，以便所得氢原子位置更准确地对应所计算的电子密度峰。要查看扭转角不同是否会引起实际电子密度的差异，可以查看 hyd – 03. lst 列表（list）文件：在该文件的开头部分有一个列表，每一项对应于一个使用 HFIX 137 指令精修的甲基。其中前面两项如下所示：

Difference electron density(eA^ – 3x100) at 15 degree intervals for

AFIX 137 group attached to C4

The center of the range is eclipsed(cis) to C2 and rotation is

clockwise looking down C3 to C4

112 91 54 34 28 34 49 57 63 63 46 26 26 33 49 68 63 42 21 10 18 42 70 98

Difference electron density(eA^ – 3x100) at 15 degree intervals for

AFIX 137 group attached to C221

The center of the range is eclipsed(cis) to C22 and rotation is

clockwise looking down C220 to C221

---

　　① 这两个 R 值分别由方程 2.3 和 2.4 定义。

8 41 56 59 67 59 31 11 11 34 66 85 85 69 47 25 8 16 50 77 75 50 12 −7

每一项的 24 个数字对应于沿着甲基氢所在圆周变化的差值电子密度，如前面图 3.1 所示。预计其中可能存在三个间隔 120°左右的峰、使用这些来自 .lst 文件的数值，可以产生类似图 3.1D 的图像。.lst 文件前两项的数字对应的图像见图 3.3。显然，沿着两个甲基的三个氢原子必居其上的圆周变化的电子密度存在三个清晰的峰值，大约相隔 120°意味着扭转角能以相当高的精度被确定。对 .lst 文件中其他相关项目的检查表明所有扭转角可以以类似的精度被确定，这意味着 hyd − 03.res 文件对应的模型中的氢原子位置是可靠的。

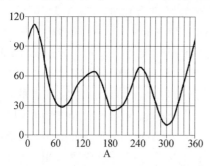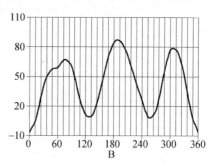

图 3.3 通过三个氢原子的圆周上的电子密度分布图。A：与 C(4)结合的三个氢原子；B：与 C(221)结合的三个氢原子。这两个图都清楚地显示了三个大约相隔 120°的峰

关于这个结构剩下要做的就是精修权重直到收敛，结果见 hyd − 04.res 文件。

3.5.2　Zr 基氢化物中的氢原子

柄型茂基锆二氢化物(ansa-zirconocene dihydride $\{[HN(SiMe_2C_5H_4)_2Zr(\mu\text{-}H)H]_2\}$)晶体属于单斜晶系，空间群是 $P2_1/m$，独立单元含半个分子，另外一半通过镜面对称得到(Bai 等,2000)。zrh − 01.res 文件给出一个各向异性精修后的模型，其中包含了除与金属原子成键的氢原子外的其他所有氢原子。这个结构还含有一个无序的甲苯分子，是练习无序精修的有用对象。有兴趣的读者可以删掉甲苯分子，使用第五章介绍的技术从零开始尝试精修此无序结构。

文件 zrh − 01.res 的末尾列出了几个残余电子密度峰值，位于两个锆原子中的一个附近。应当注意到两个锆原子位于结晶学镜面上，这意味着桥接的氢原子也可以落于这个镜面上，从而更加难以被定位——因为非对称单元将仅仅包含每个氢原子的一半。当使用诸如 XP 或者 Ortep 程序查看带 Q 峰的结构时，可以看到 Zr 原子附近存在 16 个残余电子密度峰[Q(1) ~ Q(12)、Q(14)、Q(15)、Q(17)和 Q(20)]，其中八个(Q(1)~ Q(4)、Q(5)、Q(8)、Q(9)非常靠近

金属原子[①]；另两个[Q(12)和 Q(17)]则远离中心 Zr 原子，因此可能属于氢原子。此外，Q(14)和 Q(20)很弱且不处于氢原子可能存在的位置。剩下的就只有四个待定的 Q 峰：Q(6)、Q(7)、Q(10)和 Q(11)。Q(6)和 Q(7)恰好位于预想的桥联氢原子位置，而 Q(10)和 Q(11)与中心 Zr 原子的端基氢原子符合得很好。这四个残余密度峰都位于结晶学镜面上。图 3.4 显示了带这四个残余电子密度峰的分子结构。

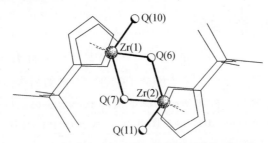

图 3.4　具有相应于氢原子的四个残余电子密度峰的茂基锆二氢化物分子结构沿结晶学 *b* 轴的投影图(即垂直于结晶学镜面的俯视图)

假如存在桥联氢原子，则两个端基氢原子的存在与否可以分别得到 Zr(Ⅳ)和 Zr(Ⅲ)化合物。Zr(Ⅲ)化合物通常呈墨绿色到黑色，而多数含 Zr(Ⅳ)的分子则颜色很浅甚至完全无色。所讨论化合物晶体呈浅黄色，这暗示含有 Zr(Ⅳ)并且桥氢原子与端氢原子共存。因此可以将 zrh – 01. res 文件中的这四个 Q 峰转变为氢原子[Q(6)→H(1B)、Q(7)→H(2B)、Q(10)→H(1T)、and Q(11)→H(2T)]并且放于相应的 Zr 原子之后，同时不要忘记将 U_{eq} 值改为 – 1.2。所得新的 . ins 文件中相关部分如下所示：

ZR1　5　0. 421613　0. 250000　0. 920000　10. 5000　　0. 02136　0. 01533 =
　　　　　　0. 01863　0. 00000　0. 00188　0. 00000

H1B　2　0. 3893　0. 2500　1. 0450　10. 5000　　– 1. 2

H1T　2　0. 6208　0. 2500　1. 0123　10. 5000　　– 1. 2

ZR2　5　0. 127362　0. 250000　1. 062552　10. 5000　　0. 01889　0. 01493 =
　　　　　　0. 02026　0. 00000　0. 00219　0. 00000

H2B　2　0. 1436　0. 2500　0. 9371　10. 5000　　– 1. 2

H2T　2　– 0. 0420　0. 2500　0. 9807　10. 5000　　– 1. 2

另外，尽管不能准确知道应将 Zr—H 间距限制为何值，但是至少可以使用 SADI 指令将等价的间距限制为相等：

---

① Zr 的原子共价半径大约是 1. 45 Å，而氢约为 0. 40 Å，因此距离 Zr 原子为 1. 6 Å 左右的 Q 峰不可能是与其键合的待定的氢原子。

SADI   ZR1   H1T   ZR2   H2T
SADI   ZR1   H1B   ZR2   H2B
SADI   ZR1   H2B   ZR2   H1B

随后保存这个新的 .ins 文件,在光盘上与此对应的文件为 zrh－02.ins[①]。

经过十轮最小二乘精修后得到完整的模型,随后就可以调整加权方案并精修到收敛,结果文件为 zrh－03.res。

3.5.3 酸性氢原子和氢键

天然产物伊罗霉素(iromycine,$C_{19}H_{29}NO_3$)晶体空间群为四方 $I\bar{4}$,其非对称单元包含一个霉素分子和一个乙醇分子。进行下面的精修前,所有非氢原子已经做过各向异性精修,同时所有与碳成键的氢原子也已经放好,相应的结构模型对应的文件为 hbond－01.ins。图 3.5 显示了这个带有所有氢原子以及其他原子的结构。

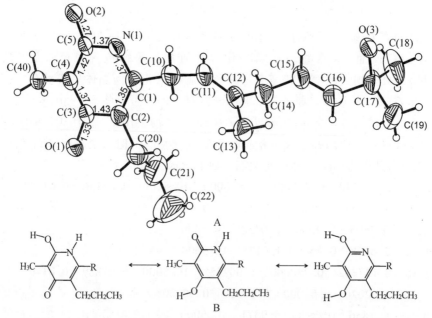

图 3.5 包括所有与碳成键的氢原子的伊罗霉素分子结构图。其中给出了部分原子间距,以 Å 为单位。B:该分子中六元环可能具有的三种互变异构形式

该晶体的衍射相当弱且数据不得不在 0.9 Å 的分辨率处截断,因此数据－参

[①] 请注意光盘上的实际文件中,SADI 指令以小写形式书写——正如 1.3.1 小节提到的,SHELXL 的输入对大小写等同对待。

数比例一般，从而需要对所有的原子应用 *ADP* 限制指令 SIMU 和 DELU（参见第二章）。靠近特殊位置处存在的一个乙醇分子也以用 PART –1 指令进行精修（参见第五章）。上述操作所得的模型见文件 hbond –01. res 及图 3.5，其中酸性氢原子仍缺失。如上所述，找到这些氢原子往往并不是一件容易的事（特别是对于劣质数据），此时有赖结合化学知识来仔细分析残余电子密度峰。从化学知识的角度可以预料氢原子有如下分布：氧原子 O(3) 应当具有一个氢原子，N(1)、O(1) 也分别含有一个，同时根据该分子具有的互变异构形式（如图 3.5B 所示），O(2) 原子也应当质子化。由于互变异构中包含的原子的键长（如文件 hbond –01. lst 所列以及图 3.5 所显示）与两个酮式中的一个（位于图 3.5B 中间）更加符合，因此可望找到 O(1)、O(3) 和 N(1) 所带的氢原子。除此之外，乙醇分子上的氧原子（没有显示于图 3.5 中）也应当与一个氢原子成键。

现在查看差值傅里叶图中可以给出的结果：当使用类似 Ortep 或者 XP 的程序检查文件 hbond –01. res 时，会发现 20 个极大残余电子密度峰中有三个与氢原子对应：Q(5) 对应于 N(1) 的氢，而 Q(8) 和 Q(14) 分别对应于 O(3) 和 O(1) 上的氢原子。Q(14) 明显低于 Q(5) 和 Q(8)，这意味着 O(1) 只是部分质子化，对应于两种不同酮式异构体的组合（图 3.5B 的左图和中图）。麻烦的是数据还没有好到可以解决这样的氢原子无序，因此只好假定仅有一种（酮式）异构体——其中 N(1)、O(1) 和 O(3) 结合氢原子。

要将这三个残余电子密度峰用氢原子表示，可以进行如下操作：从文件 hbond –01. res 中将所讨论的三个 Q 峰分别拷贝并直接放于相应氢原子键合的原子下面。接着改变原子名称［即 Q(5)→H(1N)、Q(8)→H(3O) 和 Q(14)→ H(1O)］并按从碳到氢的顺序修改原子类型序号。同时如本章 3.1 小节所述，将这三个原子的 U_{eq} 值设置成 –1.2。为了将 X—H 键长限制为合理的数值（此温度下，O—H 键长为 0.84 Å，而 N—H 是 0.88 Å），要加上两个 DFIX 指令（一个用于 N—H 间距，另一个则用于两个相等的 O—H 间距）。和 3.3.2 小节所述一样，这两个 DFIX 限制所用的期望值可以在 . lst 文件的相应列表中找到（查找"默认有效 X—H 间距（default effective X—H distances）"）。最后，重命名此文件为 hbond –02. ins。这个新的 . ins 文件相关变动部分如下所示：

DFIX 0.84 o1 h1o o3 h3o

DFIX 0.88 n1 h1n

WGHT 0.100000

FVAR 0.13214

O1   4   1.240355   0.247935   0.155510   11.00000   0.03230   0.05124 =
        0.06363   0.01067   0.00258   – 0.00420

H1O   2   1.2991   0.2192   0.1551   11.00000   – 1.2

O2	4	1.129906	−0.003601	0.285825	11.00000	0.03637	0.04137 =	

0.07358 0.00872 −0.00565 −0.00278

O3	4	0.428819	0.227755	0.142812	11.00000	0.03103	0.05653 =	

0.04234 0.00364 0.00230 −0.00414

H3O	2	0.4562	0.2693	0.1705	11.00000	−1.2	
N1	3	1.032006	0.116656	0.253000	11.00000	0.02779	0.04145 =

0.05920 −0.00131 −0.00093 0.00170

H3O	2	0.9879	0.0823	0.2716	11.00000	−1.2	

经过十轮精修，这三个新增的氢原子现在成为模型的一部分，并且 R 值下降。然而，接下来还要寻找位于无序乙醇分子上的氢原子。由于非对称单元仅包含二分之一个溶剂分子，因此所要查找的是半个氢原子，相应于未决的半个电子——至少可以这样说。另外，乙醇分子的热运动看来相当剧烈，这可由溶剂分子中的原子具有巨大的热椭球来证实。而这意味着遗漏的这半个电子很可能不好定位[①]。在 Ortep 或者 XP 中仔细查看残余电子密度图可以发现 Q(16) 可能是与 O(1S) 成键的氢原子。虽然这个结论丝毫没有必然性，但是现实中并没有其他选择，因此要按照这个结论做下去——至少目前只好如此。

如下准备 hbond-03.ins 文件：直接把 Q(16) 拷贝到氧 O(1S) 下面并重命名为 H(1OS)，改变原子类型序号及 U_{eq}，并且扩展 DFIX 0.84 指令使之包含这个新增的原子。另外要在该文件中 UNIT 区域和首个原子之间加上 HTAB 指令，如上所述，这命令可以检验与电负性原子成键的所有氢原子信息以判断氢键的存在性。

经过十轮精修，R 值再次轻微下降并且 hbond-03.lst 文件的末尾，在键长和键角结果后面包含了如下列表，用于对氢键模式进行评估：

Hydrogen bonds with H..A < r(A) +2.000 Angstroms and <DHA >110 deg[②].

D—H	d(D—H)	d(H..A)	<DHA	d(D..A)	A	
O1—H1O	0.841	1.882	145.76	2.620	O3	[x+1,y,z]
O3—H3O	0.848	1.862	165.87	2.693	O2	[y+1/2, −x+ 3/2, −z+1/2]
N1—H1N	0.854	2.022	154.51	2.818	O2	[−x+2, −y,z]
O1S—H1OS	0.871	1.998	116.64	2.512	O1S	[y+1, −x+1, −z]

这个表在第一列指明了给体的名称及相应的氢原子；第二列和第三列分别

---

① 它也表明乙醇上的这个氢原子可能与同种溶剂分子的某个对称等效点形成氢键，因为与某个合适的原子形成的氢键可以限制此乙醇分子的运动。

② 氢键：H—A 间距 < r(A) +2.000 Å 并且键角（D—H—A）大于 110°。——译者注

给出了给体－氢和氢－受体之间的距离；第四列则是受体－氢－给体所成角度；而受体－给体的间距记录于第五列，第六列对应受体原子的名称。最后一列给出了对称操作，用于与处于别的非对称单元中的受体原子形成氢键的情形。对该表第一个输入项详细分析如下：与 O(1) 成键的氢原子 H(1O) 与 O(1) 和受体原子的间距分别为 0.841 Å 和 1.882 Å。O(1)—H(1O)－受体原子的键角是 145.77°，并且 O(1)－受体原子的间距为 2.620 Å。受体原子是 O(3) 的对称等效点，可由 O(3) 通过对称操作 [x+1,y,z] 产生。表中的其他行可以同理解读。

可以看到这个表中各个数值都没有给出标准不确定度。在第二章中说过，使用 HTAB 指令还有第二种办法：将特定的给体和受体原子与 HATB 指令联合使用从而生成所有的标准不确定度。对于同一晶胞中的原子间形成的氢键，这种操作非常容易。而对于与对称等效原子形成的氢键就需要借助 EQIV 指令进行确认。在本例中存在四种不同的氢键，分别对应四种不同的对称操作。由此得到如下四组 EQIV 和 HTAB 指令：

EQIV　$1　x+1, y, z
EQIV　$2　y+1/2, -x+3/2, -z+1/2
EQIV　$3　-x+2, -y, z
EQIV　$4　y+1, -x+1, -z
HTAB　O1　O3_$1
HTAB　O3　O2_$2
HTAB　N1　O2_$3
HTAB　O1S　O1S_$4

将这八行加入新的 .ins 文件中(hbond-04.ins)并且精修。在结果的 hbond-04.lst 列表文件中包含了一个新表，恰好位于上面那个表的后面：

Specified hydrogen bonds(with esds except fixed and riding H)[1]

D—H	H...A	D...A	<(DHA)	
0.84(2)	1.88(4)	2.620(4)	146(6)	O1—H1O...O3_ $1
0.85(2)	1.86(2)	2.693(5)	166(5)	O3—H3O...O2_ $2
0.85(2)	2.02(3)	2.818(5)	155(5)	N1—H1N...O2_ $3
0.87(2)	1.99(12)	2.51(3)	117(11)	O1S—H1OS...O1S_ $4

这就是标准晶体结构能给出的所有氢键的信息。剩下来唯一要做的事就是精修权重到收敛，其结果见 hbond-05.res。图 3.6 显示了包含若干个对称等效分子与所有氢键的最终结构模型。

------

① 特定的氢键(包含误差——除了固定或骑式的氢外)。——译者注

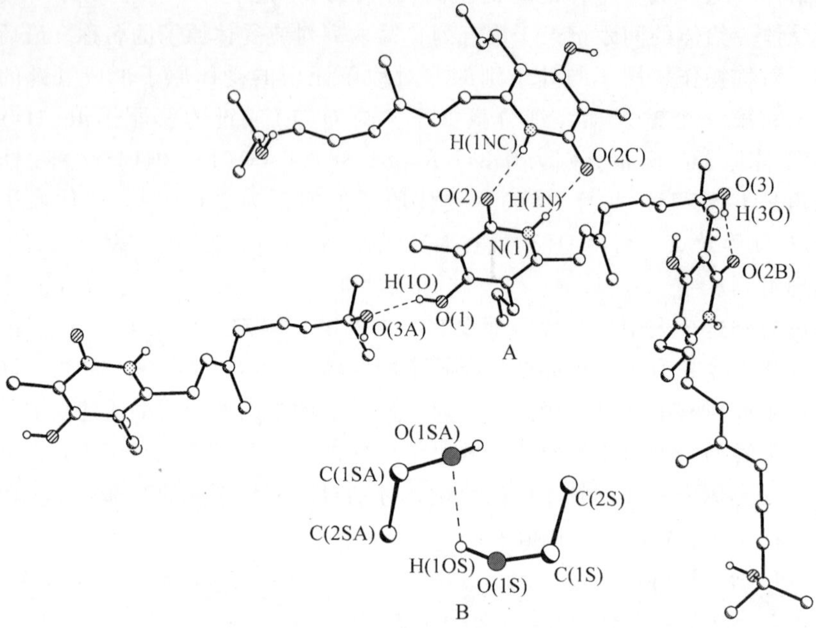

图 3.6 伊罗霉素晶体结构中的氢键。图中未对 A 伊罗霉素分子和 B 乙醇分子进行电子密度定标。而且为清晰起见，所有与碳成键的氢原子被略去

4

原子类型的指定

Peter Müller

4.1 电子皆"蓝色"

　　化学研究者探索新型化学反应以及偶尔出现的全新分子类型——这种新物质的晶体具有意料之外的结构或者完全违背初衷的组成。解析结构后，如果从求解相问题获得的一套相角所产生的电子密度峰是未知的，晶体学家就不得不寻求关于这个解析结果的合理解释。仅仅在极少数情况下，用来解析结构的程序（对化学结构几乎就是 SHELXS 程序了）能正确指定与所得到的电子密度峰值对应的原子类型。大多数情况下，需要晶体学家自己找出电子密度峰值对应的化学元素。为此，晶体学家除了要懂得衍射试验外，还需要良好的化学知识。在 X 射线衍射实验中，X 射线光子射入晶体并与原子中的电子相互作用，产生由衍射点组成的衍射图案。每个衍射点对应于某个结构因子 $F(hkl)$，而结构因子等于遍及整个晶胞的所有原子的傅里叶加和：

$$F(hkl) = \sum f \exp[2\pi i(hx + ky + lz)] \qquad (4.1)$$

反过来通过傅里叶逆变换可得到电子密度 ρ：

$$\rho(x,y,z) = \frac{1}{V} \sum_h \sum_k \sum_l F(hkl) \exp[-2\pi i(hx + ky + lz)]^{①} \qquad (4.2)$$

晶胞中给定点 (x,y,z) 的 ρ 值直接取决于测得的强度 $I \propto F^2$。而强度大小则取决于晶胞中各个原子的相对位置，但也依赖于曝光时间、初级 X 射线强度、晶体的尺寸和形状等因素，因此要准确描述实验结果只能用相对的而不是绝对的办法。这意味着如果没有合适的定标（scaling）②，就很难说明 X 射线衍射实验得到的电子密度。为了给出一个有意义的数量，就像一立方埃（$Å^3$）的电子数目对应电子密度一样，测得的衍射强度（或者 .hkl 文件中的 F^2 数值）必须进行合适的定标③。定标主要由结构模型决定，这意味着要用电子密度来说明电子密度自己——我们面对的是一个"第 22 条军规"④。虽然很多情况下可以轻松地直接指定原子类型，比如苯环或者 Cp^*⑤基团的几何外形就暗示了其原子的本性。然而在其他条件下，指定原子类型则极端困难。特别是在区分相当轻以及在周期表中直接相邻的元素的时候⑥。甚至某些情况下，连确定结构中仅有的重原子也是困难的。

假如由测得的强度和初始相角得到的电子密度能以某种方式染上色彩，比如是碳原子的电子密度就显黑色、氮原子为蓝色、硫是黄的、而氧是红的等等，指定原子类型就容易了。不幸的是所有的电子至少在同一个计算机屏幕上都是"蓝色"的⑦。

4.2 化学知识

一个晶体结构在化学上必须是合理的，否则就是错的。结构中的成键数目和键长、原子的配位几何、晶体的颜色都应该加以考虑并严格检查。如当一个碳原子看起来有五个单键，那它要么就是无序，要么它实际不是碳原子；又如

---

① 读者可能会惊讶，觉得这些方程中并没有出现相角。其实相角就隐藏在原子坐标 x，y 和 z 里，即相角 $\Phi_i = 2\pi(hx_i + ky_i + lz_i)$。

② 即比例因子校正。——译者注

③ 这就是 SHELXL 中首个自由变量即所谓的全局比例因子要做的事。

④ 第 22 条军规代表自相矛盾的事情，在这里，没有定标，难以分析电子密度；但是要准确定标，就必须知道准确的电子密度。——译者注

⑤ Cp^* 代表五甲基 - 环戊二烯基。

⑥ 最典型的例子可能是氮原子与氧原子的混淆，它们都有同样的配位几何，彼此的不同仅仅是一个电子之差。

⑦ 如果用 XP 显示结构，电子实际上显示绿色而不是蓝色。

一个设想含有 Cu(Ⅱ) 的晶体是无色的，就要考虑可能是其他金属离子或者 Cu(Ⅰ)。另外，1.55 Å 的硫氧键长得不可思议，它更可能是 P—O 键；而有四个配体的 Pt(Ⅱ) 离子可能性非常大的可能配位方式是平面正方形，而不是四面体。这样的例子还有更多。因此一个好的熟练的晶体学家要有扎实的化学知识，或者至少要在衍射仪旁边放上一张元素周期表以及键长、常见的氧化态和配位几何的表格(参考第 12 章中的列表)

4.3 晶体学知识

某个原子精修后的 U_{eq} 值是判断是否错选原子类型的一个最有说服力的指标，它反映热振动椭球的尺寸(在各向同性下则是圆球)。这个热振动椭球描绘了该精修后的原子中一定比例(通常是 50%)的电子占据的空间。那就意味着在这样的条件下——例如，对于给定模型中的一个氧原子，围绕电子密度图上对应于四个电子(即氧所有的 8 个电子的 50%)的弥散分布区域描绘所得的球就是这个氧原子的热振动椭球。如果这个原子的确是氧，那么球的尺寸就应该与同一结构中的其他氧原子类似。然而如果这个给定的原子被指认错了，它实际上是氮原子，那么围绕四个电子的球将会明显大些。这是因为氮原子比氧原子少一个电子，而相对于四个电子，总电子数目更小的原子的弥散分布区域较大。

再给一个例子，如果某结构中四氢呋喃分子没有与金属原子配位，这时要指出五个位置中哪一个对应氧原子是困难的。将五个位置都按照碳原子进行精修，结果就是四个原子有大致相等的 U_{eq} 值，而剩下的一个原子的 U_{eq} 值明显更低[1]。具有更小的热振动球的原子就是氧原子，而其他四个差不多等大的则是碳原子，如图 4.1 所示。

通常，过小的热振动参数表示当前的模型中该原子位置处给定的电子过少，而过大的位移参数意味着该原子应该是更轻的类型。

如果原子被各向异性精修，其位移参数将不再是圆球，而是对应于原子沿各个方向的热运动的椭球。如果某个原子的热椭球拉长了，则表明该原子在某个方向上的振动强于其他方向。如果椭球拉长程度大(如图 5.1 或者图 5.18 所示)，该原子可能是无序结构的一部分。一般说来，热椭球的全局尺寸和各向同性位移参数一样，是指示元素类型的可靠信息。但是，从外观极为各向异性的椭球中提取精确的尺寸信息是困难的，这时可以改用从 U^{ij} 矩阵元素计算出

---

[1] 这里假设 thf(四氢呋喃)是有序的。有些时候，当氧原子在五个可能位置上随机无序分布时，最好按五元全碳环精修四氢呋喃，参见 7.8.4 节的例子。

来的 U_{eq} 值来做比较[①]。SHELXL 会将每个原子的 U_{eq} 值都写入 .lst 文件的一个表中。

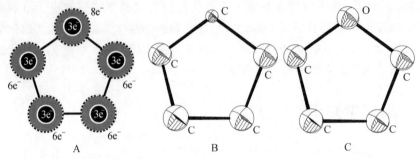

图 4.1　A：四氢呋喃分子略图，灰色的虚线圆代表原子，白边黑球对应于 3 个电子的弥散分布区域；B：四氢呋喃分子的各向同性位移参数（50% 概率）示意图，所有原子按碳原子精修，实际上代表氧原子的球比其他四个小很多；C：正确指定原子类型的同种分子的各向同性振动球图（50% 概率），所有五个球近似尺寸相等

4.4　示例

接下来的章节将介绍几个原子类型不能明显被指定的例子。自行精修这些例子所需要的全部文件都在随书光盘里。第一个示例讨论了 N 和 O 的区分，利用键长、各向异性位移参数和一些化学信息可以获得正确的结果。第二个示例处理了有些少见的磷和硫原子的鉴别。最后一个示例讨论的结构中，存在于分子里的唯一一个重原子的本质不能确定。这个示例清楚地表明合适的比例校正对合理确定一个结构是多么的重要。

4.4.1　四联 $InCl_3$——N 还是 O？

化学家尝试利用 Et_2NSiMe_3 和 $InCl_3$ 混合物在四氢呋喃中反应，除去 Me_3SiCl 以获得用于 CVD 的新的 InN 前体[②]。可用于衍射测试的产物晶体从乙醚中得到。X 射线结构分析表明晶体中存在四联 $InCl_3$，三斜空间群 $P\bar{1}$，每个非对称单元包含半个分子，另半个通过对称中心生成。核心结构由六个桥氯原

---

① 在各向异性精修的结果中，描绘各向异性位移椭球的 U_{eq} 定义为正交化矩阵 U^{ij} 的迹的三分之一。因此，U_{eq} 反映了热振动椭球的尺度。更多关于各向异性位移参数及命名法则（比如为什么要用 eq 作为 U_{eq} 的下标，用 ij 作为 U^{ij} 的上标）的信息参见 Trueblood 等 1996 年发表的文献及其内的参考文献。

② 化学气相沉积（chemical vapour deposition）。

子连在一起的四个铟原子形成的三个 In_2Cl_2 四元环组成。核心结构中央的两个铟原子各连接一个终端氯原子，而两边的铟原子则连接两个终端氯原子。同时，为满足它们畸形的八面体配位，每个核心结构中央的铟原子与一个溶剂分子配位，而两边的则与两个溶剂分子配位，如图 4.2 所示。关于该结构的更详细信息参见 Müller 等在 2000 年发表的文献。

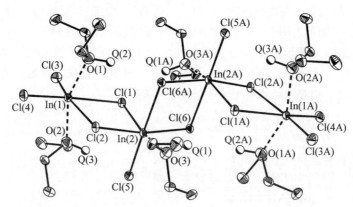

图 4.2　乙醚作为配位溶剂分子的四联 $InCl_3$ 初期模型图。图中显示了三个极大电子密度峰［Q(1)、Q(2) 和 Q(3)］及其对称等效点；结晶学对称中心位于由原子 In(2)、Cl(6)、In(2A) 和 Cl(6A) 构成的四元环的中心。为清晰起见，省略了所有氢原子

显然，精修时可以将溶剂分子指定为乙醚——因为晶体是从该溶剂中得到的。这种精修可以顺利进行并得到了合理的 R 值。下面将要讨论的精修就从这里开始。随附光盘的 in‑01.res 文件对应一个做过各向异性精修的模型，其中包含了乙醚分子的所有氢原子。

当使用诸如 XP 或者 Ortep 绘图工具查看原子和差值电子密度峰时，可以看到如下情形：氧原子的各向异性位移参数与其他原子相比大了一些（氧的平均 U_{eq} 值是 0.031 $Å^2$，而终端氯原子是 0.026 $Å^2$）。此外，测得的 C—O 平均键长是 1.50 Å，长于预期的标准 C—O 单重键长（1.43 Å）。

上述两点可以解释如下：氧原子属于溶剂分子的一部分，与铟原子成键不是非常牢固，因此各向异性位移椭球大一些是理所当然的，这是因为乙醚分子可以相当自由地移动——不管怎样，这种移动相对于终端氯原子要自由得多。拉长的氧-碳间距可以用氧与铟的配位结果来解释：按照 Linus Pauling 1947年提出的键数概念，对于给定的原子，其所有相互作用的键价总和是一个常数，因此当与之配位的某原子出现新的相互作用时，原有的化学键会变长。

这一连串的推论中隐含一个问题，就是两种解释互相对立的：要么是In—O 相互作用足够强，从而将 C—O 键拉长了近 0.1 Å；要么是溶剂分子并没有和铟原子结合在一起，从而其自由运动的程度足够产生相当大的原子位移

参数。当然，这两种效应都不是很强，如果需要，完全可以用万能的"晶体堆积"论调来应付各个评论家的非难。实际上，如果上述两点(即稍微大的氧原子椭球和C—O键长度)是唯一古怪的地方，而且的确找不到其他原子类型指定的错误，那么就可以接受这个含有乙醚的结构。

然而还有其他问题存在：虽然乍看起来，差值傅里叶图没有可疑之处(最大峰值:0.88 e·Å^{-3}，最深谷底：-1.36 e·Å^{-3})，但是三个独立氧原子[依次为O(3)、O(1)和O(2)]附近，明显存在着三个局部最高残余电子密度峰——Q(1)、Q(2)和Q(3)(如图4.2所示)，看起来好像就是氢原子。虽然由于傅里叶级数截断或吸收(更多信息,请参考第八章)，伪电子密度峰可以出现在特殊位置处，也可以在重原子附近出现。但是这种解释无法用于这三个极大残余电子密度峰。

将模型中的乙醚换成二乙胺就可以解决所有的问题。虽然 Et_2NH 既没有作为初始反应中的原料，也没有用于结晶过程。但是烧瓶中总会存在痕量的水(已知四氢呋喃难以保持无水状态)，从而使 Et_2NSiMe_3 水解成二乙胺和硅氧烷。这个实际发生的反应使得晶体发生下列反应：

$$6Et_2NH + 4InCl_3 \longrightarrow [(InCl_3)_4 \cdot (Et_2NH)_6]$$

要在新的 .ins 文件中进行这种改动，可按如下步骤操作：用文本编辑器打开 in-01.res 文件，用字符"N"代替字符"O"，将三个氧原子名称改成氮原子，另外很重要的是也要将散射因子列表(SFAC)中的"O"改成"N"。同时，调整 UNIT 指令行以容纳新的氢原子(三个独立原子在 $P1$ 中等效于一个晶胞有六个原子)。即将如下指令行：

```
SFAC  C  H  O  CL  IN
UNIT  24  60  6  12  4
(...)
O1  3  -0.267483  0.310760  0.233650  11.00000
```

改成：

```
SFAC  C  H  N  CL  IN
UNIT  24  66  6  12  4
(…)
N1  3  -0.267483  0.310760  0.233650  11.00000
```

然后如第三章所述，将氢原子放在三个极大残余电子密度峰处，记得为三个N—H间距加上 DFIX 限制，因为这是半自由精修酸性氢原子需要的条件(参见3.3.2节)。由于数据在 -140 ℃下收集，因此预定的 N—H 间距是 0.91 Å[①]。

文件 in-02.ins 包含了所有这些改动。随后的 SHELXL 精修获得了更好的

---

① 如何以及在哪里查找被限制间距的期望值参见 3.3.2 节和 3.5.3 示例。

结构，参见文件 in‑02. res。在最终结构(文件 in‑03. res,已调整权重)里，氮原子的平均 U_{eq} 值是 0.017 Å²，与同一结构中桥联氯原子的 U_{eq} 值相似。平均 C—N 键长仍然是 1.50 Å，只是稍微比标准的 C—N 单键长一点(1.47 Å)。这种拉伸可以简单地归因于二乙胺和铟原子的配位。另外，所有品质因子都得到明显改善，并且五个结晶学独立 N—H—Cl 氢键的存在进一步确证了这个模型。图 4.3 显示了带有三个氢键的最终结构。

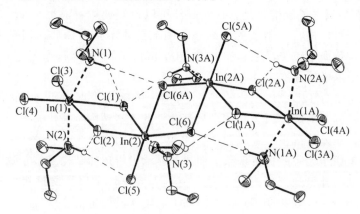

图 4.3 四联 InCl₃ 的最终结构图，图中显示了配位的 Et₂NH 和 N—H—Cl 氢键；结构取向与图 4.2 取向相同。为清晰起见，略去了所有与碳结合的氢原子。与氮结合的氢原子位于图 4.2 中的残余电子密度峰处

当仔细查看文件 in‑03. ins 时，会在页首发现如下几行：

```
htab
eqiv  $1   -x,     -y+1,     -z
htab   n1   cl1
htab   n2   cl5
htab   n2   cl2
htab   n1   cl6_ $1
htab   n3   cl1_ $1
mpla   4   in1   cl1   in2   cl2
mpla   4   in2   cl6   in2_ $1   cl6_ $1
```

必须手动输入这些指令行，它们能在 in‑03. lst 文件里生成有关氢键(HTAB)以及四元环的平面属性(MPLA)的信息。可以在该文件的尾部即键长和键角列表的正下方找到这些信息。EQIV 指令已经在第三章详细介绍过，HTAB 在第二章和第三章都有讨论，而 MPLA 则参见第二章。

4.4.2 钴基化合物

为获得单晶 FhuF——大肠杆菌在铁元素不足时分泌的一种 Fe—S 簇蛋白质，采用了稀疏矩阵晶化条件筛选法(sparse matrix crystallization screening,Jancarick 和 Kim,1991)，将蛋白质溶液与多种不同的试剂混合，希望至少有一种试剂能促使蛋白质结晶。从 pH 为 6.5 的 1.8 mol L^{-1}(NH$_4$)$_2$SO$_4$/0.01 mol L^{-1} CoCl$_2$ 溶液中获得了微米单晶，这些晶体可以重复使用籽晶法(macro-seeding)使尺寸大到可以进行衍射实验。结果表明该晶体不是蛋白质，而是一种钴基盐。该化合物属于正交晶系，空间群为 $Pmn2_1$，每个非对称单元含半个分子，另半个由结晶学镜面产生。

与六个水分子形成八配位的 Co(II)离子的确认是直观而简单的。四面体中心离子被确定为硫，因为晶体是从高含量的硫酸铵中生长出来的。除了这两个离子外，在差值傅里叶合成图中找到了一个自由水分子，它位于结晶学镜面上并呈现氢原子无序的独特现象。图 4.4 显示了所述的结构。基于这个模型的精修进行顺利并得到了极好的 R 值，完成各向异性精修的文件对应于随附光盘的 co - 01. res，其中的[Co(H$_2$O)$_6$]SO$_4$·H$_2$O 模型包括了水分子上的所有氢原子。接下来要讨论的精修就从这里开始。

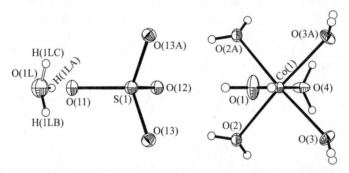

图 4.4 [Co(H$_2$O)$_6$]SO$_4$·H$_2$O 结构图。结晶学镜面包含原子 O(1L)、H(1LA)、O(11)、S(1)、O(12)、O(1)(以及和 O(1)键合的两个氢原子)、Co(1)和 O(4)。氢原子 H(1LB)和它的对称等效点 H(1LC)精修结果均为 50% 占位率，等效于一个氢原子在这两个位置的无序分布状态

虽然残余因子值特别好(当 $F > 4\sigma(F)$ 时，$R1 = 0.0189$；而对所有的数据，$wR2 = 0.0518$)[1]，但是结构中有两个显著的细节需要研究一下：首先介于 1.533(2)和 1.541(2)Å 之间的 S—O 键长对于硫来说是反常的，但却恰好和

---

[1] R 值的定义参见方程 2.3 和 2.4。

磷相匹配；其次在差值电子密度图中第七个水分子的无序氢原子会如此明显可辨别也是异常的。

硫原子可能是磷，并且除非结构中存在 H_3O^+ 离子，否则第七个水应该是铵根离子（因为文件 co–01. res 中残余电子密度峰 Q(3) 恰好非常靠近铵根离子的第四个氢原子可能处在的位置）。将硫改成磷，并且将第七个水中的氧改成氮得到 co–02. ins 文件（要记得调整 SFAC 和 UNIT 指令，并为 N—H 间距加入 DFIX 指令），SHELXL 精修后得到新的模型以及明显改善的残余因子。文件 co–02. res 中的最大残余电子密度峰对应于铵根离子上缺失的氢原子。将这个原子加入模型中，所得的文件为 co–03. ins（莫忘改动 UNIT 和 DFIX 指令）。精修后的文件 co–03. res 中，铵根离子有三个独立的氢原子位置，其中两个位于结晶学镜面上。最后的结构参见文件 co–04. res，如图 4.5 所示；已校正了权重因子，最终的 R 值比以前低得多（对 $F > 4\sigma(F)$ 的数据：$R1 = 0.0152$；对所有数据：$wR2 = 0.0399$）

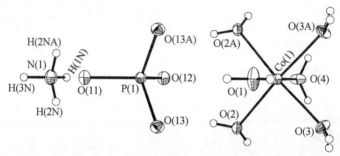

图 4.5 $[Co(H_2O)_6]NH_4PO_4$ 模型图，分子朝向与图 4.4 相同

晶体中存在铵根离子并不奇怪，因为晶体是从含有 1.8 mol L^{-1} $(NH_4)_2SO_4$ 的溶液中生长的。但是，磷酸根离子存在于结构中却是意外的事——在蛋白质提纯、浓缩和结晶的整个过程里都没有使用含磷酸盐的溶液。另一方面，自然界中磷酸盐却是普遍存在的，而 $CoNH_4PO_4$ 本质上又难溶。因此，当存在铵根离子和钴时，即使是痕量的磷酸盐也会产生沉淀。由于生长足够大的晶体所需的两次籽晶法操作从蛋白质溶液中带入了足够多的痕量磷酸盐，所以生成了所观察到的化合物。

4.4.3 搞混的中心金属原子

用一把刮铲将晶体从含有硅–氮化合物的烧瓶中取出，然后放置到衍射仪上进行测试。这个晶体是从整个烧瓶中找到的唯一一个。该晶体的空间群被指认为 $P\bar{1}$，且非对称单元含有半个分子。SHELXS 得到的模型显示为一个硅原子和几个别的电子密度峰。其中的十个电子密度峰构成了一个常见的形状——

Cp*基，因而其原子类型可指认为碳。有关这个解析结果的说明参见光盘中的文件 si‐01.ins 表示的结构。用 SHELXL 经过几次 20 轮最小二乘精修后，结构的几何形状没有改变，残余电子密度峰变得很低（最高峰 1.99 e·Å⁻³）。然而，相对于看来接近完成的结构，R 值一点也不好，并且碳原子的各向同性位移参数很大（平均 U_{eq} 值是 0.264），而硅原子相对来说却较小（0.011）。当查看残余电子密度峰列表时，会发现虽然最高峰不是很大，但是列表中的前两个明显高于其他的峰值：

Q1	1	0.2617	0.1339	− 0.1177	11.00000	0.05	1.99
Q2	1	0.0451	− 0.1536	− 0.0046	11.00000	0.05	1.65
Q3	1	0.6113	0.0080	0.3973	11.00000	0.05	0.47
Q4	1	0.1254	0.1026	− 0.2352	11.00000	0.05	0.47
Q5	1	0.8217	0.7712	0.2816	11.00000	0.05	0.47
Q6	1	0.8779	0.6366	0.3773	11.00000	0.05	0.45

（...）

图 4.6 显示了当前带有 Q(1) 和 Q(2) 及其对称等效点的整个分子的模型。根据这些位置，显然这两个残余电子密度峰的确是有意义的。然而，哪种原子类型能仅有大约两个电子呢？

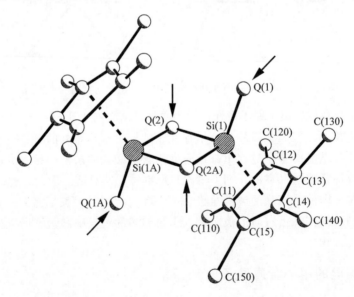

图 4.6 文件 si‐01.res 中具有非对称单元及其对称等效原子的完整分子结构图。图中两个极大残余电子密度峰 Q(1) 和 Q(2)（如箭头所示）及其对称等效原子显然确是有意义的——虽然在当前模型中每个大概只提供 2 个电子

已有的模型具有一个可能的解决办法：根据它们的几何形状，可确定那十个碳原子是碳原子。虽然不存在其他类似 Cp* 的配体，但这些碳原子看起来不对头：位移参数显著增大且几何形状呈扭曲状态。出现这个现象的一个可能原因是部分占有，但在这里是无法实现的。另一个可能的原因是比例校正错误。如果全局比例校正错误且高估全局比例因子（osf 或首个自由变量）会怎样呢？这将导致总电子密度减少，从而增加所有原子的 U_{eq} 值。当前碳原子的平均 U_{eq} 值是 0.26，而其理想的 U_{eq} 值大约是 0.05。如果所有的平均值 U_{eq} 都简单缩小 5 倍会怎样呢？这时，结构中所有电子密度变为原来的 5 倍，碳原子的热振动椭球将更加合理，并让那两个很弱的残余电子密度峰值增大到介于 8 或 10 个电子之间，从而可能是氧或氟。图 4.6 和图 4.7 表明这两种可能元素既与金属原子形成四元环，又作为终端配体。如果这个结论是对的，那也意味着结构中的金属原子实际上要比硅原子重 5 倍左右①，即可能落于 Yb 和 W 之间。作为初步的尝试，将硅原子变为 Yb（记得修改 SFAC 指令行）并指定 Q(1) 和 Q(2) 为氧原子，得到文件 si - 02. ins。

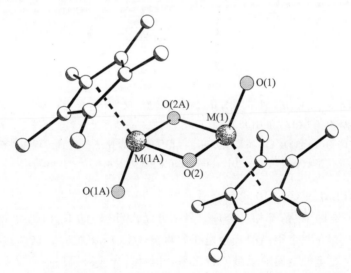

图 4.7 带未知重金属原子化合物的晶体结构图（基于最近一次精修结果）。在文件中，该金属被定为 Yb，图中标称为氧的原子也可能是氟原子

经过 20 轮精修，立即可看到现在的 R1 值低了很多——一个好兆头。同时大多数原子的 U_{eq} 值是合理的，四个残余电子密度峰明显高于其他峰值。然而，碳原子 C(12) 和 C(13) 的 U_{eq} 值仍然非常大，当使用图形界面查看结构时，一些碳原子明显偏离正轨，其中具有不合理的高 U_{eq} 值的 C(12) 和 C(13) 两个

---

① 可大松一口气了，因为含 Cp* 配体的硅确实少见。

碳原子干脆完全脱离开来。Q(1)和 Q(4)占据了原来碳原子的相应位置，而 Q(2)和 Q(3)则非常靠近金属原子。这时重命名多数碳原子(从而保持适当的命名方式)、删除 C(12)和 C(13)以及将 Q(1)和 Q(4)作为新的 C(12)和 C(13)是不错的做法。现在可以忽略 Q(2)和 Q(3)等更低的残余电子密度峰。图 4.8 显示了文件 si-02.res 中相关原子的位置，而文件 si-03.ins 则包含了上述的所有改动。

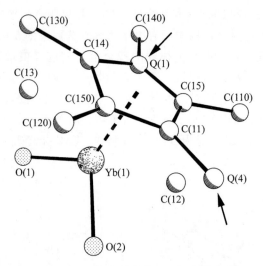

图 4.8　对应于文件 si-02.res 的结构模型(仅非对称单元)。相比于原来的茂基，碳原子 C(12)和 C(13)脱离开来，其他一些碳原子位置被交换了，残余电子密度峰 Q(1)和 Q(4)(如箭头所示)占据了两个碳原子的位置。现在整个 Cp* 配体的几何形状比文件 sin-01.res 中的好得多(见图 4.6)

　　在 SHELXL 里经过 10 轮精修后，模型进一步得到改进——R 因子比以前更低了，所有的 U_{eq} 值都相当合理。另一方面，Yb(1)的 U_{eq} 值仍有点过低，同时它的两侧存在两个很高的残余电子密度峰 Q(1)和 Q(2)，这两点表明尝试其他的甚至更重的金属原子是明智之举。但是首先应对模型各向异性精修。当重得多的原子靠近较轻的原子时，一般最好先对该重原子进行各向异性精修，然后再考虑其他。因此改动 si-03.res 文件如下：加入 "ANIS $ Yb" 指令行，保存为文件 si-04.ins。

　　精修后 R 值理所当然地又改进了很多。这时在文件 si-04.res 中加入指令行 "ANIS" 并将该文件重命名为 si-05.ins，对所有的原子都进行各向异性精修。最后一轮精修结果出现了一个新问题：碳原子 C(130)变成 "非正定(NPD)" 了。NPD 意味着元素的一个或多个各向异性位移参数成为没有物理意义的负值。某个原子变成 NPD 的原因有好几种，其中一个就是错误的比例校正。迅速解决目前困境的办法就是限制甲基的所有各向异性位移参数都相同，这可利用在 si – 05. res 文件中加入如下指令行来实现：

EADP   C110   C120   C130   C140   C150

编辑后，将 si – 05. res 重命名为 si – 06. ins 文件并保存[①]。

现在可以改变金属原子类型，看哪一个能得到最好的 $R1$ 值。操作涉及从 Yb 到 Au 的每一个元素，相应的输入文件参见 si – 06. ins、…、si – 15. ins。$R1$ 值随结构中金属原子类型的改变如下表所示：

金属	Yb	Lu	Hf	Ta	W	Re	Os	Ir	Pt	Au
$R1/\%$	4.63	4.61	4.60	4.60	4.60	4.60	4.60	4.61	4.63	4.64

曲线（$R1$——金属原子类型）在 W 原子附近有平坦的谷底，但仅有这个不能证明该金属实际上是钨。当前以氧原子进行精修的那两个原子的本质也还没有被证实，它们可能是氮、氧或者甚至是氟。遇到这类情况，检索剑桥结构数据库（CSD，Allen 2002）通常能获得一些启迪[②]。对 M_2X_2 四元环（其中 M 是 Yb 和 Au 之间的任何一个原子，而 X 是 N、O 或 F）的检索得到 84 个结果；当 M = Re 时有 30 个；而 M = W 时有 12 个，其数量占第二位。其他金属出现的概率则更少。在所有的含 Re 结构中，X 都是氧。对含钨的结构，除了一个含有 W ≡N 双键的例子外，其余的 X 是 O 或 F。而本例结构中，M—X_{endo} 间距相对于 W ≡N 双键显得过长。如果 M ≡W，这两个桥接的非金属原子最可能是氧，也可以是氟。考虑到在 CSD 中找到的两个与本示例非常相似的含 Re 结构（一水合物（ReO_2）$_2Cp_2^*$ 及其一个 Cp^* 环被甲基取代的衍生物）[③]以及不存在包含钨元素的类似化合物，可以认为中央四元环包含铼和氧。

根据 M—X_{exo} 的间距（1.71 Å），终端原子同样也最有可能是氧。包含（ReO_2）$_2Cp_2^*$ 的最终结构模型如图 4.9 所示（参见文件 si – 17. res），它在化学上是合理的，U_{eq} 值和品质因子也是合理的，而且键长也和数据库中的相应数值匹配。但是，根本没有任何证据可以证明引入了铼和茂基，而且只要去除 EADP 限制，某个碳原子就会变成非正定的事实也令人沮丧。其他测试手段比如光谱方法可能有所帮助，然而用于结构测定的这个晶体是该分子可找到的唯一一个样品，其数量不足以用来做进一步的测试。关于"这个金属原子可能是什么"就剩下一个问题：这个晶体从何而来？烧瓶里应该是 Si—N 化合物——除了含有 Si、

---

① EADP 代表"相等的各向异性位移参数（equal anisotropic displacement parameters）"，可参考 2.5.6 节。

② 虽然由剑桥晶体数据中心发行的剑桥结构数据库不是免费的，但是对于任何晶体学相关机构是无价的工具，任何正规的 X 射线相关的实验室都应拥有。

③ 这两个结构在 CSD 中的代码分别是 GIPXAE 和 SUTHOE。

N、C 和 H 以外,不会存在其他原子。而且得到该样品的实验室里没有人用过 Cp* 配体或者任何重金属,甚至也没有用过催化剂(实际上是催化剂或催化剂的分解产物结晶出来而不是真正的产物,这样的事已经屡见不鲜了)。听起来很有道理的解释是这个晶体在刮铲伸进含 Si—N 化合物的烧瓶前就已经沾在铲子上了。这也可以解释为什么烧瓶中没有找到第二个晶体。但是与在这晶体被测试前的那段时间里用过这台衍射仪的人交谈并没有揭开真相或探明晶体的来源,广泛询问研究所里的人也同样没有结果。又一个难解之谜!

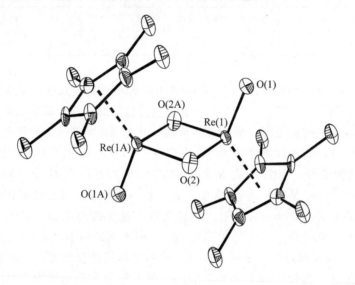

图 4.9　未知重原子配合物的最后各向异性精修结构图(见文件 si – 17. res),为清晰起见氢原子被略去。精修时金属原子设定为铼,四元环上和环外的原子为氧

5

无　序

Peter Müller

晶体是由原子、离子或分子在三维空间中无限延伸、周期性排列而形成的。基于周期性，晶体中每个对象都有规律地在三维空间中不断重复，换句话说每一个晶胞中，所有分子的朝向与位于该晶胞左、右、上、下、前、后位置的晶胞中处于同样环境的分子完全相同。不过，理想的晶体并不存在，大多数真实的晶体都存在一些点阵缺陷和/或者带有杂质。分子片段(极端条件下可以是整个分子)经常呈现多于一个的结晶学独立的朝向[①]，这可以有三种情况：

（1）每个非对称单元包含多于一个的分子

（2）孪晶

（3）无序

在无序的条件下，某些原子的朝向在不同的晶胞中随机变化。

---

① 除了空间群 *P*1 外，基于空间群对称性，形成晶体的分子通常具有不止一个的朝向，这种情况当然不是无序。

想象一下，有一千个士兵整齐地在广场上排列，并且理应右转头部，但是其中的20%误解了该命令，把头部向左转。这种局面很类似80∶20无序的二维晶体。

衍射图求得的结构是整个晶体的空间平均值。在绝大多数情况下，无序仅仅影响分子的局部，比如有机侧链或者 SiMe₃ 基团，好比上述例子中无序分布的是士兵的头部一样。通常可以自由转动的叔丁基（*tert*-butyl）也是典型的无序例子，而位于晶体点阵间隙里的自由溶剂分子的无序也很普遍。按理说，无序的存在同上面关于晶体的定义是矛盾的。然而，在无序的条件下，特别是晶体中仅存在两种不同构象时，有序通常仍起着主导作用。因此，该结构仍满足 X 射线衍射条件，衍射图谱正常合理。对部分无序结构的解析和初步精修一般不成问题。不过由其各向异性位移参数（*ADPs*）得到的椭球形状可能是不合理的（如图 5.1），因为程序试图将两个或更多原子位置仅用一个椭球来描述。另外靠近无序原子的位置出现相当大的残余电子密度峰或谷也是不正常的现象。

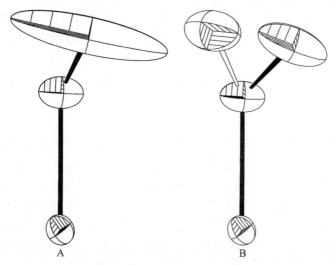

图5.1　无序乙基的各向异性位移参数示意图（空心杆代表无序中的较少组分）（A：未做无序处理；B：无序处理后）。如果不管无序，精修程序试图用一个椭球表示两个原子位置，从而得到一个雪茄形状的概率椭球

低于某一温度，一些无序就会消失。这证明无序不一定是静态的：这种条件下的无序可以理解成是晶体中一种可以通过冷冻晶体而被停止的真实运动。因此，除了具有其他低温结晶学的优点外，在低温下收集数据有助于消除或减少无序。另一类无序与温度无关，前提就是存在两个或更多不同的晶胞类型，当晶体长大时，无序程度增加。在更低的温度下生长晶体可能有助于降低出现这种无序的可能性。两个能量相似的取向之间的相对差别在更低的温度下会更

加明显，以至于其中一个具有更强的能量优势。而且温度更低，晶体生长一般更加缓慢，同时晶体质量会更好（这可抵消晶体溶解度的温度依赖性产生的影响）。在某些情况下，晶体冷冻能够将动态无序转为静态无序。

5.1　无序类型

在理论上，无序可以分为两种类型：

（1）置换无序

（2）离散（静态的）或连续（动态的）位置无序

5.1.1　置换无序

置换无序指两个晶胞的同一个位置被不同类型的原子占据。这种无序在矿物和类盐晶体中特别常见，比如在某些分子筛中 Al 和 Si 原子可以互相置换。生物分子中，水分子有时可以置换钠、氯或其他离子。置换无序的精修相对来说是容易的。尽管如此，也应该知道并且能够识别这种无序类型——其最明显的警示征兆（大多数情况下是唯一的一个）就是各向异性（或各向同性）位移参数过大或过小。

原子位置的部分占据是相当普通的置换无序的典型例子。非配位溶剂分子经常仅占据大约一半晶体点阵间隙，其典型例子就是蛋白质结构中所谓"半水（half waters）"现象。异常大的位移参数是溶剂分子部分占据现象的一种征兆，但是考虑到它们的运动，非配位溶剂分子占有率为 100% 甚至也趋向于显示相当大的位移参数。因此，要证明占有因子减少，$ADPs$ 应该相对于全部占有时显著变大。一个更好的标准是如果真实的占有率减少，那么残余电子密度图上该原子核位置或附近会出现负的电子密度。

有时，如果两个相似的分子都在同类晶胞的同一个位置析晶，那么形成的混晶也可按照置换无序来处理（参见 5.3.3 示例）。

5.1.2　位置无序

位置无序是无序中的"正常现象"：某个原子占据的位置不止一个，这些位置可以在同一个晶胞内（动态无序——固体中的一种真正运动），也可以分布于不同的晶胞中（静态无序，固体中的类运动状态）。不管是动态还是静态无序，精修操作都是一样的。

离散无序中，分子可以具有两个（有时多于两个）明确定义的构象，它们能量相似。部分看左而其余看右的士兵就是这样一个例子。从所精修结构的空间平均上看到的是两种构象重叠的结果。这两个空间位置相应于原子格点的分裂。一旦认识到这点，这种无序的精修就相当容易，具体参考下面的 5.3.1 和 5.3.2 示例。

连续无序要复杂得多(这时，前例中的所有士兵都摇晃头脑，难以确定到底是往左还是看右边)。例如，如果叔丁基的每种转动角度都处于能量相近的状态，并且没有空间位阻效应，这群原子就可以在晶体中进行实际意义上的自由转动(至少在室温下是如此)，这群原子从空间平均的角度看是一个旋转的环。精修程序要描绘这种情况是困难的。正常情况下，可以将问题降低到每个原子仅精修两个或三个位置的程度并且允许 *ADPs* 的拉伸(参见示例 5.3.5)。幸运的是，很多时候在低温下收集数据可以避免或最起码可以减少连续无序。

5.1.3　混乱——一种特殊的无序

溶剂分子全然没有一点规律是蛋白质晶体中特有的现象，有时也可能在其他含有相当大的孔结构中存在。当在低温下收集数据时(对这种结构应该一直如此)，这些溶剂成分可以看成被无规冻结的液体。根据 Babinet 原理①，这种极端的无序溶剂现象被描述成主体溶剂(bulk solvent)，并且利用双参数近似(Moews 和 Kretsinger,1975)进行精修，参见示例 5.3.5。

5.2　无序的精修

在大多数真实情况下，明确规定每个无序原子的两个不同位置就足够描述无序状态了。多数精修程序只能做到这一步。无序精修的原理很简单：程序需要知道每个原子的两套坐标(即位置)以及相对占有率(即比值)。比如上述士兵——站到了现在他们也已经有点累了——"80% 的人看右边，而其他所有人把头转向左边"，这句话就足以描述他们的状态。相对占有率可以给定或用于精修，后者并不是所有的精修程序都能做到的。

找出两种组分的坐标通常比规定无序要复杂得多。在这种情况下，一般提倡先对无序进行各向同性精修，因为各向异性位移参数更易强化无序，从而难于找出多余的原子位置(参见图 5.1)

5.2.1　用 SHELXL 精修无序

SHELXL 精修无序时，将无序的原子分组，每一组就是无序的组分。无序组分的占有率允许自由精修。利用 PART 指令及与其一起引入的自由变量②，

---

① 即不透明体的衍射等效于与该物体具有同样形状、同样尺度孔隙的衍射效果。——译者注

② SHELXL 中使用的自由变量除了描绘无序外，还有其他许多用途，自由变量应用的详细介绍参见第二章。

SHELXL 的无序精修显得通用而简单。为了更好地理解，将介绍仅有两个组分的位置无序的精修，至于更多位置的无序精修可以同样处理。

PART 指令

　　首先，.ins 文件中的 PART 指令将无序原子分成两组或更多组[①]，每组代表一个无序组分，这两组包含了可以位于不同位置的同一个原子。实际操作中，在第一个无序原子前面写上"PART 1"，其后直接跟上第一组分中的所有原子。同样，直接在第二组分的所有原子前写上"PART 2"。在所有的无序原子之后以"PART 0"结束这种分裂位置区域的定义。一般提倡所有组分中的原子按同样顺序排列，这有利于增加清晰性，而且可以使用 SAME 指令（参见下面的例子）。

第二个自由变量

　　接下来就要考虑两组分的占有比例了。如果无序结构不包含任何特殊位置，两组分的占有率可以取各种比值，但重要的是它们的位置占有因子(sof)之和绝对等于 1。

　　占有率的精修通过精修文件 .ins 中给定的一个自由变量来实现。包含该变量的指令行以 FVAR 开头，并且直接排在第一个原子之前。这一行指令包含了全局比例因子(osf)，即所谓的第一个自由变量，而与无序精修相关的取值介于 0 和 1 之间的第二自由变量跟在 osf 的后面。第二自由变量代表 PART 1 确定的组分在该晶体晶胞中的相应分数比。这意味着第二个自由变量等于第一无序组分包含的原子占有率。比如该变量值为 0.6 就意味着一个 0.6：0.4 的比值，代表一种 60%~40% 的无序。这个变量的值可以精修，但是必须先假定或者利用差值傅里叶图的峰高数据估计其初始值。当难以给出初值的时候，可以取 0.6——它作为初值通常是比较合理的。

　　要注意任何自由变量的精修结果都有一个标准不确定度的计算值列在 .lst 文件中。第二个自由变量的标准不确定度应当比该自由变量值小很多，否则这个自由变量所代表的无序将是毫不意义的[②]。

位置占有因子(sof)

　　最后，无序原子的位置占有因子必须手动指向第二自由变量，这要靠改动 sof 指令的数值来实现：将 PART 1 中的原子的 11.0000 改成 21.0000，而 PART 2 中的原子则改成 −21.0000。在 .ins 文件中每个原子被指定的 sof 值都位于该行的第六列。21.0000 代表将 sof 设置成第二自由变量的一倍，而

---

① 此处涉及的是两组，下同。——译者注

② 比如说某种无序对应的自由变量精修结果为 0.95 ± 0.1，它相当于较少组分的占有率是 5 ± 10%。显然与待定自由变量对应的坐标位置并没有存在无序，这时应该删除较少占据的第二种原子组分，第一组分中原子的 sof 值应该变为原来的 11.0000，PART 指令也应该去掉。

−21.0000则让*sof*取"1扣除第二自由变量后的差值"——补全这种无序[①]。从而这两组分的*sof*值之和理所当然地恰好等于1.0000。下面用一个有关两个无序碳原子的.ins文件的摘录进行说明，假定PART 1代表的组分具有约60%的占有率，则PART指令和第二自由变量的使用以及*sof*指令的改变用黑体字突出显示如下：

FVAR   0.11272   **0.6**

(...)

PART 1

C1A　1　0.255905　0.173582　−0.001344　**21.00000**　0.05
C2A　1　0.125329　0.174477　　0.044941　**21.00000**　0.05

PART 2

C1B　1　0.299373　0.178166　−0.015708　**−21.00000**　0.05
C2B　1　0.429867　0.176177　−0.062050　**−21.00000**　0.05

PART 0

　　有时原子位于特殊的位置上，那么在有序情况下它的占有率要降到0.5（比如原子位于二重轴或对称中心上）或降到0.25（比如原子位于四重轴上）。这时相应的*sof*指令值[②]分别为10.5000和10.2500。如果该原子也包含于无序结构中，*sof*指令值不是21.0000，而要改成20.5000或者20.2500。本章稍后会详细讨论这种包含特殊位置的无序问题。

如何找出第二个位置

　　假如差值傅里叶图上出现另一套电子密度峰或椭球拉伸形状难解，显然这时可以确认存在无序。如果某个原子的*ADPs*值强烈各向异性，SHELXL会在.lst文件里给出关于这个原子的两个可能位置的建议。这个信息出现在原子位移参数主均方值*U*（Principal mean square atomic displacements *U*）列表中。在.lst文件里，该表列在最后一轮精修计算的*R*值之后，恰好在*K*因子分析结果与显著不匹配衍射点的列表前面。不过，不是所有"可能分裂"的原子都会分裂，有些时候某个原子在单独一个位置上的这种各向异性运动可以更贴切地描述该原子的状态。当无序原子的位置彼此间隔得太远，以至于靠一个椭球不能同时覆盖两个位置时，各向异性*ADPs*值可能不足以让SHELXL自动产生上述的位置估计值信息。在这种情况下，一般要利用残余电子密度峰的坐标来

---

　　① 　这是一个说明变量以$10 \cdot m + p$取值的例子（这里的变量是第二自由变量），其全面介绍参见2.7节。

　　② 　其他特殊位置或者若干特殊位置的组合将导致更低的占有率。SHELXL可以识别位于或者非常靠近特殊位置的原子并且自动产生所有空间群的各种特殊位置的约束条件，这个约束条件也包含了降低*sof*值的操作。

确定第二个位置，有时甚至是同时确认所有的两个位置。这些被 SHELXL 命名为 Q 的残余电子密度峰可以在 . res 文件的最下方找到。

如果在某原子附近没有残余电子密度峰，并且它的 *ADPs* 又异常拉伸却还没有各向异性到足以使 SHELXL 认为该位置多半是分裂的，这时可以对该分裂的原子的两个可能位置都指定相同的初始坐标，SHELXL 能分别进行精修。但是，一般建议对两套位置中的一个稍微手动改变以防止数学方面的异常出现。

特殊位置上的无序

如果一个分子所处的特殊位置的对称性高于分子自身的对称性，那么要解决这种几何问题只有两种可能的途径：一种是将空间群转变为没有这个给定特殊位置的低对称性空间群；另一种是——大多数情况下，这是较好的做法——设想存在一个关于该给定特殊位置的分子无序。位于对称中心的甲苯分子就是一个典型：虽然它没有一个原子位于特殊位置上，然而从空间平均来看，整个分子却是基于对称中心的 0.5∶0.5 无序分布的。

这种无序的精修是相当容易的：每个原子的第二个位置可以利用这个特殊位置的对称操作直接从第一无序组分中的原子位置推算出来。因此，不需要在 . ins 文件中包含两个组分，即不用 PART 1、PART 2 和 PART 0，而是用 PART −1 和 PART 0 来描述这些无序原子。负的组分序号用于强制产生特殊位置约束，并且在连通性表中去掉了与该对称相关原子形成的化学键。而且，在这种情况下不需要使用第二自由变量，因为组分之间的比例已经为该特殊位置的多重性所确定了。

位置占有率因子的取值必须考虑到特殊位置的多重性，比如对于镜面、二重轴或对称中心，*sof* 指令行必须取 10.5000，而三重轴则是 10.3333，四重轴为 10.2500 等。虽然 SHELXL 可以自动地仅对位于或者非常靠近特殊位置的原子产生这些位置占有率因子，但是不一定会照顾到所有的与给定特殊位置相关的无序结构里包含的原子。

当分子位置非常靠近特殊位置时，该位置的对称性会造成化学上不合理的结构，对这样的分子的精修，同样按上述方法处理。此时 SPEC 指令也许可能有用，它可以为这些特殊化的原子产生所有合适的特殊位置约束。

多组分无序

按三个无序组分精修适合于一些少见的情况。这三个组分的原子分别按 PART 1、PART 2 和 PART 3 分组，每个组分都有各自的自由变量，例如 2#，3# 和 4# 自由变量(第一个自由变量总是全局比例因子)。相应地，*sof* 指令值需要分别改成 21.0000，31.0000 和 41.0000。依靠 SUMP 指令，SHELXL 可以按照如下方式组合这些自由变量：将指定自由变量的加权值之和限制为某个特定的目标数值，同时给定该数值的标准误差。目标值及其标准误差可以自由指定。对于这个联系自由变量2#，3#和4#的三组分无序的例子[1]，正确的 SUMP 指令如下所示：

SUMP 1.0 0.001 1.0 2 1.0 3 1.0 4

给定的目标值紧随 SUMP 命令（这里是 1.0，表示三个组分的和必须精确等于1），接着就是它的标准误差（0.001）。随后就是加权因子（这里加权因子都是 1.0）和自由变量序号（分别为 2#，3#和4#）两个一对的排列。

多种无序的结构

如果结构中存在多种独立无序，也就必须额外使用更多的自由变量。与这些不同种类的无序相对应，*sof* 指令值要分别变为（21.0000，−21.0000）、（31.0000，−31.0000）、（41.0000，−41.0000）等。对每一种无序分别使用一套 PART 1，PART 2 和 PART 0 指令。只有对高于一个组分的无序进行规定时才使用更大的序号值。.ins 文件格式允许的最大自由变量数目是 99 个，这应该足以应付非常复杂的结构了。

主体溶剂校正

SHELXL 对完全无序的溶剂按主体溶剂校正处理。利用 Moews 和 Kretsinger 在 1975 年提出的算法，将精修描述主体溶剂的两个比例参数：第一个参数随主体溶剂的含量比例而变，一般取值约为 1；第二个参数值表示主体溶剂的漫散射对数据的影响，数值高就意味着只有分辨率非常低的数据受到影响，该参数值一般在 3 到 5 之间。想使用主体溶剂校正功能，只要简单地在 .ins 文件中添加 SWAT 指令，SHELXL 将自己决定这两个参数的初始值并进行精修。

无序和限制

模型中出现无序将显著增加精修的参数个数。另外，无序原子的参数之间往往存在高度相关性（查看 .lst 文件中的最大相关矩阵元（largest correlation matrix elements）列表）。因此，无序精修时经常需要进行限制。这些限制在精修过程中与实验观测数据需要同样看待（参见方程 2.6），它们可以提供目标值给特定的参数或者把某些参数组合起来，也可以让晶体学工作者在精修中引入来自衍射实验之外的化学和物理信息。下面几段将全面介绍广泛用于无序精修的限制。关于限制的说明以及用法的更详细也更全面的说明参见第二章，而下面几页只介绍所涉及的限制中与无序精修相关的部分。

相似限制

当两个或多个无序组分键长和键角等价时，就可以看作数值相等。如果某

---

[1] 原文在这里说成是 1#，2#和3#，这是错误的，因为1#已经给了 *osf*，并且也与上下文的其他地方不符合。——译者注

种无序的所有两个组分里的原子按同样顺序排列，就可以使用 SAME 指令进行
相似限制。这个后面带有一列原子名的 SAME
指令在 .ins 文件中必须位于正确的位置上。命
令 SAME 使其所带的原子名列表中的首个原子
与紧跟在 SAME 指令行后的第一个原子等价，
列表中的下一个原子与紧跟在指令行后的第二
个原子等价，依此类推。"等价"意味着原子对
应的 1，2 - 和 1，3 - 间距在给定的标准误差内
被限制成是相等的(对邻位间距，缺省标准误差
等于 0.02，而间位距离则是 0.04)。SHELXL 会
自动设定所需要的 $n \cdot (n-1)/2$ 个限制方
程——如果有 n 个等价原子的话。举例来说，

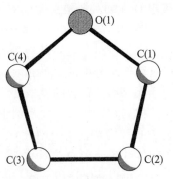

图 5.2　四氢呋喃分子结构
及原子命名方案示意图

对于无序的四氢呋喃(thf)分子(其原子命名方案参见图 5.2)，它的 .ins 文件
将如下所示(文件中，原子名中的字母 A 和 B 代表对应的无序组分——A 代表
PART 1 中的原子，B 则是 PART 2 中的原子)：

FVAR....0.6

(...)

PART 1

SAME　O1B　C1B　C2B　C3B　C4B

SAME　O1A　C4A　C3A　C2A　C1A

O1A　4　....　....　　21.000

C1A　1　....　....　　21.000

C2A　1　....　....　　21.000

C3A　1　....　....　　21.000

C4A　1　....　....　　21.000

PART　2

O1B　4　....　....　　 −21.000

C1B　1　....　....　　 −21.000

C2B　1　....　....　　 −21.000

C3B　1　....　....　　 −21.000

C4B　1　....　....　　 −21.000

PART　0

　　这个例子中，第一个列有第二无序组分中原子的 SAME 指令行位于第一个
无序组分包含的原子之前。这个指令行表示：列在关键词"SAME"后的第一
个氧原子 O(1B)被限制成与所有 SAME 指令行之后的第一个原子 O(1A)等价，

接下来在这个 SAME 指令行中的第二个原子，即碳原子 C(1B) 与 .ins 文件中紧跟 O(1A) 处于第二位的 C(1A) 等价。同理，C(2B) 等价于 C(2A)、C(3B) 等价于 C(3A)、C(4B) 等价于 C(4A)，从而两个无序组分被限制为等价关系，即两个无序组分之间所有等价的 1，2 - 和 1，3 - 间距被强制为相同。因此，所有两个组分中的原子必须以同样的顺序排列。第二个 SAME 指令行也位于第一个无序组分包含的原子之前，所列的原子与该组分（第一个组分）中的一样，但是排列顺序相反。在本例中，该指令行表示氧原子 O(1A) 与自身等价、碳原子 C(4A) 与同组分中的 C(1A) 等价、C(3A) 与 C(2A) 等价、……从而反映了四氢呋喃分子内的对称性（如图 5.2 所示）。组合在一起的这两个 SAME 指令行既可以将无序组分各自内部对应的 1，2 - 和 1，3 - 间距设定为等价，同时也实现了各组分之间同样的限制。第二个 SAME 指令不是无序精修特有的，它也可以用于非无序的四氢呋喃分子。

在 SAME 指令行中给定原子名列表时也可以使用 "＜" 或 "＞" 符号，分别代表介于两者之间按照正序或者倒序排列的非氢原子。因此，上例中的两个 SAME 指令也可以如下规定：

SAME　O1B ＞ C4B
SAME　O1A　C4A ＜ C1A

SAME 指令非常强大，而且并不限于在无序精修中使用。无论什么时候，只要某个结构中存在多个同种分子或者原子基团（比如多个四氢呋喃分子或 $SiMe_3$ 基团，也可以是每个非对称单元含有多个分子）——不管无序与否——都能有效地使用 SAME 指令将键长和键角限制为相等。不过，SAME 指令同时也是 "一只容易出错的呆鸭"[①]（a sitting duck）。如果两个无序组分中的原子（或独立的分子、原子基团）没有准确按同样的顺序排列，由 SAME 命令产生的限制将是弊大于利，另外，跟在 "SAME" 后的原子名列表的输入错误也经常会引起致命的后果。

作为 SAME 指令的替代者，任意原子对之间的距离也可以使用 SADI 指令限制成具有相同的数值。"SADI" 后跟一行原子对列表。在单独一个 SADI 指令行中的所有原子对的间距在给定的相对误差范围内被限制为相等（该相对误差的缺省值为 0.02 Å）。可以用 DFIX 或 DANG 指令限制原子间距等于规定的目标值。如同上述四氢呋喃的例子中通过两个 SAME 指令生成的限制那样，要用 SADI 指令对所有等价的间距定义完全一样的限制，可以用如下六行指令：

SADI　O1A　C1A　O1A　C4A　O1B　C1B　O1B　C4B
SADI　C1A　C2A　C3A　C4A　C1B　C2B　C3B　C4B

[①] 见下文源于 SAME 指令没有自检机制而产生的错误。——译者注

SADI   C2A   C3A   C2B   C3B

SADI   0.04   O1A   C2A   O1A   C3A   O1B   C1B   O1B   C3B

SADI   0.04   C1A   C3A   C2A   C4A   C1B   C3B   C2B   C4B

SADI   0.04   C1A   C4A   C1B   C4B

最后三个指令行的 0.04 取代了缺省的标准误差值 0.02，对于 1，2 – 间距，用 0.02 是合适的，而 1，3 – 间距，则是 0.04 更合理点。

SIMU /DELU

当首次尝试各向异性精修时，无序的原子容易出现问题，图 5.3 显示了代表各向异性位移参数的椭球及其在对 *ADPs* 使用限制后的变化。在无序精修中，相似 *ADP* 的限制指令 SIMU 和刚性键限制指令 DELU 可以促使无序的原子具有更合理的 *ADP* 值。SIMU 指令将互连原子的各向异性位移参数限制成相似，而 DELU 指令迫使共价键合的原子在主方向上的移动是一样的。对 SIMU 指令，缺省的标准误差值为 0.04（运动要强烈得多的终端原子则是 0.08）。DELU 指令缺省的标准误差值是 0.01。要注意 DELU 指令仅对各向异性精修的原子才有意义。如果所限制的原子仍然进行各向同性精修，该限制会被 SHELXL 忽略[①]。相反的，SIMU 指令也可以用于各向同性精修的原子。

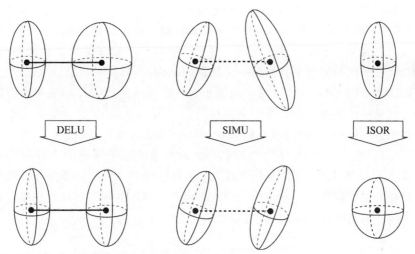

图 5.3   施加 DELU、SIMU 和 ISOR 限制后的效果。图形源自 Schneider (1996b)，与图 2.2 完全一样

---

① 在仍然各向同性精修的原子上使用 DELU 是没有效果的，但是当这些原子进行各向异性精修时，DELU 就立即起作用了。

ISOR

对于非常难以处理的无序情形,尤其是溶剂分子的无序,使用 ISOR 指令将原子的各向异性 U^{ij} 值限制成含有更多的各向同性成分可能会有效。和 DELU 一样,当各向同性精修原子时,SHELXL 会忽略掉它们的 ISOR 限制。在某些特殊情况下(比如某个无序的原子靠近特殊位置或是数据分辨率 1.4 Å 的蛋白质的各向异性精修时),ISOR 指令就相当有用。另外,ISOR 指令也常用于蛋白质结构中的水分子处理。但是在其他情况下,ISOR 指令的效果不如 SIMU 或 DELU 理想。图 5.3 显示了对各向异性位移参数施加 DELU、SIMU 和 ISOR 限制后的效果。

FLAT

如果认为四个或者更多原子处于某个平面上(比如属于一个芳香环的原子),那么可以使用 FLAT 限制它们在给定的标准误差内(缺省值为 0.1 Å³)处于同一平面。

无序和约束

SHELXL 中,有时甚至连约束也可以用于无序精修,与限制一样,约束可以提高数据点数目与参数的比例,但是约束不像限制那样靠表观增加观测点数目,而是通过减少待精修的参数数目来提高该比例。约束是与特定参数相关的明确的数学关系,它是没有标准不确定度的。

EXYZ(即 X、Y、Z 相等)后跟一列原子名称,该命令强制指令行列表中的原子与该列表第一个原子具有相同的坐标。它有助于处理某些置换无序类型,比如磷酸根和硫酸根离子共享同一个位置的结构。

EADP(即 *ADP* 相等)后跟一列原子名,该命令使指令行列表中的所有原子的各向异性位移参数与首个原子的相同。

如果遇到所谓"纯几何问题",比如某个苯基偏离六元环时,就可以使用 AFIX 约束。指令"AFIX 66"强制其后的六个非氢原子形成一个规则的六元环,而"AFIX 56"则约束一个规则的五元环。使用 AFIX 要谨慎,最好只在无序精修的早期使用。无论何时,对这类问题,利用限制就可以达到类似的满意效果时,通常应优先使用这些限制。

通则

要确保某个原子的两个位置可以明显相区别,而不是被拟合成一个椭球,就需要在定义无序之前先对所有的无序原子进行各向同性精修(如果还没有做的话)。一旦精修前后两者的位置看来是稳定的,就可以对它们进行各向异性精修,最好同时应用一些限制。

无论如何,无序必须在化学上是合理的。不是每一个明显的残余电子密度峰都是由无序引起的。不适当的吸收校正、傅里叶级数截断错误(如遗漏强的衍射点)或辐照损伤也可以导致高残余电子密度值。这些人为错误经常造成特殊位置上虚假的电子密度累积。

5.3　示例

　　下面几节将演示如何参数化无序以便使用 SHELXL 进行精修。自行精修所需要的全部文件都在随书光盘中。第一个例子是直观易懂的静态位置无序，可以用于熟悉 PART 指令、自由变量、全局比例因子以及限制的使用和无序分子的加氢操作。接下来则是一个非常困难的涉及大多数分子且包括一个特殊位置的静态位置无序的例子，从中可以了解包括指定原子对称等价(使用 EQIV 指令)在内的一些限制的应用。通过对这个结构的一步步精修，可以逐渐、彻底地理解无序现象。第三个例子介绍了按照置换无序处理的共晶化合物。接下来的第四个例子探讨了无序的溶剂分子，通过这个例子可以获得一些有关这些分子在结构中状态的概念。通过该例可以了解如何用"PART −1"指令来处理两个位于二重轴上却不完全具有该特殊位置的对称性分子。本章最后一个例子叙述了同一结构中三种不同无序共存的情况：动态位置无序、溶剂无序和主体溶剂，其中介绍了 SWAT 指令在精修连续无序中的复杂应用。

5.3.1　镓亚胺基硅酸盐——两乙基无序

　　镓亚胺基硅酸盐(gallium-iminosilicate)$[RSi(NH)_3GaEtGaEt_2]_2$($R = 2,5 − tPr_2C_6H_3NSiMe_2iPr$)的结构参见图 5.4，单斜晶系，空间群 $C2/c$，不对称单元包含半个分子，另半个由结晶学对称中心生成。这个分子的核心是一个由四个船式 $SiGa_2N_3$ 六元环构成的二截四方双锥。相邻的船式六元环共用三个船头和三个船尾原子，进而形成两个平面 $SiGaN_2$ 四元环。每一个环中，金属和氮原子交替排列。化合物四星烷(Tetraasteran)也具有类似的笼状结构($C_{12}H_{16}$，参见 Hutmacher 等,1975)。关于该分子的更详细介绍和相关化学信息参见 Rennekamp 等在 2000 年发表的文献。

　　乙基经常趋向于无序。上述的镓基化合物就是一个好实例，它的三分之二结晶学独立的乙基——每个镓原子各键合一个——绕 Ga—C 轴呈现转动无序。解析结构和对结构的首次精修是非常简单的，因此下面要讨论的精修从首次处理无序开始。与这个精修起点对应的文件是随附光盘上的 ga − 01. res 文件，该文件包含了没有氢原子的整个各向同性精修过的模型。当使用 XP 或者 Ortep 等图形界面观看这个文件中的原子及差值电子密度峰时，就能明显看到如下情形：存在靠近两个镓原子的极大残余电子密度峰——Q(1)(2.28 e·Å³)与 Q(2)(2.23 e·Å³)靠近 Ga(1) 而 Q(7)(1.16 e·Å³)和 Q(8)(1.10 e·Å³)临

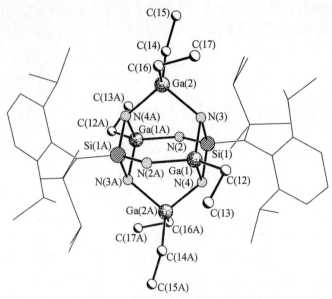

图 5.4　［RSi（NH）₃GaEtGaEt₂］₂ 的球棍模型图：细线表示 2,5 –
*t*Pr₂C₆H₃NSiMe₂*i*Pr 部分，为清晰起见略去所有与碳原子结合的氢原子

近 Ga（2），这是各向同性精修重金属原子产生的正常效果。此外，三个独立的
乙基中，有两个乙基的附近出现相当高的残余电子密度：Q（3）、Q（4）和
Q（5），其电子密度值分别是 2.20、1.79 和 1.31 e · Å³。这后面三个残余电子
密度峰表明两个乙基是无序的。但是金属原子附近的高残余电子密度降低了其
他电子密度峰的显著性，因此提倡首先各向异性精修结构中的所有金属原子
（镓和硅）。然后再次检查剩下的残余电子密度。要完成这个目标，可以直接
在原子列表的第一个原子之前加上如下指令：

ANIS　$ GA　$ SI

　　改动的结果见文件 ga – 02. ins 中（在做了改动之后，将 ga – 01. res 重命名
为 ga – 02. ins）。运行 SHELXL，经过十轮精修后，结果保存在文件 ga – 02. res
里。如图 5.5 所示，C（13）和 C（15）的原子位移参数相当大。另外，紧邻这些
原子的位置有三个高残余电子密度峰：Q（1）、Q（2）和 Q（3），其电子密度值
分别是 2.17、1.71 和 1.33 e · Å³，这是明显的无序征兆。它的合理解释是：
Q（1）是 C（15）的第二个位置，而 Q（2）和 Q（3）是代替当前 C（13）位置的两个
新格点。接下来最大的残余电子密度峰 Q（4）（1.23 e · Å³）位于芳环的键上，
不属于无序。而 Q（5）等其他峰值在这个精修阶段显得太弱，可以忽略。使用
PART 指令、两个新的自由变量和改变 *sof* 指令值的方法来定义这种无序，并
且做如下改变：

C(15)　　→　　C(15A)

Q(1)　　　　　→　　　　C(15B)

Q(2)　　　　　→　　　C(13A)

Q(3)　　　　　→　　　C(13B)

删除原有的 C(13)

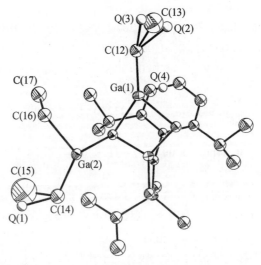

图 5.5　文件 ga – 02. res 中的非对称单元结构图，显示了四个极大残余
电子密度峰。该结果中只有金属原子被各向异性精修

　　由于不存在无限制的无序精修，因此应该使用 SAME 指令（或相应的 SADI
指令）强制 1，2 – 和 1，3 – 间距等价。为了包括所有可能的 1，3 – 间距，SAME
指令应提前两个原子。换句话说，SAME 指令不应直接位于无序的原子[C(13)
和 C(15)]之前，而是比它们提前两个原子，正好排在 Ga(1) 和 Ga(2) 的前面。
同样要确保所有的原子按正确顺序排列。相似的限制指令 SIMU 和 DELU（如果对
应原子被各向同性精修,SHELXL 会忽略 DELU 限制）有助于获得更合理的原子位
移参数。包含上述改动的新文件 ga – 03. ins 的关键部分如下所示：

SIMU　c12　c13a　c13b　c14　c15a　c15b

DELU　c12　c13a　c13b　c14　c15a　c15b

WGHT　0. 100000

FVAR　0. 11272　**0. 6　0. 6**

same　ga1　c12　c13b

GA1　5　0. 447952　1. 122706　0. 039108　11. 00000　0. 01492　0. 02158　=

0. 01663　– 0. 00262　0. 00225　0. 00363

C12　1　0. 400303　1. 237823　0. 073859　11. 00000　0. 02906

```
PART   1
C13A   1   0.4379   1.3631   0.0949   21.00000   0.05
PART   2
C13B   1   0.4371   1.2955   0.1347   -21.00000   0.05
PART   0
same  ga2   c14   c15b
GA2   5   0.445620   0.809823   0.031364   11.00000   0.01782   0.02043   =
0.01730   0.00047   0.00362   -0.00096
C14   1   0.423155   0.663631   -0.020808   11.00000   0.03426
PART   1
C15A   1   0.375224   0.581908   -0.005250   31.00000   0.11712
PART   2
C15B   1   0.4151   0.5406   0.0044   -31.00000   0.05
PART   0
```

接下来所得的 .lst 文件中包含了用于检查那些限制是否用得合适的所有信息。如果 .ins 文件里有 MORE 3 指令，那么 .lst 文件会包含被 SHELXL 按等价处理的全部间距。运行 SHELXL 精修十轮后，可以得到包含无序精修结果的 ga-03. res 和 ga-03. lst 文件，参见图 5.6：最大残余电子密度峰 Q(1)(1.21 e·Å³) 位于一条芳环的键上——该位置先前被 Q(4) 占据。考虑到这个结构仍然主要是各向同性的，并且其他残余电子密度峰是合理的，因此下一步可以将所有原子都进

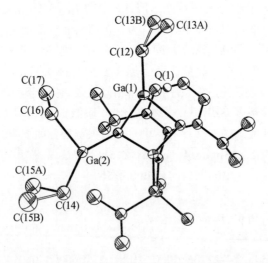

图 5.6　文件 ga-03. res 中的非对称单元结构图，带有最高残余电子密度峰的该结构已经被无序精修，图中其结构朝向与图 5.5 相同

行各向异性精修——在 .ins 文件中第一个原子之前直接加入"ANIS"指令。为确保能在差值电子密度图上找到所有可能的氢原子位置,将指令 PLAN 20 改为 PLAN 60。所有这些改动均包含于 ga – 04. ins 文件中。

除了无序结构中的氢原子外,其他所有氢原子的位置都可以在差值傅里叶合成中找到(参见 ga – 04. res 文件中的 Q 峰)。为了判断所用限制的有效性,要检查 ga – 04. lst 文件(特别是 137 ~ 175 行)。残余电子密度峰 Q(12)、Q(23)和 Q(24)的电子密度值分别是 0.65、0.62 和 0.61 e·Å³。它们分别对应于同 N(2)、N(3)和 N(4)成键的氢原子。如下的 HFIX 指令可以根据立体几何规律计算氢原子的位置[①]:

HFIX　43　计算所有的芳香氢 Ar—H

HFIX　13　计算叔氢(CH 基)

HFIX　23　计算仲氢(CH₂ 基,这里不用于 C(12)和 C(14),参见下面的叙述)

HFIX　33　计算无序的伯氢(CH₃ 基)

HFIX　137　计算其他伯氢(CH₃ 基)

与 N(1)、N(2)和 N(3)成键的氢原子直接使用差值傅里叶图中的 Q(12)、Q(23)和 Q(24)峰:

Q(12)　　→　H(2N)

Q(23)　　→　H(3N)

Q(24)　　→　H(4N)

如下使用间距限制指令 DFIX[②],对只有两个键连接金属原子的 N(2),强制 N—H 键长为 0.88 Å;而有三个键连接金属原子的 N(3)和 N(4)则设置成 0.91 Å。

DFIX　0.88　N2　H2N

DFIX　0.91　N3　H3N　N4　H4N

需要注意的是,虽然 C(12)和 C(14)自身没有直接参与无序结构,但是与它们成键的氢原子是无序的,其无序类似于相应类型的甲基。为了处理这个问题,可以在 C(12)和 C(14)之后加入一个 PART 1 指令和一个 PART 2 指令,并且在每一无序组分中,加入 AFIX 23 和 AFIX 0 指令,同时两个氢原子的坐标设为(0,0,0)。SHELXL 会忽略这些坐标,并根据 AFIX 命令规定的几何条件计算正确的坐标位置,所做修改如下:

C12　1　0.400238　1.237374　0.073651　11.00000　0.02185　0.03417　=

---

① 关于 HFIX 指令的详细介绍在 3.3 节给出。

② 这些间距在温度 –140 ℃ 下是合理的。在 .ins 文件中利用 TEMP 指令规定的温度下的一系列 X—H 间距可以在 .lst 文件中找到。可参考第三章。

0.03500   − 0.01223   0.00818   0.00417

PART   1

AFIX   23

H12A   2   0   0   0   21.00   − 1.200

H12B   2   0   0   0   21.00   − 1.200

AFIX   0

PART   2

AFIX   23

H12C   2   0   0   0   − 21.00   − 1.200

H12D   2   0   0   0   − 21.00   − 1.200

AFIX   0

PART   1

C13A   1   0.440412   1.342682   0.107947   21.00000   0.04071   0.04595 =
    0.08781   − 0.03921   0.00854   0.00640

PART   2

C13B   1   0.440475   1.309546   0.125832   − 21.00000   0.03099   0.02988 =
    0.04538   − 0.01776   0.02015   0.00523

PART   0

最后，将 PLAN 指令值改成原来的 20。上述每一个改动都包含于 ga - 05. ins 文件中。经过十轮左右的精修，将得到 ga - 05. res 和 ga - 05. lst 文件，相应于 C(12)格点的无序 CH_2 基团见图 5.7。

查看 ga - 05. lst 文件，核实 HFIX 137 指令是否产生了所有乙基的符合规定的扭转角(相关部分包括第 255 ~ 316 行)。ga - 05. res 文件包含了最后的精修结果(参见图 5.8)。

最后，必须精修权重因子直到收敛，结果文件为 ga - 06. res。它提供了可满足发表需要的最终结构。

5.3.2   Ti(Ⅲ)基化合物的无序

Ti(Ⅲ)基配位化合物 $(\eta^5 C_5 Me_5)_2 Ti_2 (\mu - F)_8 Al_4 Me_8$ 为单斜晶系，空间群 $C2/c$，每个非对称单元包含半个分子，另外半个通过结晶学二重轴产生，该二重轴通过原子 Al(1) 和 Al(3)。从甲苯中得到的这种绿色晶体对空气特别敏感：从烧瓶中取出，放置在空气中会立刻分解并失去绿色。结构测试只能利用边冷却晶体边在显微镜下挑晶以及低温数据收集来实现。关于该分子的更详细介绍及相关化学信息，请参考 Yu 等 1999 年发表的文献。

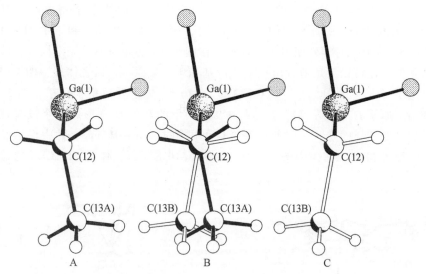

图 5.7 与非无序的 C(12) 原子键合的无序 CH₂ 型氢原子。A：主要无序组分（PART 1）；B：两种无序组分共存；C：较少的无序组分（PART 2）

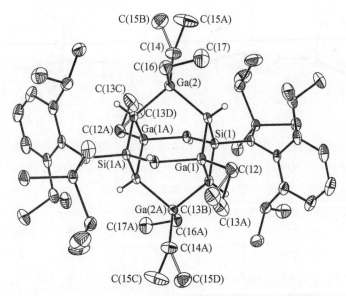

图 5.8 带有两个无序乙基的最终分子结构图，为清晰起见，略去了与碳键合的氢原子，空心杆表示较少无序组分的键

这个结构从一开始就遇到问题。关于建立模型的唯一信息如下所示：

$Cp^*TiF_3 + 2AlMe_3 \rightarrow$ 绿色晶体①

解出的结构包含一个钛原子和一列 39 个未定标的电子密度峰，其中 Q(24) 到 Q(39) 明显弱于 Q(1) 到 Q(23)，因此可以删掉。剩下的 Q(1) 到 Q(23) 这 24 个峰的排列如图 5.9 所示。在图 5.9A 的非对称单元结构中，除了钛原子外，还可以清楚地看出一个 Cp* 基和 4 个氟原子，后者体现为四个极大残余电子密度峰[Q(1)、Q(2)、Q(3) 和 Q(4)]。为了看清整个分子，图 5.9B 中画出了原子的对称等效部分，从中看到剩下的其他 Q 峰形成一个没有任何化学意义的古怪的笼状，因此这些峰也可以删掉。ti–01. ins 文件中保留钛原子、氟原子和 Cp* 基团中的碳原子(如图 5.10 所示)，作为 SHELXL 的输入文件。

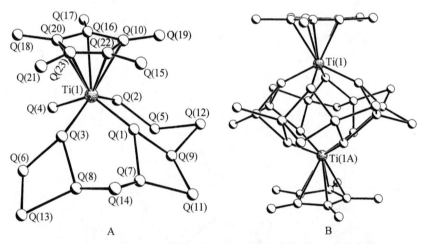

图 5.9　SHELXS 解出的结构图(A:非对称单元;B:完整的分子)，参见文件 ti–00. res

首次精修的结果文件 ti–01. res 中包含了五个极大残余电子密度峰，它们差不多同样高(12.85～12.47 e·Å³)且比其他残余电子密度峰高得多，排在第六位的 Q(6) 只有 5.88 e·Å³。这些应和氟原子成键、峰高约等于 13 个电子的 Q 峰与铝原子匹配很好。然而，这些潜在的铝原子位置似乎在化学上却是不合理的(如图 5.11A 所示)。当考虑其对称等价原子后(在原来的名称后加字母 A 作为标记)，可以发现 Q(1)、Q(2)、Q(4) 和 Q(4A) 形成一个无序组分，而 Q(3)、Q(3A)、Q(5) 和 Q(5A) 形成另一个，参见图 5.11B。同时 Q(1) 和 Q(2) 都位于结晶二重轴上。定义无序所做的变动如下：加入 PART 指令和一个新的自由变量，改变 sof 指令值，并将残余电子密度峰 Q(1) 到 Q(5) 重命名如下：

――――――――――

① Cp* 代表五甲基环戊二烯基。

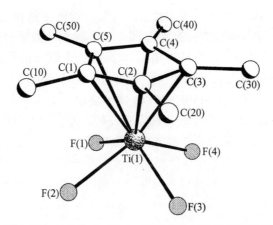

图 5.10 与文件 ti – 01.ins 对应的非对称单元结构图

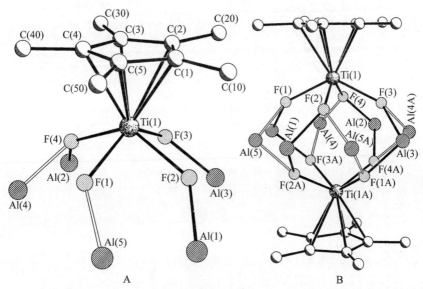

图 5.11 写入 ti – 02.ins 文件的新结构模型图(A:非对称单元;B:整个分子)。
空心杆代表第二无序组分中的原子形成的化学键(Al(4) 和 Al(5) 位于 PART 2 中)

Q(1) → Al(1),加入 PART 1 中
Q(2) → Al(2),加入 PART 1 中
Q(3) → Al(4),加入 PART 2 中
Q(4) → Al(3),加入 PART 1 中
Q(5) → Al(5),加入 PART 2 中

注意,原子 Al(1) 和 Al(2)(均在 PART 1 中)正确的位置占有率因子指令值都是 20.5000,而不是 21.0000,原因在于它们都处于结晶学二重轴上。

可以用指令 SIMU　0.04　0.08　2.5　$ Al 对所有铝原子进行 U 值限制，其中符号"$"代表"所有"，而紧随"SIMU"的两个数字分别是非终端和终端原子 U 值的标准误差（均为缺省值）。2.5 是这个限制的作用半径阈限，它从缺省值（1.7）开始增加——因为 Al—F 间距可能稍微超过 1.7 Å。

精修生成的 ti‑02. res 和 ti‑02. lst 文件显示了如下结果：第二自由变量精修的结果是 0.51，这是一个合理的数值。同时 Q(1) 到 Q(4)（电子密度相应从 5.35 到 2.70 e·Å³）明显高于其他的残余电子密度峰且看起来与碳原子对应（如图 5.12 所示）。虽然这些 Q 峰与无序的铝原子成键，但是它们自身并没有无序。换句话说，不是它们的位置而是它们的连接性表现无序。接下来做如下改动：

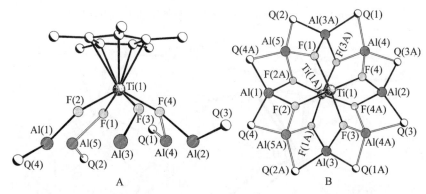

图 5.12　文件中四个极大残余电子密度峰示意图（A：非对称单元；B：整个分子）。右图是俯视图，为清晰起见，省略了 Cp* 基

Q(1)　→　C(100)

Q(2)　→　C(200)

Q(3)　→　C(300)

Q(4)　→　C(400)

这时应该对理论上是 D_{5h} 对称的 Cp* 基采取一些限制——使用一个 SAME 指令就能将这个基团的所有的 1，2‑ 和 1，3‑ 间距限制成相等（所有限制加在一起有 25 个之多）。

same	C2 > C5	C1	C20 > C50	C10	
C1	1	0.193465	0.169566	0.113055	11.00000	0.02258
C2	1	0.166825	0.249754	0.066287	11.00000	0.02231
C3	1	0.191162	0.324737	0.120094	11.00000	0.01964
C4	1	0.235954	0.291536	0.202630	11.00000	0.02627
C5	1	0.235499	0.197300	0.196759	11.00000	0.02431

C10	1	0.176273	0.077515	0.082855	11.00000	0.03727
C20	1	0.121213	0.255132	-0.024279	11.00000	0.03015
C30	1	0.181023	0.419057	0.098734	11.00000	0.03716
C40	1	0.276334	0.344412	0.275982	11.00000	0.04180
C50	1	0.269335	0.134130	0.264819	11.00000	0.04437

文件 ti - 03. res 中的前八个残余电子密度峰非常靠近氟原子位置(如图 5.13 所示),同时氟原子具有较高的 U 值,这个结果意味着氟原子也是无序的。因此可以删掉当前所有的氟原子而代之以从这些 Q 峰得到的新格点。要确保所有的氟原子对应正确的无序组分,应该核对 Al—F 间距(或各个 Al—Q 间距),它们理论上大约是 1.7 Å。这种操作在画出对称等价的原子后会变得更加容易。

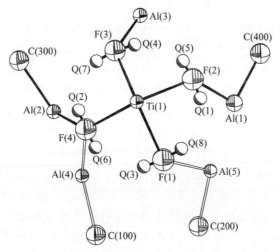

图 5.13 氟原子位置附近的残余电子密度峰示
意图,表明氟原子是无序结构的一部分

通过上述操作,Q(1) 到 Q(4) 明显属于 PART 1,而 Q(5) 到 Q(8) 则属于另一个组分(记得将它们的 *sof* 指令值相应地修改为 21.0000 或者 -21.0000,并且原子类型序号确定为 3)。

Q(1) → F(1A)

Q(2) → F(2A)

Q(3) → F(3A)

Q(4) → F(4A)

Q(5) → F(1B)

Q(6) → F(2B)

Q(7) → F(3B)

Q(8) → F(4B)

接下来要对无序进行相似的限制，应对整个结构使用 SIMU 和 DELU 指令。除此之外，还要用 SADI 指令限制等价的 1, 2 - 和 1, 3 - 间距取值相同，同时谨慎地处理对称等效点（使用 EQIV 指令）。所有这些改动都写入文件 ti - 04. ins，其中 EQIV/SADI 指令如下所示：

EQIV $1   -x,   y,   -z + 1/2

SADI 0.04 Ti1 Al1 Ti1 Al2 Ti1 Al3 Ti1 Al4 Ti1 Al5

SADI F1A Al1 F2A Al2 F3A Al3_ $1 F4A Al3 F1B Al5_ $1
      F2B Al4 F3B Al4_ $1 F4B Al5

SADI C100 Al3_ $1 C100 Al4 C200 Al5 C200 Al3_ $1 C300
      Al2 C300 Al4_ $1 = C400 Al5_ $1 C400 Al1

SADI F1A Ti1 F2A Ti1 F3A Ti1 F4A Ti1 F1A Ti1 F1B Ti1
      F2B Ti1 F3B Ti1 F4B Ti1

经过八轮精修后，R 值已经得到了很大改善，最高残余电子密度峰为 0.99 e·Å^3。图 5.14 详细揭示了这个无序结构。接下来就可以各向异性精修所有的原子——在 ti - 05. ins 文件的第一个原子之前写上 ANIS。

查看 ti - 05. res 文件中的 Q 峰，可以从差值傅里叶合成中找到 Cp* 基的氢原子。这时可以为 Cp* 基中的 Me 基加入指令 HFIX 137。Al—CH$_3$ 基中的氢原子按照镓亚胺基硅酸盐中无序 CH$_2$ 基团的方式处理（本章第一个例子，见图 5.7）。这个例子在生成无序氢原子的位置时很罕见地会出现问题，这可以利用将结构中的所有原子都并入同样一个非对称单元的做法来避免。因此，在新文件 ti - 06. ins 中，一些原子的坐标被转换，相应的间距限制也被修改了。实际生成对称等效原子并正确改变所有限制是一件有点儿繁琐的事。不过，它却是富有启发性、备受推崇的操作①。无序氢原子的位置如图 5.15 所示。

文件 ti - 06. res 包含了完整的包括氢原子在内的各向异性精修过的模型。最后，对这个模型进行权重因子精修到收敛，得到结果文件 ti - 07. res。图 5.16 显示了最终可用于发表的结构。

与初始 SHELXS 得到的结果（图 5.9）相比，可以看到该结果（对应文件 ti - 00. res）已经包含了所有非氢原子，但却难以正确地对其进行解释。

5.3.3 按占据无序处理的共晶

铝亚胺基硅酸盐（aluminum-imminosilicate，[RSi(NH)$_3$AlMeAlMe$_2$]$_2$，R = 2,

---

① 如果使用 XP，其中的 ENVI 和 SGEN 命令将很有帮助。

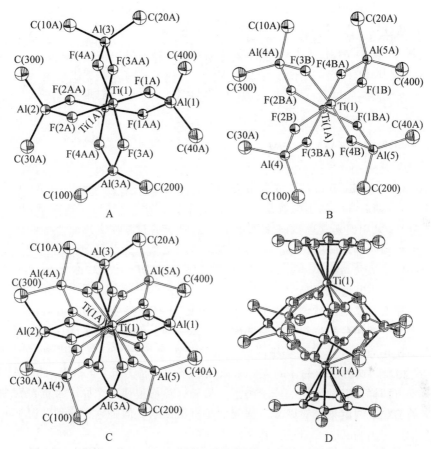

图 5.14　文件 ti – 04.res 给出的无序结构图(A:无序组分 1;B:无序组分 2;
C:两组分共存(这三个都是俯视图并且略去了 Cp* 基);D:两组分共存且包含 Cp*
基的侧视图)

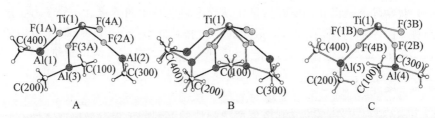

图 5.15　氢原子的无序结构图(A:无序组分 1;B:两组分共存;C:无序组分 2)

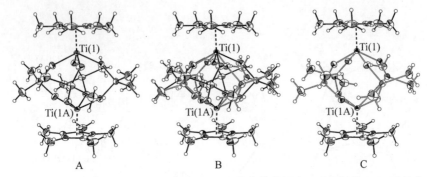

图 5.16 $(\eta^5 C_5 Me_5)_2 Ti_2 (\mu - F)_8 Al_4 Me_8$ 最终结构图(A:无序组分 1;B:两组分组分共存;C:无序组分 2)

$5 - tPr_2 C_6 H_3 NSiMe_2 iPr)$ 与 5.3.1 节介绍的分子是同一类(Rennekamp 等在 2000年报道)。两者唯一的不同就是金属原子(铝代替镓)及其连接的烷基(甲基代替乙基)。采用碘元素逐步卤化该化合物铝原子的过程中[1],每个碘取代一个甲基可得到两种不同的产物:二碘和四碘笼状结构。这两种碘化物共同结晶成混合晶体。该共晶取单斜晶系,空间群为 $P2_1/n$,每个非对称单元含半个分子,另一半由其通过结晶学对称中心生成。假定同一位置上是一个甲基或一个碘基,那么共晶结构就可以作为无序来精修。PART 指令、位置占有因子及第二自由变量的用法与位置无序中的叙述大体一样,但是与两个无序组分无论原子类型还是原子数目都完全相同而等价原子的坐标却不一样的那种"正常现象"[2] 相反,这种混合晶体的无序采取反过来的表征方式:PART 1 和 PART 2指向具有同样位置的不同的原子类型。另外,虽然迫使两个原子占据绝对相同位置的 EXYZ 约束指令对许多占据无序是有帮助的,但是它在这种情况下并不适合使用,因为 Al—C 键明显比 Al—I 键短。

第二自由变量精修结果等于 0.85,相应于二碘产物含量 85% 而四碘产物15%。这些数字不一定体现溶液中两种产物的真实的比例(即化学反应的结果比例),因为卤化作用会明显降低笼状结构的溶解度,所以理论上可以认为四卤化笼状结构比二卤化的更难溶解,从而导致混晶中四碘化合物分子占了压倒性优势。图 5.17 显示了这两种不同的铝亚胺基硅酸盐结构。随附光盘中的文件 ali. res 和 ali. hkl 包含最后的结构和数据,可供尝试这个结构时使用。

5.3.4 溶剂分子无序

溶剂分子,尤其是没有和金属原子配位的溶剂分子很容易形成无序。它们

---

① 同样的溴化反应也可以发生,生成二或四溴笼状结构,它们完全同构。

② 参见上文,指同原子位置无序。——译者注

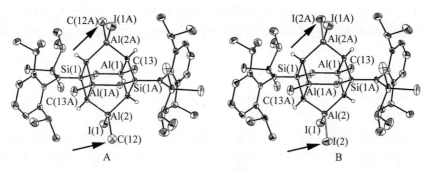

图 5.17　碘化后的两种不同铝亚胺基硅酸盐最终结构图(A:二碘笼状结构;
B:四碘笼状结构)。两个分子中不同的原子如箭头所示

填充晶体点阵的孔隙,在不同晶胞内的相同孔隙中可呈现多种不同的取向——只要这些取向是能量近似等价的。特殊位置上的溶剂分子不具有这些位置的相应对称性也是相当普遍的,从空间平均的角度看,这也会产生无序。根据经验,一些溶剂很难形成无序,如线性的乙腈就具有较小的无序概率,而三氯甲烷等其他溶剂则是几乎每例必无序。

四氢呋喃(thf)

　　四氢呋喃作为一种配位溶剂,在晶体结构中经常以电中性基团的形式和金属原子配位。在这种情况下,氧原子很少形成无序。但是,与 M−O 轴有关的转动仍可能是无序的(也的确经常出现)。同时其自身的环状结构具有信封型构象(envelope conformation),也可能出现多种不同的无序结构。在介绍 SAME 限制指令的章节中已经讨论过完全无序的 thf 分子的例子,因此这里只列出一些典型的 thf 的无序结构图(参见图 5.18)。

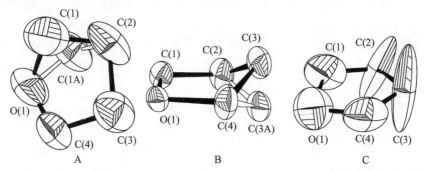

图 5.18　A 和 B:两种典型的四氢呋喃无序结构;C:一个可以通过 C(2)和
C(3)原子无序精修得到改善的结构示例

三氯甲烷

　　在晶体结构中,三氯甲烷无序的可能性要大于有序的情形。相比于其他溶

剂的无序，含氯分子的无序会强烈影响结构的精修质量，而且是负面影响，这是因为氯原子中参与无序的电子数目相当多。因此，如果可以的话，尽量避免使用三氯甲烷或二氯甲烷作为结晶用的溶剂。

一般来说，三氯甲烷的精修并不困难，虽然有些时候要耗去较长时间。所以在这里就没必要专门举例讨论了。图 5.19 显示了一个典型的无序三氯甲烷结构。

甲苯

因为甲基的存在，属于 C_{2v} 点群的甲苯的对称性低于具有 D_{6h} 点群对称性的苯。如果考虑氢原子，甲苯甚至只是 C_s 点群对称。尽管如此，晶体中与苯的点群相容的特殊位置经常被甲苯占据，虽然该特殊位置的对称性并不和它的点群对应。比如对称中心或垂直于芳环平面的二重轴，这种情况从空间平均看就呈现无序。除此之外，甲苯甚至不在特殊位置附近也经常显示无序。在甲苯可能有的许多不同无序结构中，有两种特别常见。

第一种(参见图 5.20)表现为两个分离的不同位置，第二个位置相对于第一个扭转大约 180°，故一个无序组分的甲基靠近另一个组分的

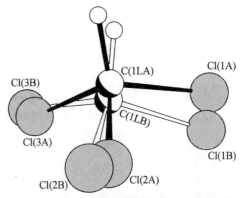

图 5.19　典型的三氯甲烷无序结构图，该结构取自本章的最后一个示例

碳原子 C4。在某种程度上两个组分或多或少彼此共面。这种类型的例子将在下面介绍。

第二种类型的特征是甲基特别难以确定[①]，其原因是甲基实际在绕垂直于分子平面的六重轴转动。这个六重轴属于苯环而不是甲苯。因此，从空间平均看，甲基分布于六个格点，靠近其他取向的氢原子并且每个位置贡献一个电子。对这种无序最好的精修策略是忽略掉甲基，换句话说，应当把这种甲苯分子看作苯分子来精修。

关于第一种无序甲苯类型参见随附光盘中的文件 tol – 01. res，其中含有已经完成各向异性精修的某个锆化合物的结构（详情参考 Bai 等在 2000 年发表的文献）。该结构包括氢原子但不包括溶剂分子。它属于 $C2/c$ 空间群。七个最大残余电子密度峰 Q(1) 到 Q(5) 以及 Q(8) 和 Q(9)（分别为 6.52、6.10、5.13、5.10、4.93、2.10 和 1.82 e·Å^{-3}）可以合理地与分子的主要部分区分开来，看上去是溶剂分子的一些片段（参见图 5.21A）。从结晶条件看，可以猜想存在

---

① 本章第三个例子里的文件 ali. res 就是这样一个例子。

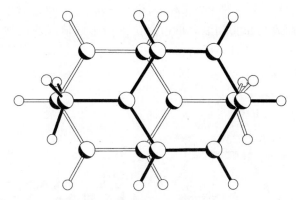

图 5.20　一种典型的无序甲苯结构图

甲苯。此外 Q(2)、Q(4)、Q(5) 和 Q(7) 位于结晶学镜面上。生成对称等效原子后(比如用 XP 中的 GROW 命令)，就可以看到两个穿插的甲苯分子的轮廓。上述无序结构如图 5.21B 所示。下面的残余电子密度峰可给出这些碳原子:

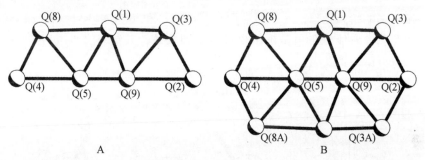

图 5.21　tol-01. res 文件中形成位于镜面上的一个无序甲苯分子的最大残余电子密度峰示意图。A:非对称单元; B:包含对称等效原子，显示了穿插甲苯分子的排列

Q(1)　→　C(2A) 和 C(2B)

Q(2)　→　C(4A) 和 C(10B)

Q(3)　→　C(3A)

Q(4)　→　C(10A) 和 C(4B)

Q(5)　→　C(1A)

Q(8)　→　C(3B)

Q(9)　→　C(1B)

其中字母 A 表示属于 PART 1(无序组分 1)而字母 B 表示 PART 2(无序组分 2)。

记得改变位置占有率因子和设置第二个自由变量，同时要对无序原子加入相似限制指令 SAME 以及 SIMU、DELU 和 FLAT 等指令，文件 tol-02. ins 中已完成这些改动。此外，还要考虑到对称等效限制(加入 EQIV 指令)。

运行 SHELXL 得到文件 tol－02．res 和 tol－02．lst，第二自由变量被精修到合理值 0.75，而 *R* 值也得到显著的改善。处于不同取向的两种无序组分参见图 5.22。接下来可以各向异性精修无序原子——在下一个文件 tol－03．ins 中加入 ANIS 指令。最后，可以在文件 tol－04．ins 中进行加氢：

HFIX　43　C2A　C2B　C3A　C3B　C4A　C4B

HFIX　123　C10A　C10B

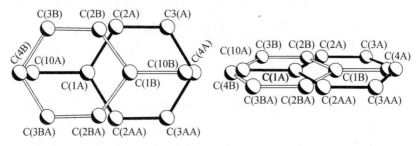

图 5.22　首次精修后两个甲苯并列平行分布示意图，参见文件 tol－02．res

接下来的精修是稳定的，结果见 tol－04．res 和 tol－04．lst 文件，最终结构参见图 5.23。剩下来的就是精修权重因子到收敛，其结果文件 tol－05．res 包含的模型可以用于发表。

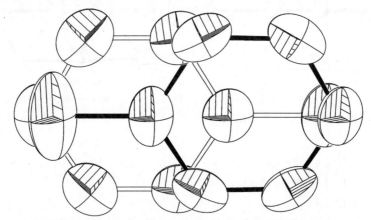

图 5.23　无序甲苯的最终结构（为清晰起见，略去了氢原子）

位于二重轴上的苯甲酸

随附光盘的 benz－01．res 文件是一个完成各向异性精修的抗糖尿病药物[①]的结构。该结构模型属于单斜晶系，*C2* 空间群，非对称单元含两个分子，并

————————

①　在此感谢 Boehringer Ingelheim Pharma 公司的 Alexander Pautsch 和 Herbert Nar 提供数据并允许将其用作示例。

且已经含有氢原子，但还不包括溶剂分子。两个独立分子由一个赝对称中心相联系，只是碍于手性碳原子才没有真正中心对称。每个分子中的这个手性碳原子是区分非对称单元带一个分子的空间群 $C2/m$ 和非对称单元带两个分子的空间群 $C2$ 的因素，不过这点不属于无序的内容但却是第六章的主题。在文件中，30 个最大残余电子密度峰比其他峰强得多，并且它们看上去是溶剂分子（参见图 5.24）。从结晶条件看，可假设存在苯甲酸或者苯甲酸根，而且实际上，Q 峰的排列支持这种假设。很容易识别出两个苯甲酸（或者苯甲酸根），当采取如图 5.25 所示的原子命名方案时，可以作如下的原子指定：

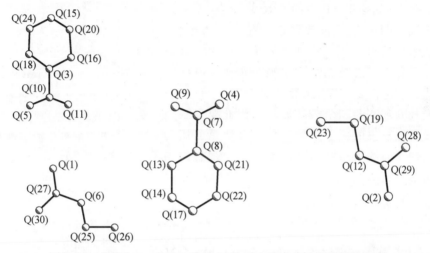

图 5.24　文件 benz–01.res 中的 30 个最大残余电子密度峰结构图

Q(3)	→	C(11)
Q(5)	→	O(12)
Q(10)	→	C(17)
Q(11)	→	O(11)
Q(15)	→	C(14)
Q(16)	→	C(12)
Q(18)	→	C(16)
Q(20)	→	C(13)
Q(24)	→	C(15)

以及

Q(4)	→	O(21)
Q(7)	→	C(27)
Q(8)	→	C(21)

Q(9)   →   O(22)
Q(13)   →   C(26)
Q(14)   →   C(25)
Q(17)   →   C(24)
Q(21)   →   C(22)
Q(22)   →   C(23)

很明显还有另外两个分子，虽然它们只有部分片断。结合这些残余电子密度峰的对称等效点(如使用 XP 中的 GROW 命令)，可以看到这两个分子非常靠近结晶学二重轴。虽然苯甲酸根具有二重轴，但是在这里，这些分子并没有沿结晶学二重轴分布而是有些倾斜——它们是无序的(参见图 5.26)。由于只能找到羰基和三个芳环原子，因此要设法生成其他缺失的原子。最简单的办法是使用前述的几何约束指令 AFIX 66 来产生理想的六边形。可以指定如下残余电子密度峰(参见图 5.24):

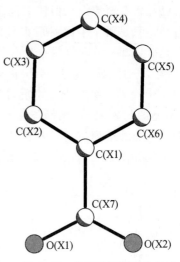

图 5.25　苯甲酸根原子命名方案示意图(X 代表分子序号，$X = 1$ 表示第一个苯甲酸根分子，2 则表示第二个，依此类推)

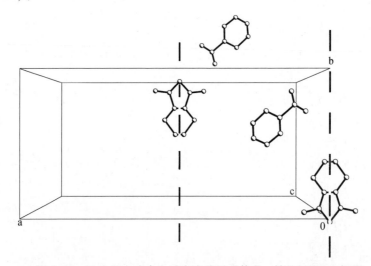

图 5.26　30 个最大残余电子密度峰沿晶体学 c 轴的投影(已标明了原点和晶胞坐标轴)。图中，两个苯甲酸根分子贴近结晶学二重轴(垂直虚线表示)并显示无序

Q(1) → O(32)

Q(6) → C(31)

Q(25) → C(32)

Q(26) → O(33)

Q(27) → C(37)

Q(30) → O(31)

以及

Q(2) → O(42)

Q(12) → C(41)

Q(19) → C(42)

Q(23) → C(43)

Q(28) → O(41)

Q(29) → C(47)

每个芳环上剩余的三个原子按照下列方式基于几何规律得到：在苯环的第一个原子[分别是 C(31) 和 C(41)]前写上 AFIX 66，凑齐坐标均指定为(0,0,0)的原子的数目(两个不完整分子中,每一个都缺失三个原子),然后在两个苯环的最后一个原子后写上 AFIX 0。采用 SAME 指令限制四个溶剂分子内部和彼此之间互为等价的间距。两无序分子的位置占有率因子指令值必须变为 10.5000,同时所有的无序原子必须在 PART −1 指令行里。因为根据相应二重轴的对称操作,每个无序原子的第二个位置可以直接从第一组分中的原子位置推算出来,所以不需要在 .ins 文件里加入两个组分。负的组分序号强制生成特殊位置约束条件,并且从连通性表中去掉与对称等效原子相连的化学键。另外,不必使用第二自由变量,因为两个组分之间的比例可以由这个特殊位置的多重性确定,这个多重性体现为 *sof* 指令值为 10.5000。在先前的精修中已经对整个结构使用过 SIMU 和 DELU 限制,因此这里就不需要再用于这些无序原子了。还有一个重要的地方是在最后一个氢原子后加上 AFIX 0。当这个氢原子所在的位置是 HKLF 4 指令前的最后一行时,AFIX 0 将是没有意义的,并且 SHELXL 会自动去掉它。但是,如果该氢原子后面还有其他原子跟着,比如现在这个例子,AFIX 0 指令就很重要了[①]。接下来的 .ins 文件(benz − 02. ins)包含了所有这些改动,其中溶剂部分如下所示(好好花点时间了解下 SAME 指令的含义):

AFIX   0

O11   4   0.36900   1.09370   0.50540   11.00000   0.05000

O12   4   0.41820   1.22620   0.47870   11.00000   0.05000

---

① 原书误为 HFIX 0。——译者注

SAME   C17   C11   C16 < C12

C17	1	0. 38020	1. 18030	0. 49350	11. 00000	0. 05000
C11	1	0. 33280	1. 26340	0. 49820	11. 00000	0. 05000
C12	1	0. 28610	1. 22030	0. 51360	11. 00000	0. 05000
C13	1	0. 24140	1. 30520	0. 51520	11. 00000	0. 05000
C14	1	0. 24620	1. 40130	0. 50460	11. 00000	0. 05000
C15	1	0. 29080	1. 44490	0. 48790	11. 00000	0. 05000
C16	1	0. 33400	1. 37520	0. 48590	11. 00000	0. 05000

SAME   O11 > C16

O21	4	0. 07960	0. 71580	0. 01790	11. 00000	0. 05000
O22	4	0. 13020	0. 84580	− 0. 00650	11. 00000	0. 05000
C27	1	0. 11870	0. 75770	0. 00450	11. 00000	0. 05000
C21	1	0. 16800	0. 67320	0. 00210	11. 00000	0. 05000
C22	1	0. 16490	0. 56930	0. 01220	11. 00000	0. 05000
C23	1	0. 20910	0. 49700	0. 01270	11. 00000	0. 05000
C24	1	0. 25450	0. 53820	− 0. 00170	11. 00000	0. 05000
C25	1	0. 25730	0. 63580	− 0. 01390	11. 00000	0. 05000
C26	1	0. 21400	0. 71580	− 0. 01220	11. 00000	0. 05000

SAME   O11 > C16

PART   − 1

O31	4	0. 58950	0. 88470	0. 48860	10. 50000	0. 05000
O32	4	0. 50000	0. 95790	0. 50000	10. 50000	0. 05000
C37	1	0. 53770	0. 87270	0. 49580	10. 50000	0. 05000

AFIX   66

C31	1	0. 51920	0. 75480	0. 49610	10. 50000	0. 05000
C32	1	0. 55470	0. 66620	0. 49100	10. 50000	0. 05000
C33	1	0. 51570	0. 55780	0. 49670	10. 50000	0. 05000
C34	**1**	**0**	**0**	**0**	**10. 5**	**0. 05**
C35	**1**	**0**	**0**	**0**	**10. 5**	**0. 05**
C36	**1**	**0**	**0**	**0**	**10. 5**	**0. 05**

AFIX   0

SAME   O11 > C16

O41	4	− 0. 08800	0. 05130	0. 00970	10. 50000	0. 05000
O42	4	0. 00000	− 0. 01740	0. 00000	10. 50000	0. 05000
C47	1	− 0. 03700	0. 07310	0. 00530	10. 50000	0. 05000

```
AFIX   66
C41  1   -0.01990      0.17860    0.00210    10.50000    0.05000
C42  1   -0.05710      0.27550    0.00820    10.50000    0.05000
C43  1   -0.01870      0.38040    0.00340    10.50000    0.05000
C44  1    0             0          0         10.5         0.05
C45  1    0             0          0         10.5         0.05
C46  1    0             0          0         10.5         0.05
AFIX   0
PART   0
```

完成的这个无序精修的结果见文件 benz-02. res，由于无序结构已经很可靠，因此现在可以去掉 AFIX 66 和 AFIX 0 指令行①，并且加入 ANIS 指令对原子进行各向异性精修，这些改动包含于文件 benz-03. ins 中。

在结果文件 benz-03. res 里找到的残余电子密度峰列表中，非无序苯环的氢原子的位置非常明显。接下来对这些位置应用指令 HFIX 43(见文件 benz-04. ins)根据几何规律计算出这些氢原子的位置。benz-04. res 文件对应的就是无序精修完全结束的结果。但是在发表这个结构前，还要说清楚两个问题：第一，药物中每个分子含有多少个苯甲酸或苯甲酸根分子? 答案是一个半②。显然，这种药物中含有两个完全独立的分子，同时每个非对称单元具有两个完全占据并且没有无序的溶剂分子。另外，每个非对称单元存在两个无序的半个分子。因此，一个完整的晶胞包括四个药物分子和六个溶剂分子，后面两个位于特殊位置上的溶剂分子处于无序状态。第二个问题是溶剂分子是苯甲酸还是苯甲酸根? 要作出回答就要先考虑非对称单元其他部分的总电荷。每个药物分子在氮原子上产生一个正电荷——对这两个独立分子，该氮原子对应的三个氢原子在差值傅里叶图上清晰可见)，因此要求非对称单元中三分之二的溶剂分子是苯甲酸根，而三分之一是苯甲酸。在残余电子密度峰图上查找该苯甲酸缺失的氢原子(它实际上可以在八个可能的位置上无序分布)以及考虑可能的氢键结构图将是热心读者的一个很好的周末消遣。将两个最强残余电子密度峰 Q(1) 和 Q(2) 都分别看成半个氢原子，就可以得到两个无序苯甲酸分子连接晶胞中两个(对称等效的)苯甲酸根离子的图像。这两个独立苯甲酸根离子的结构如图 5.27 所示。

---

① 此时会发现 SHELXL 自动去掉最后一个 AFIX 0 指令，因为它位于 HKLF 4 之前的最后一行，被 SHELXL 认为是没有意义的，因此剩下要去掉的就只有三行。

② 不是两个——它可能是许多晶体学者、甚至是富有经验的晶体学者的回答。特殊位置上的无序分子，可以看作极好的考验，也可以称作醌醌的陷阱，有些时候要正确描述它是很困难的。

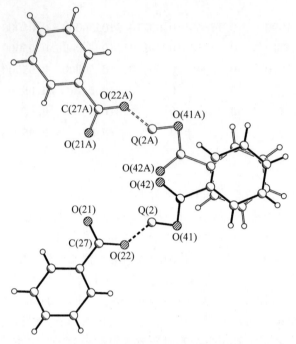

图 5.27　两个独立苯甲酸根离子①可能形成的氢键
结构图。对称等效的原子以原子名后加字母 A 标示

5.3.5　结构中三种无序共存——环正聚四苯撑

化合物环正聚四苯撑（cycloikositetraphenylene）②如图 5.28 所示，属于三
方晶系，空间群 $R\bar{3}$，非对称单元包括一个大环的六分之一和一个三氯甲烷分
子，该大环其余的分子以及剩下五个三氯甲烷分子由 $\bar{3}$ 产生。大环由六个单元
组成，而每个单元由四个通过 1,4 - 位的两个碳原子连接的苯环构成。大环中
单元与单元间通过 1,3 - 位的两个碳原子连接成一个包含 24 个苯环的六边形。
该六边形每一边有五个苯环，在边角处的两个苯环被两条边共用。每条边中间
的苯环带有两个彼此对位的己基，一个朝向大环中心，另一个指向环外。这个
化合物的结构分析是个挑战，除了解决相问题外，其他每一步都相当困难
（Müller 等,2001 年）。经过多次失败的尝试后，发现晶体只能从三氯甲烷中得

<hr />

① 原文误为分子。——译者注
② 在介绍这种分子的合成和解析的文章中，称它为 "cyclotetraicosaphenylene" 是为了沿袭以前文
章使用的名字。考虑到有 24 个格点的分子构架不应称为 "tetraikosahedron（四正聚六元）"，而应该是
"ikositetrahedron（正聚二十四元）"，因此，在这里推荐将这种分子命名为 "cycloikositetraphenylene"。

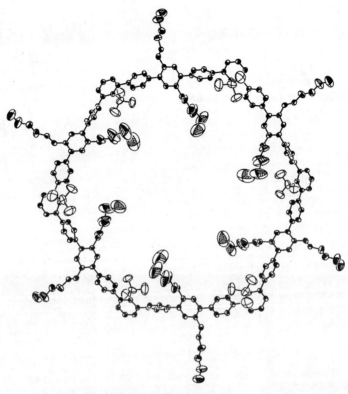

图 5.28　环正聚四苯撑晶体结构图（显示 50% 概率）。为清晰
起见，略去第二组分及氢原子

　　到。当在室温下从母液中取出时，这些晶体非常不稳定（如图 5.29 所示），因此只能全程利用低温技术将它安装到衍射仪上。

　　它的衍射图也出现一些异常（参见图 5.30）：低分辨率的数据具有很高的噪声水平，同时衍射点形状在某些方向上呈现奇怪的拉伸现象，这些给数据还原设置了许多障碍。SHELXS 得到的结果已经包含了芳香骨架结构的所有原子，但是却没有 n-己基链的位置。这些己基链后来被证明是高度无序的，而且是连续无序的典型。由于分立离散的无序与弥散性运动①之间的差异难以确定，而且也因为对无序的己基同时精修的位置数目高于两个时会使精修不稳定，所以要把这个结构模型降低到每个己基仅有两个主要无序组分待精修，并且允许相当大的各向异性位移参数。如图 5.31 所示，这种无序造成一半己基位于环平面的上方，而另一半位于它的下方（位置占有率精修结果是指向大环外的己基是 0.50/0.50；而另一个己基是 0.55/0.45），从而形成

---

①　即连续无序。——译者注

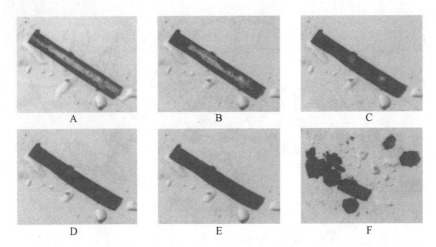

图 5.29 在显微镜下直接观察到的 cycloikositetraphenylene 晶体图。A：刚从烧瓶取出后；B：十秒后；C：30 秒后；D：40 秒后；E：60 秒后；F：用针触碰晶体后

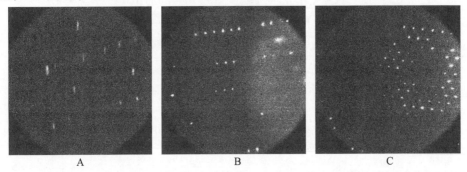

图 5.30 环正聚四苯撑的三张衍射图片。A：某些取向上不正常的衍射点形状；B：低分辨率数据时的高背景噪声；C：一张良好的衍射帧

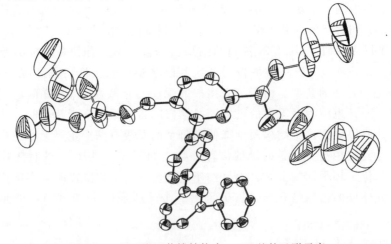

图 5.31 环正聚四苯撑结构中 n-己基的叉形无序

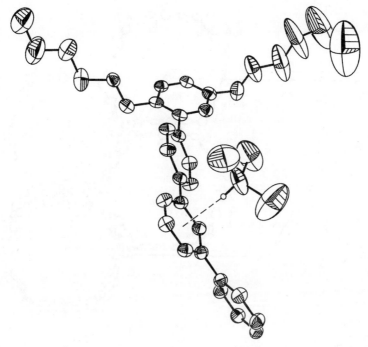

图 5.32　三氯甲烷和环正聚四苯撑中的一个芳环之间的 CH—π 键图。键长
和键角分别是：C…π：3.38 Å；H…π：2.38 Å；C—H—π：174.3°

了一个适合晶体堆积的叉形结构。与之相反，苯环原子的位置很明确，其各向
位移参数也相当小。

　　如上所述，非对称单元也包含了一个三氯甲烷分子。这个分子通过弱的
CH—π 氢键与苯环相连(如图 5.32 所示)。另外，三氯甲烷分子近似关于 C—
H…π 轴无序，图 5.19 显示了这种无序结构。

　　整个大环并不是平面的，与 $\bar{3}$ 几何构型一致，它具有类似环己烷的椅形构
象。在三维空间中，堆积的六边形像堆叠的硬币，更确切地说是像靠背躺椅叠
在一起。无序的己基链与三氯甲烷分子及其他己基榫合，虽然这部分堆积非常
紧密，但是分子中心存在一个相当大的洞，这些分子彼此叠合就形成了通过整
个晶体的无限延伸的管道(参见图 5.33)。

　　这些通道内部呈现完全空洞，因为既没有存在溶剂分子也没有相关的残余
电子密度出现在差值傅里叶合成图上。但是由于这样尺寸的空隙里没有任何物
质是不可能的，因此好比海绵的空隙会吸取液体一样，它们有可能充满液态三
氯甲烷。在 133 K 温度下收集数据的过程中，三氯甲烷被无规冻结了。这就解
释了晶体在显微镜下的表现：当在室温下从母液取出后，三氯甲烷可从通道里

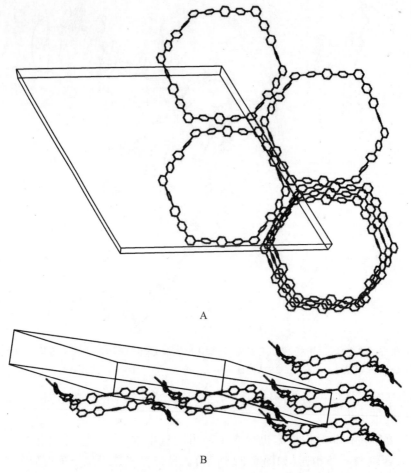

图 5.33　环正聚四苯撑中的晶体堆积图。A：沿结晶学 c 轴堆积；B：侧面
图，为清晰起见，氢原子、三氯甲烷分子和己基链被略去

失去而引起晶体点阵崩塌。这种假设也有助于解释衍射图案的现象：极低分辨
率的数据具有的异常高的背景噪声源自混乱无序的三氯甲烷 $CHCl_3$ 分子的漫
散射，而部分三氯甲烷分子的挥发导致晶体点阵中出现小而无规分布的缺陷，
形成某些衍射点的高马赛克现象。

　　综上所述，对这晶体结构的精修需要进行主体溶剂校正。该校正显著改善
了精修结果的 R 值以及键长和键角的标准误差。按照 Babinet 原理，在主体溶
剂校正中精修两个参数：第一个参数随着散射溶剂数量而增加，当溶剂的平均
电子密度和结构的有序部分相似时，比如在大多数蛋白质晶体中，该参数经常
取值为 1 左右；第二个参数数值大，则表明主体溶剂的漫散射只影响低角度数

据，典型数值介于 2 到 5 之间。本例中对于三氯甲烷液体，第一个参数精修结果为 13，第二个是 9，前者表示格外大的无序溶剂区域存在并且平均电子密度高于结构中的其他部分；而后者表示漫散射几乎只仅仅影响低分辨率数据。

随附光盘中的文件 cyclo.hkl 包含了衍射数据集，而文件 cyclo – 0. res 和 cyclo – x. res 分别对应于 SHELXS 的结果和最终可发表的模型。有兴趣的读者可以尝试从前者推出后者。

6

赝 对 称

Peter Müller

虽然许多甚至可能是大多数晶体非对称单元仅包含一个结晶学独立的分子，但是有时候也可以是只有半个或更少的分子片段，通过结晶学对称元素生成该分子的其余部分。实际上关于后者的结构，本书就有好几个例子(如 5.3.5 节中非对称单元只包含分子的六分之一，和第四章的三个示例)。与之相反，有点儿少见的就是每个非对称单元包含的分子高于一个。

这种非对称单元中分子多于一个的现象主要发生于低对称性空间群，比如 $P\bar{1}$ 或者 $P2_1$，并且大多数情况下，这两个或更多的独立分子不是通过二重轴、镜面或对称中心等简单的对称操作相联系，而是彼此互为同一分子的不同旋转异构体。不过本章没有涉及这些现象，而是探讨了两个或多个结晶学独立分子是由实际上伪结晶学对称(non-crystallographic symmetry)相联系的结构。

关于伪结晶学对称，要区分如下两种情形：真正的伪结晶学对称(NCS)和全局赝对称(global pseudo-symmetry)。前者(NCS)对精修一般没有负面影响(除了从差值傅里叶图中提取和命名所有的原子需要花费更多的时间外），可以看作是一种——有时甚至用处很大的——奇物。然而后者却能导致需要晶体学者才能解释清楚的对称性错误。本章的示例部分将分别就两种情形各举一个例子。第一个示例属于一个相当棘手的全局赝对称个案，需要在空间群 Pn 和 $P2_1/n$ 之间作出选择。这个示例也表明在赝对称中，非对称单元不一定包含好几个分子，赝对称操作可以位于分子内部。第二个示例涉及多重伪结晶学对称的情形。

一般说来，非常仔细地检查某个案例是否为赝对称性相当重要。实际上，不重视结晶学对称将导致空间群错误。很多已发表的结构被指定了错误的空间群。而这些结构中绝大多数被指定的空间群对称性过低。不过这个问题超过了本章的范畴，将改在第九章进行介绍。

6.1 全局赝对称性

在全局赝对称性中，非对称单元的两个分子几乎但并不完全由属于某个更高对称性空间群的一种结晶学对称操作相联系[①]。这个结晶学对称元素处于晶胞中的特殊位置，因此遍及整个晶体都是有效的。举例来说，假设在空间群 $P2_1$ 中，两个独立分子按如下方式取向：它们几乎但不完全地关于平行于 c 轴而垂直于单斜轴的滑移面对称，这就产生一个全局赝对称，并且得到赝空间群 $P2_1/c$。由于几乎但不完全满足滑移面对称，因此相应区域的系统消光也是几乎但不完全消光，那就意味着衍射点 $h0l(l \neq 2n)$ 的强度虽然相当弱但绝大多数仍旧明显可观测到。这种效应给空间群的指定增加了不确定性。不过最大的问题还是全局赝对称产生的对称错误。非等价原子几乎但不完全关于某个结晶学对称操作等价的行为导致有些时候两个位置之间会出现基于对称性的强关联——这可以查看 .lst 文件中的最大关联矩阵元（largest correlation matrix elements）列表。这种关联性会产生几何畸形（即键长和键角出现偏差）或各向异性精修的问题，它可以利用限制和/或者约束指令来处理。在某些情况下，当只是稍微偏离对称性时，选择更高对称的空间群并且精修无序是合理的；而在其余情况下，在对称性更低的空间群下进行精修则更好些，这种情况将在本章第一个例子中进行讨论。

---

① 当然，从理论上讲，全局赝对称也可以涉及多于两个的分子（比如几乎但不完全关于结晶学六重轴对称的六个分子）或者仅涉及某个分子的片段（比如本章第一个例子）。

6.2 真正 NCS

伪结晶学对称(NCS)意味着两个或多个结晶学独立的分子完美或近于完美地通过某个对称元素如对称中心或旋转轴相关联,同时这个对称元素不属于该空间群对称性的组成部分。不属于空间群对称操作的成分意味着这个对称元素不位于某个特殊位置上。这样的对称只在单独一个晶胞内有效,而不像真正的结晶学对称或全局赝对称那样遍及整个晶体都有效。确保伪结晶学对称要素不能通过简单地重新调整晶胞参数(比如对调或对分晶胞坐标轴)转化为结晶学对称元素是很重要的事。如果可以得到这种不同的晶胞设置,那么所谓真正 NCS 就可被转变成全局赝对称或者甚至根本没有赝对称存在于这个新的晶胞中——如果两个分子完美重叠的话。

真正 NCS 比全局赝对称更常见。它造成的唯一麻烦就是结构精修需要更多的时间和精力——这仅仅是因为它存在更大的独立原子数目。另一方面,在某些时候,比如对于具有非常低的数据 – 参数比例(例如 3.5 Å)的蛋白质结构,伪结晶学对称性就相当有用:假定空间群不变,那么随着晶胞尺寸的增加,相应于某一分辨率的可观测衍射点的数目会增加,而一般情况下需要精修的参数同样会增加[①]。但是,如果晶胞体积变大是由于伪结晶学对称引起的,那么 NCS 相关的分子键长和键角就可以结合使用限制(SAME 和 SADI),从而间接增加数据个数,提高数据 – 参数比例。本章第二个示例将介绍一个具有六个独立分子的非对称单元的结构,它们通过两个伪二重轴和一个伪对称中心相关联。

6.3 示例

下列章节里将介绍两个虚假对称的例子。自行精修需要的所有文件附在随书光盘中。第一个示例给出了一个近似位于结晶学对称中心但实际上没有满足该对称性的分子。这种分布产生了全局赝对称。第二个例子涉及六个结晶学独立分子的真正伪结晶学对称性。

6.3.1 *Pn* 还是 *P*2₁/*n*

来自靛类染料这一大家族的两个非常相似分子的初始晶体结构已经确定。

---

① 参数个数很大程度上取决于非对称单元的原子个数,那就意味着如果由于主体溶剂(bulk-solvent)的含量更高而使晶胞变大,则只有观察到的衍射点数目变化而待精修的参数数目不变。

其中一个的结构精修一路顺利，没有出现任何困难，而另一个则遇到了一些麻烦。这两个分子的名称令人生畏，分别是 *trans* – 5 – (4,4 – dimethyl – 3 – oxo – thiolan – 2 – ylidene) – 3，3 – dimethyl – [1,2'] dithiolan – 4 – one 和 *trans* – 5，5，5'，5' – tetramethyl – [3,3'] bi [1,2'] di – thiolanylidene – 4，4' – dione。本章后面就不再提及它们的名称，而宁可用 A 代表第一个分子，B 代表第二个分子。图 6.1 按顺序显示了这两个分子的结构，如果不是从它们的名称，而是从这张图就可以轻易看出这两个分子唯一的不同就是 CH_2 基被 S 原子取代，从而相对于 B，A 的对称性降低了：B 分子(点群 C_{2i})对称中心位于两个五元环之间的 C—C 键的中心，而 A 分子(点群 C_2)就没有对称中心。但是，因为只是一个非氢原子破坏了这种中心对称性，所以 A 只是非常轻微地偏离 C_{2i} 点群。关于这两个分子的化学信息在 Gerke 等 1999 年的文献中有介绍。

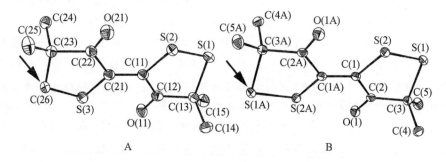

图 6.1 靛类衍生物(A)和(B)，如黑箭头所示，B 中的硫原子 S(1A) 相应于 A 中的碳原子 C(26)，这是这两个分子之间唯一的不同之处

表 6.1 A 数据集的系统消光统计

	– 21 –	– a –	– c –	– n –
N	33	609	618	585
$N\ I > 3s$	17	311	312	1
$<I>$	5.9	61.3	60.4	0.2
$<I/s>$	9.1	12.9	12.7	0.5

B 分子晶体为单斜晶系，空间群 $P2_1/n$(晶胞参数为 $a = 8.265(2)$，$b = 8.228(2)$，$c = 9.178(2)$，$\beta = 101.14(3)$)，非对称单元包含半个分子，另外半个由该空间群的对称中心产生。A 晶胞几乎和 B 相似：$a = 8.416\ 2(1)$，$b = 8.100\ 1(9)$，$c = 9.209(1)$，$\beta = 100.953(7)$，但是由于分子缺少一个对称中

心，因此 A 不能轻易结晶成同样的空间群，除非整个分子关于这个结晶学对称中心形成 1:1 的离散位置无序。这种情况可以形容成只是违背 C_{2i} 对称的那些原子，即 CH_2 基和第三个硫原子是无序的。随附光盘中，文件 s-00.hkl 包含了这个分子已完成吸收校正，但尚未合并的衍射数据。如果使用诸如 XPREP 程序来分析这套数据，可以得到如表 6.1 所示的系统消光统计结果。

表 6.1 的四行内容说明如下：N 是相应的对称元素存在时理应缺失的独立衍射点数目，第二行描述了这 N 个衍射点中观测到的强于各自标准误差三倍的数目。第三行的 $<I>$ 代表这 N 个衍射点的平均强度。而最后一行的 $<I/s>$ 对应于存在该对称元素时，这些理应缺失的衍射点的 I/σ 平均值。系统消光结果清楚表明存在一个 n 滑移面而没有 a 或 c 滑移面，而二次螺旋轴的情况则不是很清楚，因为对单斜 2_1 轴来说，应当消光的这 33 个 $0k0(k \neq 2n)$ 衍射点有一半多可以观察到，但是这些可观察到的衍射点又明显弱于其他（非消光）数据点。

统计 $|E^2-1|$ 值接近于中心对称晶体的理论值（$|E^2-1|=0.885$），表明空间群为 $P2/n$ 或 $P2_1/n$，而不是 Pn[①]。基于这个分子的尺寸和几何形状，只要第三个硫原子与 CH_2 基互为无序（如上所述），那么这两个空间群将是合理的。XPREP 程序建议选 $P2/n$。基于这个空间群合并数据并建立了文件 s01.ins 和 s-01.hkl 作为 SHELXS 的输入文件。

表面看来，运行 SHELXS 后得到了结果，但是仔细查看文件 s-01.res 中提出的原子位置，很快就会发现这只是一个虚假的答案。其他尝试，比如利用半不变量[②]、帕特逊法或者使用程序 SHELXD（Usón 和 Sheldrick，1999）[③]都不能得到相应于这种空间群的正确结果。因此必须利用别的空间群碰碰运气：以空间群 $P2_1/n$ 进行数据合并，建立了 SHELXS 的输入文件 s-02.ins 和 s-02.hkl。

---

① $|E^2-1|$ 统计值将在第七章中详细解释。简单说来，其数值大小反映倒易空间中的相对强度分布。数值越低，强度分布越均匀，体现非中心对称空间群的特性；而数值越高，衍射图案中强度振荡越厉害，这是中心对称空间群的典型现象。$|E^2-1|$ 存在两个理论值：对应非中心对称结构的 0.736 和中心对称结构的 0.968。例子中的数值为 0.885，相对于 0.736 来说，与 0.968 更接近，因此可以认为空间群是诸如 $P2/n$ 或者 $P2_1/n$ 等中心对称的类型，而不是非中心对称的 Pn。

② 有些时候 SHELXS 找到的可能目标结构有两组，其中一个只是对应某个赝结果，如果这个赝结果具有更低的合并品质因子，那么程序将忽略正确结果，而选择这个赝结构。对这种情况，通常要检查 SHELXS 的 .lst 文件，找到另一个可能结果并重新运行程序设置 TREF 指令中的半不变量。由于本书是关于结构精修，而不是相问题的解答，因此进一步的详细介绍请自行参考 SHELX 手册或者原始文献（Sheldrick，1990）。

③ 虽然 SHELXD 专门用于解决大分子问题，但是在小分子结构的解析中也用得相当成功，最新的版本甚至提供了 TWIN 指令（参见第七章），使得它在解决各种尺度的孪晶结构中特别有用。

空间群为 $P2_1/n$ 时，从 SHELXS 得出的结果保存于文件 s – 02. res 中。当使用诸如 Ortep 或 XP 等图形界面查看这个结果时，可以发现如下结构：已经正确指定一个硫原子并存在相应于其他的非氢原子的电子密度峰 Q(1) 到 Q(7)。Q(1) 明显高于列表中的其余峰值，可认为对应一个缺失的硫原子。但是，如上所述，这个位置只可能是占有率为一半的硫原子与同样半占据的 CH_2 基团相叠加。因此，利用第五章讲述的无序精修技术，可以对这个位置进行无序描述。要注意这个无序是关于结晶学对称中心对称的，这意味着两分量的比例必定是 1:1，因此没必要使用第二自由变量，而是可以简单设置相关原子的占有率为 0.5。所有这些改动见 SHELXL 的输入文件 s – 03. ins。经过 10 轮最小二乘精修，s – 03. res 文件中的结果看来是合理的，接着可以尝试对分子各向异性精修，输入文件为 s – 04. ins[①]。

各向异性精修后的模型绝大部分看来是合理的，并且在差值傅里叶图上可以找到所有的氢原子，但是无序的碳原子 C(6) 却是非正定的(NPD)。临时抱佛脚的补救措施就是约束 C(6) 的各向异性位移参数，使它们和 S(2) 的相同，即在接下来的 . ins 文件 s – 04. ins 中添加指令行 "EADP C6 S2"，同时这个文件中也包含了处理所有氢原子的 HFIX 指令(参见第三章)。

结果文件 s – 04. res 中的模型看来不错，另外 SHELXL 提示要进行消光校正。这种削弱衍射的消光是次级散射造成的。次级散射效应相当微弱，只有品质非常高的大晶体才比较明显。本例中用于衍射实验的晶体的确够大(尺寸为 0.4 mm × 0.4 mm × 0.3 mm)并且质量很好[②]。在接下来的文件 s – 05. ins 头部中加入 EXTI 指令(Larson,1970)就可以满足消光校正的要求，同时也可以尝试去掉 EADP 指令并开始调整加权方案。

凡是进行次级消光校正的精修，一件重要的事情就是查看 . lst 文件中消光系数的精修结果是否合理且具有恰当的小的标准不确定度。本例的精修结果正是如此，因此可以保留 EXTI 指令。但另一方面，不幸的是在去掉 EADP 约束后，C(6) 再次非正定。这对全局赝对称来说并不奇怪——如上所述，对称相关但不等价的原子之间的关联会造成各向异性精修时出现问题。因此，需要保留这种约束并调整权重因子配置来完成精修，基于 $P2_1/n$ 的最后模型保存在文件 s – 05a. res 中。

虽然结果不错，但是这个模型一点也不完美：最终残余因子很高(对 F_o >

————————

① 光盘中这个文件其实是下文额外添加约束条件后的文件，相应结果文件也是如此，删去该行即可。——译者注

② 实际上，当 SHELXL 提示要进行消光校正时，并不一定就要这样做。因为其他效应可能产生同样的消光效应。SHELXL 容易混淆主体溶剂效应和消光效应。

$4\sigma F_o$，$R1 = 0.0644$；对所有衍射点，$wR2 = 0.1576$）[1]。当与低很多的合并 R 值相比（$R_{int} = 0.0287$，$R_{sigma} = 0.0116$）[2]，并且考虑到权重配置方案中第一个系数的精修结果是个警示信号——数值为 0，此时应该也考虑到第三个可能的空间群 Pn。这意味着要从 s-00. hkl 文件重新开始，以空间群 Pn 合并数据并建立 SHELXS 的输入文件 s-06. ins 和 s-06. hkl。

　　SHELXS 给出的结果位于文件 s-06. res 中。当使用图形界面查看该结果时，会看到已经正确指定了两个硫原子，并且电子密度峰 Q(1) 到 Q(14) 对应其他非氢原子。其中，Q(1) 和 Q(2) 必有一个属于缺失的硫原子，因为这两个峰都明显高于列表中其他所有的值，而麻烦的是它们又几乎等同，这就使得选择哪个作为硫原子相当困难，而且它们也可能都属于这个缺失的硫——只要硫原子位置与 CH_2 基位置互为无序，就像上述取中心对称空间群的例子那样，两者之间唯一的差别就是非中心对称空间群 Pn 中的无序不再与结晶学对称中心关联。因此，描述这种无序时就必须使用第二自由变量——因为两个分量之间的比例可以任意取值。文件 s-07. ins 包含了上述原子类型的指定、无序的说明以及限制的条件。

　　用 SHELX 精修 10 轮后，虽然第二自由变量的精修结果相当高（0.92(1)），同时无序原子的 U_{eq} 值也不尽相同，但是结果看来却是合理的（见文件 s-07. res）。从 U_{eq} 值的波动看，至少有一个无序原子会成为非正定，因此如上所述使用两个 EADP 指令，然后尝试对所有原子进行各向异性精修（在文件 s-08. ins 中加入指令"ANIS"）。

　　结果文件 s-08. res 中的各向异性精修结构不错，从差值傅里叶图上可以清楚看到所有的氢原子。随后为求所有的氢原子加入 HFIX 指令，得到 s-09. ins 文件。

　　Pn 是非中心对称空间群，因此，在特定入射波长下，只要其中的原子质量足够大就会产生反常散射[3]，这就需要查看 . lst 文件中的紧跟结构因子最后计算值的 Flack-x 参数（Flack，1983）。在一定的标准不确定度下，当绝对结构正确时，这个参数理论上接近于零；如果它接近 1，则表示绝对结构取反了；如果晶体属于外消旋孪晶，那么它取值于两者之间。本书第七章有关于这个参数的更详细介绍。在上述例子对应的文件 s-09. lst 中，Flack-x 参数显示值为 0.51(9)，因此就需要按外消旋孪晶进行精修（详见第七章）。所需文件中包含

　　　　　　　———————————

①　R 值的定义在第二章给出，参见方程 2.3 和 2.4。
②　关于合并 R 值，参见第一章的方程 1.1 和 1.2。
③　对于 Mo 靶的 X 射线，只有比 Si 重的原子才符合要求。而对于 Cu 靶的 X 射线，有时甚至氧原子也会显示明显的反常散射信号。

了用于处理外消旋孪晶的 TWIN 和 BASF 0.6 指令[①]。另外，也可以同时进行权重因子的调整。

经过加权校正后的最终结构位于文件 s-11. res 中。其结果表明要想去掉两个 EADP 约束是不可能的，但是最终 R 值，（对 $F_o > 4\sigma F_o$，$R1 = 0.0265$；对所有衍射点，$wR2 = 0.0657$）比中心对称空间群的结构改善了不少[②]。显然，描述这个结构用空间群 Pn 要好于空间群 $P2_1/n$，其结晶学对称中心不过是这个全局赝对称例子的一个赝对称操作而已。如上所述，全局赝对称经常导致精修中出现严重的系统性错误。在这个例子中，只能利用两个 ADP 约束来纠正这种错误。这个结构所体现的沿 b 轴的几乎但不完全二重螺旋轴对称可以解释部分满足这种系统消光的现象。如上所述，其 $|E^2 - 1|$ 值（0.885）对一个非中心对称空间群来说明显过高，现在也可以用这个结构其实属于赝中心对称来解释——它产生了一个赝中心对称的 $|E^2 - 1|$ 统计值。

1999 年，这个结构是以空间群 $P2_1/n$ 发表的——的确如此，因为发表者就是本章的作者。直到编写这本书的时候，重新处理这个结构才选取了更合适的对称性较低的空间群。

6.3.2 　$[Si(NH_2)_2CH(SiMe_3)_2]_2$：$P\bar{1}$，$Z = 12$

化合物 $[Si(NH_2)_2CH(SiMe_3)_2]_2$ 为三斜晶系，空间群 $P\bar{1}$，非对称单元包含六个独立分子。该分子核心是 $(NH_2)_2Si-Si(NH_2)_2$，其中硅原子四面体配位，第四个配体为 $CH(SiMe_3)_2$ 基团。这六个分子中，四个共面分布，另两个呈背斜排列。详细的相关化学信息请参考 Ackerhans 等于 2001 年发表的文献。

作为 SHELXS 的输入文件，随附光盘上的 sin-01. ins 和 sin-01. hkl 文件是按 $P\bar{1}$ 合并数据并创建的。SHELXS 解析结果包含了所有 144 个非氢原子：36 个硅原子正确得到指定，电子密度峰 Q(1) 到 Q(107) 以及 Q(111) 对应碳和氮原子。花些时间指定、命名这些原子并将排序后的结果输入到文件 sin-02. ins 中。sin-02. res 文件显示的首次精修后的结构是可靠的，可以立即进行各向异性精修。相应的文件包含了 ANIS 指令，并且将 PLAN 值变为 300，以便尽可能多的给出描述所有或者绝大部分氢原子位置的残余电子密度峰。文件 sin-03. res 包含了完成各向异性精修的结构，并且大多数氢原子位置都可以在差值傅里叶图中找到。利用 HFIX 指令，可以按照"骑式模型"（riding mod-

---

① Flack-x 参数取值为 0.5 代表 50:50 的孪晶，相应的 BASF 指令一般取值为 0.5。但是初始值取 0.5，就相当于该自由变量或批量比例因子属于赝极小值，因此，最好将初始值稍微增大或者减少一些，如 0.4 或 0.6。

② 请注意，Pn 中的精修没有包含 EXTI 指令，这是因为尝试对消光的精修并没有明显改善结构（参见文件 s-12. res）。

el)计算和精修与碳原子键合的氢原子的位置。经过上述改动后的输入文件为 sin-04.ins。

在文件 sin-04.res 中，下列残余密度峰对应于与氮原子键合的氢原子：Q(17)、Q(20)、Q(45)、Q(60)、Q(32)、Q(49)、Q(56)、Q(63)属于分子 A 中的氮氢；Q(23)、Q(37)、Q(53)、Q(67)、Q(50)、Q(66)、Q(31)、Q(51)属于分子 B 中的氮氢；Q(24)、Q(30)、Q(23)、Q(64)、Q(9)、Q(13)、Q(28)、Q(96)属于分子 C 中的氮氢；Q(85)、Q(207)、Q(71)、Q(94)、Q(15)、Q(52)、Q(12)、Q(25)属于分子 D 中的氮氢；Q(22)、Q(27)、Q(35)、Q(36)、Q(14)、Q(47)、Q(11)、Q(38)属于分子 E 中的氮氢；Q(10)、Q(19)、Q(29)、Q(39)、Q(16)、Q(18)、Q(26)、Q(44)属于分子 F 中的氮氢。可以对这些残余电子密度峰重命名为相应的氢原子(记得将元素标识符号由 1 改成 2，并且约束氢原子的各向同性位移为所键合的氮原子数值的 1.2 倍)，然后复制到下一个 .ins 文件的正确位置上(紧跟在各自键合的氮原子之后)。另外还要为每个新的氢原子加上 DFIX 限制[1]。所有这些做完后就得到文件 sin-05.ins。

运行 SHELXL，经过 20 轮精修，得到最后的结构。其中八个极大残余密度峰明显高于其他峰值($Q(1) = 1.24$ e·Å, $Q(8) = 0.99$ e·Å, $Q(9) = 0.48$ e·Å)并且它们靠近分子 B 和分子 D 的四个 $SiMe_3$ 基团。虽然看来这些峰代表着相应 $SiMe_3$ 基团的第二个位置，但是由于密度峰值太低，所以难以顺利完成无序精修(当然，您可以试一试)。

接下来的任务就是鉴别伪结晶学对称性——如果确实存在的话。仔细查看就能发现的确存在三个二重轴 NCS 分别连接分子 A 和 E、B 和 D 以及 C 和 F。伪结晶学对称操作包括一个赝对称中心和两个赝二重轴，其中一个二重轴只是部分得到满足，因为相应的分子 C 和 F 的 $SiMe_3$ 基团具有不同的扭转角。图 6.2 显示了这三对分子以及它们的赝对称操作。知道了哪些分子是对称相关的，就可以使用关于 1，2-和 1，3-间距的相似限制。这可以用第二章和第五章所说的 SAME 指令来实现。但是由于数据的分辨率——也意味着数据—参数比例非常好(近似 16:1[2])，因此还是不应用限制的好。

除了调整加权因子外，还有一件事要做——找到并说明氢键。正如 2.8 节介绍的，这就要在文件 sin-06.ins 中加入 HTAB 指令以在文件 sin-06.lst 中产生一个列出所有独立的分子内及分子间氢键的表格。但是此时是没有标准不确定度的。只有使用 HTAB 指令的长语法格式，并与 EQIV 指令联合使用(已

---

[1] 酸性氢原子的处理详见 3.3.2 小节及 3.5.3 示例。

[2] 原书误为 1:16。——译者注

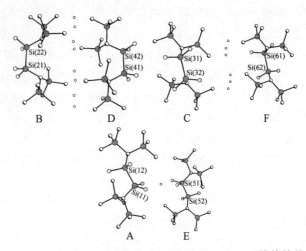

图 6.2 $[Si(NH_2)_2CH(SiMe_3)_2]_2$ 结构中的三个二重轴伪结晶学对称。
每对分子之间的小圆圈标出了两个 NCS 相关的原子的几何中心。左上方分
子 B 和 D 以及底部分子 A 和 E，其所有原子都分别满足各对之间的赝二重
轴和赝对称中心对称关系，而右上分子 C 和 F 之间的赝二重轴对称关系只
是得到这两个分子的核心部分原子所满足，而 $SiMe_3$ 基团则例外

经在 2.8 节中介绍过），才可以逐个说明表中指定的九个独立氢键。据此修改
后的文件为 sin – 07. ins，随后产生的 sin – 07. lst 文件中的表格列出了带有全部
标准不确定度的九个氢键。

　　sin – 08. res 文件包含了最终可用于发表的结构，其中已调整权重并精修
到收敛，同时也为所有氢原子施加了 HTAB 指令。显然，这种 NCS 结构的精
修并没有特别的难度。伪结晶学对称仅仅增加了工作和计算时间，但不会造成
像全局赝对称那样特定的麻烦。而且假如数据分辨率有问题，在 NCS 条件下
甚至可以使用相似限制来间接提高数据——参数比例。

7

孪 晶

Regine Herbst-Irmer

7.1 孪晶的定义

衍射点出现分裂现象的内部劈裂或分叉的晶体经常被随便称为孪晶,然而这些晶体只不过是劣质单晶。实际意义上的孪晶定义如下:孪晶是同种组分晶体的不同个体彼此间以某些确定的相对取向共同组成的有规律的聚集体(Giacovazzo,2002)。

可以用一个二维晶体来解释这个孪晶的定义,如图 7.1A 所示,晶胞组分关于沿某一取向的镜面对称,而垂直于该镜面的另一个镜面则属于晶胞自身(略去其组分)的对称要素,即公制对称要素(β 角偶然成为 90° 的单斜晶体就存在这种现象)。

如果通过仅满足晶胞公制对称的镜面转换这个晶体,而不是利用其组分的对称镜面,可以得到图 7.1B 的晶体。如果这两种晶体共同生长就形成了一个孪晶,参见图 7.2。这个孪晶的孪生操作,即所谓的孪晶法则,就是将一个晶畴变成另一个晶畴的镜面。由于图 7.2 中两个晶畴尺寸相等,因此这两个晶畴各自的贡献比例都是

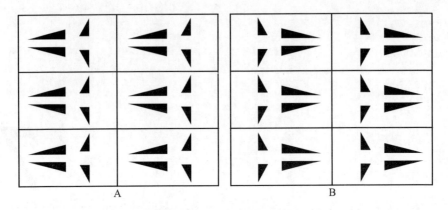

图 7.1 A：二维晶体示意图；B：同样的晶体沿一个垂直镜面变换的结果，该镜面属于这个晶体晶胞的公制对称，而不属于晶胞组分具有的对称

0.5，并且该孪晶属于完全孪晶。相反，图 7.3 中显示的孪晶两个晶畴的含量比例是 0.67:0.33，属于部分孪晶。

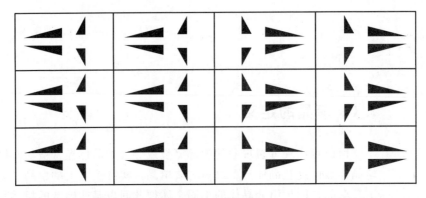

图 7.2 二维完全孪晶，两个孪生的晶畴彼此关于一个垂直镜面对称，该镜面也是图 7.1 中两半部分间的对称操作

孪晶法则和贡献比例是描述孪晶必需的两个特点。孪晶法则可以用矩阵表示，用该矩阵将一种 hkl 指数转变成另一种分布的相应指数。比如，如果 x 向下而 y 向右变化，则上述例子中的二维晶胞及其 hk 指数的转换可以用如下矩阵来描述：

$$\begin{pmatrix} 1 & 0 \\ 0 & -1 \end{pmatrix}$$

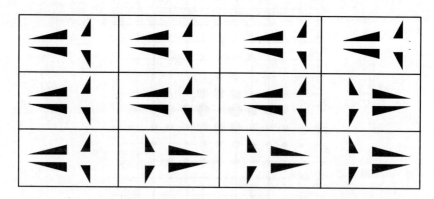

图 7.3　部分孪晶（比例为 2∶1），遵循的孪晶法则与图 7.2 相同

如上述所示，在忽略其中的成分后，当晶胞（或超晶胞）对称性高于所属空间群的对称性时就可能出现孪晶。

当出现孪晶时衍射图案会得到什么结果呢？如图 7.4A 所示，图 7.1A 的晶体将产生图中具有镜面对称的倒易空间格点；如果晶体变为图 7.1B 的形式，那么倒易空间格点图像也相应变成图 7.4B。

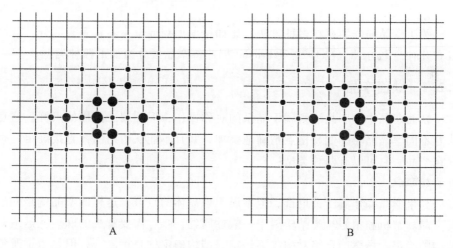

图 7.4　A：与图 7.1A 相同的晶体的倒易空间图案；B：转换后的晶体（见图 7.1B）的倒易空间图案

假如两种晶体组分共同生长，在所得到的孪晶中，两个倒易格点的强度会叠加在一起，与图 7.5 显示的衍射图案一样。

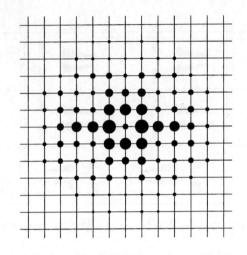

图 7.5 完全孪晶的倒易空间图案，可理解成图 7.4 中的两个独立的衍射图案的加和。当然，这里显示的是格点的重叠而不是强度加和。应当注意，相比于个体晶畴，这个完全孪晶中出现了新的镜面对称

7.2 孪晶的分类

关于孪晶的分类存在多种方法，比如根据形貌或孪生要素等来区分，就可以有几种命名方式。在 1928 年 Friedel 据此将孪晶区分为如下四种类型。

7.2.1 缺面孪晶

缺面孪晶中，孪晶法则属于晶系的对称操作，但不属于晶体的点群。这意味着不同孪晶晶畴的倒易格点精确地叠加，并且不能从衍射图案直接确定是否存在孪晶。它可以有两种类型：

外消旋孪晶

如果孪晶操作属于劳厄群，但不属于该晶体的点群，这样的孪晶就是外消旋孪晶。解析和精修这类结构属于一般性问题，唯一需要解决的麻烦就是绝对结构的确定。虽然确定绝对构象不一定是结构确定的目标之一，但是为了避免在键长中引入系统误差，以正确的绝对结构或者外消旋孪晶来精修非中心对称结构是相当重要的（Cruickshank 和 McDonald，1967）。有些时候可以确定无疑地知道绝对结构，但是在其他多数条件下必须从 X 射线数据进行推断。一般说来，在使用 Cu-K_α 射线时，存在单独一个磷或更重的原子就足以确定绝对结构；而对于精确的低温下收集的高分辨率数据，在使用 Mo-K_α 射线的条件下，具有 Friedel 反常散射的任何一个原子就能用于确定绝对结构。当然，类似蛋

白质晶体等螺旋分子构成的纯粹对映体不会产生这种孪晶。

其他缺面孪晶

孪晶操作也属于晶体的晶系但不属于该晶体的劳厄群，这种类型可能存在于含有多个劳厄群的三方、四方、六方和立方晶系。它能够显著影响衍射图案中的相对衍射强度从而导致严重的问题(参见图7.6)。

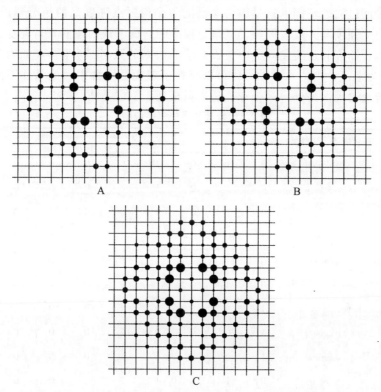

图 7.6　A：具有 $4/m$ 对称的晶体的零层($l = 0$)倒易空间图案(h 向下，k 取右)；B：与 A 同样的图样绕 a^* 轴旋转 $180°$；C：A 和 B 两个图案的叠加结果，类似于孪晶的衍射图案。完全孪晶的衍射图案具有新增的对称性，属于更高对称 $4/mmm$ 劳厄群

图 7.6A 显示了某个四方晶体的 $l = 0$ 层倒易空间图案，从中可以轻易发现四重对称，而且没有其余额外沿 a^* 或 b^* 的二重轴，因此劳厄群是 $4/m$。图 7.6B 是该倒易空间图案绕着沿 a^* 的二重轴转动 $180°$ 的结果。而图 7.6C 展现了图 7.6A 和图 7.6B 两图案的叠加，与孪晶产生的加和结果一致，这时就额外多出一个二重轴，劳厄群相应变为 $4/mmm$。本例中两个晶畴尺寸相等(即完全孪晶)，并且表面上衍射强度具有比真实结构更高的对称性。虽然在已经给定

正确的空间群，并且数据没有按照较高的表观对称性进行合并的条件下，SHELXD① 对解决这种问题十分有效，不过相应空间群的正确指定及其结构解析是很困难的。

相比于非孪晶的倒易空间图案，孪晶衍射图案中的强度分布发生了变化：如果非孪晶存在多个强弱不均的衍射点，那么孪晶化后则大多数衍射点强度介于一个中间过渡的范围。这是因为孪晶的每个衍射点强度是两组分强度之和，而两个独立强度同大或者同小的概率是很小的。由于缺面孪晶只可能存在于三方、六方、四方和正交空间群中，因此孪晶法则的数目是有限的（如表 7.1 所示）。作为孪晶法则的二重轴操作可以存在于表观劳厄群中，但是并不会在真实空间群里出现。另外，多个孪晶法则只出现于三方晶体。

表 7.1 缺面孪晶的孪晶法则

真实劳厄群	表观劳厄群	孪 晶 法 则								
$4/m$	$4/mmm$	0	1	0	1	0	0	0	0	-1
$\bar{3}$	$\bar{3}/m$	0	-1	0	-1	0	0	0	0	-1
$\bar{3}$	$\bar{3}m1$	0	1	0	1	0	0	0	0	-1
$\bar{3}$	$6/m$	-1	0	0	0	-1	0	0	0	1
$\bar{3}$	$6/mmm$	0	-1	0	-1	0	0	0	0	-1
$\bar{3}$		0	1	0	1	0	0	0	0	-1
$\bar{3}$		-1	0	0	0	-1	0	0	0	1
$\bar{3}m1$	$6/mmm$	-1	0	0	0	-1	0	0	0	1
$\bar{3}1m$	$6/mmm$	-1	0	0	0	-1	0	0	0	1
$6/m$	$6/mmm$	0	1	0	1	0	0	0	0	-1
$m\bar{3}$	$\bar{4}3m$	0	1	0	1	0	0	0	0	-1

至少在理论上，出现缺面孪晶就意味着存在外消旋孪晶。

7.2.2 赝缺面孪晶

赝缺面孪晶中，孪生操作属于比真实结构更高的晶系。如果公制对称高于结构的对称性时，就可以出现这种孪晶。典型的例子有 β 非常接近 90° 或者 a 和 c 几乎等长的单斜结构。依据较高公制对称被满足的程度，倒易格点可能出现完全叠加，并且从衍射图案不能看出这种孪晶，这与缺面孪晶类似——此时

---

① SHELXD 在 SHELXTL 程序包中被命名为 XM，详见第一章。

结构的对称性比实际的更高。尽管对这种孪晶的解析和精修所需要的步骤基本上和缺面孪晶相似，但是相比于缺面孪晶，其可供选择的孪晶法则更多。由于可能存在不同的多套真实空间群和表观空间群的解，有时必须进行三矩阵倍乘的操作：

$$
\begin{pmatrix} 表观 \\ \downarrow \\ 真实 \end{pmatrix}
\begin{pmatrix} 表观空间群中的 \\ 孪生操作 \end{pmatrix}
\begin{pmatrix} 真实 \\ \downarrow \\ 表观 \end{pmatrix}
$$

真实空间群对应的单胞必须使用表观劳厄群中孪生操作的定义矩阵转换成表观的单胞，随后该单胞再重新转换为真实劳厄群中的单胞。

与前两种孪晶类型（缺面和赝缺面）相反，剩下的两种类型并不是每个衍射点都受到孪生的影响，这意味着能够直接从衍射图案检测出孪晶。幸运的话，可以分离出单独属于某个孪晶晶畴的那些衍射点并且只用它们解出结构。

7.2.3 交错缺面孪晶

一个典型的例子就是正/反孪生的菱面体结构（Herbst-Irmer 和 Sheldrick，2002）。

对于以菱面体空间群结晶的结构，当以平行于三重轴的二重轴（矩阵为 $-1\,0\,0\quad 0\,-1\,0\quad 0\,0\,1$，按六方设定）或者平行于 $a-b$ 的二重轴（矩阵为 $0\,-1\,0\quad -1\,0\,0\quad 0\,0\,-1$，按六方设定）作为孪晶法则时就得到所谓的正/反孪晶（见图 7.7）。

对于上述六方设定，正向定位的孪晶第一个晶畴的系统消光条件是 $-h+k+l=3n$，相应的第二晶畴为 $h-k+l=3n$（反向定位），这就给确定点阵中心造成了麻烦。要解决这个问题，可以通过比较 $-h+k+l=3n$ 衍射点、$h-k+l=3n$ 衍射点以及所有衍射点的平均强度或者平均强度 $-\sigma$ 误差比例来实现。观察倒易空间图案也会有所帮助。倒易空间中，在层（$l=3n$）中，只有三分之一的衍射点可观测到，而所有其他层则可以观测到三分之二（见图 7.7C）。版本为 6.12 或更高的 XPREP 软件（Sheldrick，2001）可以提供更多的帮助。它通过核对并比较下列衍射点的平均强度：

（1）只有在正向定位的时候才能观测到的衍射点；

（2）只有在反向定位的时候才能观测到的衍射点；

（3）对两者都应当消光的衍射点。

随后就可以估计第二晶畴贡献的比例。

对应正/反孪生，存在四种类型的衍射点：①可观测到的只属于主晶

畴的 $-h+k+l=3n$ 并且 $h-k+l\neq3n$ 的衍射点；②强度非零的只属于第二晶畴的 $-h+k+l\neq3n$ 并且 $h-k+l=3n$ 的衍射点；③对两个晶畴都消光的 $-h+k+l\neq3n$ 并且 $h-k+l\neq3n$ 的衍射点；④可观测到的由两个晶畴叠加而成的 $-h+k+l=3n$ 并且 $h-k+l=3n$ 的衍射点。由于 $l=3n$ 时，只有三分之一的衍射点受到孪生的影响，因此结构解析一般并不困难——

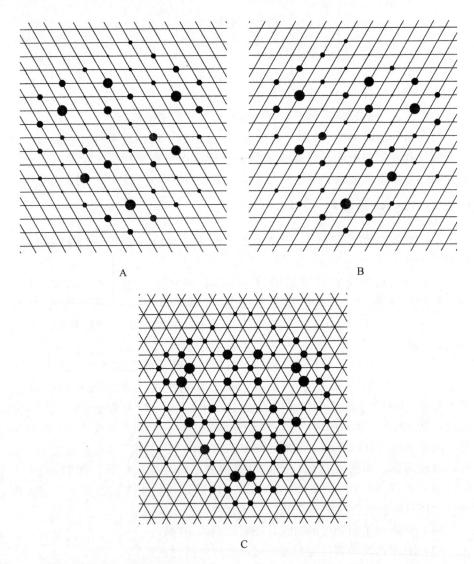

图 7.7　A：正向定位的菱面晶体零层（$l=0$）倒易空间图案（h 向下，k 取右）；
B：与 A 图类似，改为反向定位；C：两种不同定向的图案叠加结果

有三分之二的衍射点仅来自于单独一个晶畴的贡献就已经够用于解析结构了①。

对正/反孪晶的精修，SHELXL需要一个特殊的采取HKLF 5格式的衍射数据文件，并且精修不仅仅单靠一个TWIN指令(参见7.8.3和7.8.4的两个例子)。当然，这种要求并不是必要的。假如有新版程序发布，那时就可以去掉它。当生成HKLF 5格式文件后，要进一步合并等价衍射点是不可能的，因此，数据必须在生成这个文件前先进行合并，否则，所有的数据都被按独立衍射点处理，从而导致数学性的标准不确定度出错。

HKLF 5文件的生成

对两个晶畴都消光的衍射点会被略去，实际上最好也忽略掉那些仅由第二晶畴贡献的衍射点②。而仅来自主晶畴的衍射点就不变动，并且赋予批序号"1"。来自两个晶畴共同贡献的衍射点自身被分成两组：$-h-kl$和hkl(如果孪晶轴平行于c轴)或$-k-h-l$与hkl(如果孪晶轴垂直于c轴)③，其中由第二组分贡献的被赋予批序号"-2"，而来自第一组分的为"1"。批序号-2和1告诉程序属于孪晶晶畴2和1的这两个衍射点合并成一个实际观察到的衍射强度。另外重叠衍射点组里带正的批序号的衍射只能排在最后面。

以较低对称的菱面体劳厄群结晶的结构，除了正/反孪生外，平行于a轴的二重轴也可以作为孪晶法则(变换矩阵0 1 0　1 0 0　0 0 -1)，这种孪晶的衍射数据文件中每个可观察强度来自四个孪晶晶畴的贡献。对于仅存在于正向定位时的衍射点包括$kh-l$和hkl两分组，相应批序号为-3和1，而$l=3n$的衍射点包含了四个分组：$-k-h-l$、$kh-l$、$-h-kl$和hkl，指定的批序号分别为-4、-3、-2和1(参见7.8.3的第二个例子)。

7.2.4　非缺面孪晶

在非缺面孪晶中，孪晶法则不再属于结构对应的晶系或单胞的公制对称。因此，不同孪晶晶畴的倒易格点可以不完全重叠。部分衍射点可能也会重叠或不能彼此区分开来，但是大多数衍射点不会受到孪晶的影响。图7.8给出了这类孪晶的常规衍射图案示例。

通常这种孪晶在衍射实验时即可发现——因为自动定晶胞程序会得不到结

---

① 如果需要更多的数据用于解析结构，XPREP能粗略产生一套去孪生化数据集，但是，永远不应应用去孪生化数据进行最后的精修——因为孪生相关的衍射点之间是互相关联的。

② 通常第二晶畴比较少，并且一般会偏离入射光束的中心。因此这些多余的数据质量较差，往往无益于修正结构。其次它们虽然可以按独立衍射点处理，但是却不是具有同样指数的第一个晶畴的独立衍射点，从而搞乱了标准不确定度。

③ 具有较高对称性的三方劳厄群中，这两个孪晶法则是等价的。

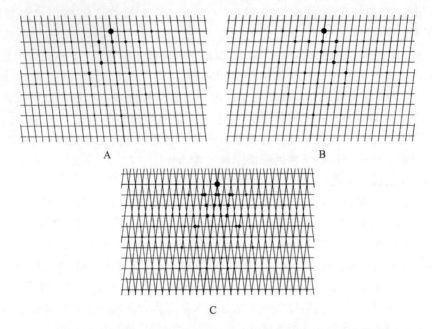

图 7.8　A：单斜底心晶体的零层($k=0$)倒易空间图(l 向下，h 取右)；B：
与 A 图同样的层绕 c 轴旋转 180°；C：图 A 和图 B 的叠加，可以明显看出衍
射点的变化：有完全重叠的；也有近似完全重叠的；还有仅仅部分重叠的

果或者出现问题，而警示征兆就是出现了分裂的衍射图案或者不能指标化的衍
射点(参见图 7.9)。

晶胞参数及孪晶法则的确定

对于具有两个晶畴的非缺面孪晶，就必须确定两套取向矩阵。相关的软件
DIRAX(Duisenberg,1992)和 GEMINI(Sparks,1997;Bruker-AXS, 1999)都认为某
一部分衍射点仅对应某个晶畴结构，从而程序的运行结果将给出一系列可能的
晶畴方案。如果其中一个结果可以接受，那么所有不与这个第一个选定的晶畴
匹配的衍射点将重新形成一个衍射点列表，并且再次进行定晶胞过程。当两个
取向矩阵都确定后，孪晶法则可以用下面的任一步骤计算：

$$T = A_2^{-1} \cdot A_1 \tag{7.1}$$

$$T \cdot h_1 = h_2 \tag{7.2}$$

其中，A_i：取向矩阵 i；h_i：衍射指数 i；T：孪晶法则。

如果第二晶畴要弱得多，那么求取该晶畴的取向矩阵就会更麻烦——因为
这时只有少数的强衍射点与这个弱小的晶畴匹配。基于这个原因，Sheldrick 在
2003 年开发了处理这种问题的 CELL＿NOW 程序，采用别的办法以求得几套
取向矩阵的解。这个软件尝试找到所有通过或者贴近尽可能多的衍射点的倒易

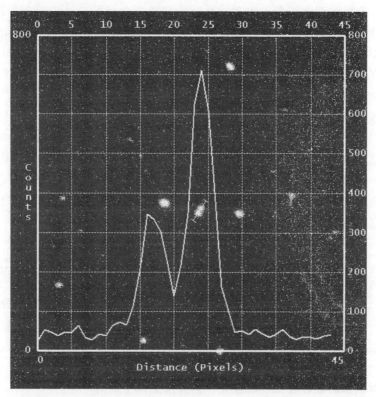

图 7.9　非缺面孪晶的典型衍射图案：紧邻看来正常的衍射点有一个分裂的斑点，强度图谱反映沿该斑点如图所示的线段方向上的径向强度变化

点阵平面，拟合优度以指定的品质因子来表示。在给定的单胞尺度范围里，以若干个品质因素(如小体积、高对称、高衍射点匹配比例等)为评价标准，CELL＿NOW 设法找出最好的一个单胞解。与这个单胞匹配的并且可被指标化的衍射点将被打上已经指标化的标记。与企图用完全独立的取向矩阵来指标化残余衍射点的做法不同，CELL＿NOW 会考虑这个晶胞的信息——从这个初始晶胞开始，程序通过转动当前晶胞来指标化更多的孪晶晶畴的衍射点，迭代过程的每一步仅使用还没有被指标化的衍射点，结果的旋转矩阵就是孪晶法则。因此，取向矩阵和孪晶法则可以被同步确定下来。

有时衍射测试时没有提示出现孪晶——因为第二晶畴太过弱小，以至于定晶胞的过程没有任何严重的问题。但是随后的精修却差强人意。针对这种情况，Cooper 等在 2002 年开发了 ROTAX 程序，它可以检测一系列具有最大的 $|F_o - F_c|$ 差值并且 F_o 大于 F_c 的衍射点，同时假定这个强度差值来自第二孪晶晶畴的贡献。随后 ROTAX 程序生成一系列旋转矩阵，并且逐个检验，看能否

使该软件列出的那些衍射点出现重叠。为实现这个目标，对于每个旋转矩阵，程序会计算布拉格指数相应的转置矩阵，并且检验衍射点列表中所有衍射点转置后的指数对整数值的偏离程度。如果平均偏差很低，那么该旋转矩阵就是一个可能的孪晶法则的解。程序 TwinRotMat 也使用类似的操作步骤（Spek，2006）。

数据处理

对普通的非缺面孪晶，存在三种不同的衍射点：不与来自第二晶畴的任何衍射点重叠、与来自第二晶畴的某个衍射点完全重叠以及与来自第二晶畴的衍射点部分重叠。最后一种衍射点问题最多，因为通常不知道重叠的程度，同时衍射难以互相区分。当仅仅使用一个取向矩阵积分数据时，就会将来自第二晶畴的衍射强度的部分值叠加到主晶畴的衍射强度上。

多使用一个取向矩阵可以积分求得叠加衍射点的完整强度值。SAINT（Bruker，2001）或者 EvalCCD（Duisenberg 等，2003）程序可以实现这种积分计算。

SAINT 的运行步骤如下：先检测是否存在重叠，接着尝试分别积分这个衍射点的各组分的强度值。所得到的原始衍射数据文件包含了未叠加衍射点以及分离叠加衍射点得到的不同个体的衍射点。为了和标准原始文件相区别，该文件扩展名改成 .mul。

孪晶衍射数据的吸收校正、标度化、合并及文件生成

由于新类型原始文件的格式与标准 SAINT 输出文件不同，因此 .mul 文件需要用 SADABS（Sheldrick，1997a）吸收校正程序的一个专用版本来处理，即 TWINABS（Sheldrick，2002）。TWINABS 除了进行比例因子和吸收校正外，还可以生成一个专用于孪晶衍射数据的文件（HKLF 5 格式文件），该文件详细记录了受到叠加效应影响的衍射点。

关于系统误差建模参数的精修可以有不同的选择。比如可以统一考虑所有晶畴的衍射点；也可以只考虑某个晶畴的衍射点或者对不同晶畴使用不同的误差模型。一般说来，所有晶畴对应的误差统一处理是可以的，但是如果两个晶畴的差别程度相当大，并且晶畴大小差不多，则仅仅基于未叠加衍射点的两个不同的误差计算模型可能效果更好——假设数据足够的话。

对于输出结果，同样存在着各种方案：孪生分离型（结构解析的 HKLF 4 格式文件）或者孪生化型（HKLF 5 格式文件）；合并或者未合并型；所有衍射点一起考虑或者仅有来自某个晶畴贡献的衍射点（后者只能使用 HKLF 5 格式文件）等。当生成孪晶数据的专用格式（SHELXL 的 HKLF 5 格式）的文件后，要在 SHELXL 中进一步合并等价衍射点是不可能的。因此应当在生成这个文件前就合并这些衍射点，否则该文件将把所有的数据按独立衍射点来处理，从而

导致数据点数目增加的假象。

一般说来，应当仅使用来自主晶畴贡献的衍射点，因为大多数情况下这个晶畴数据的确定更加容易。即使两个晶畴的数据质量差不多，仅由第二晶畴贡献的多余衍射点通常不会对结构解析有所裨益，而且，同时考虑两个晶畴的操作也会人为增加表观独立衍射数据的数目。

其他问题

上述积分办法①的关键是确定某衍射点是否为两个个别衍射点的叠加。与将要介绍的7.8.4节中的例子一样，SAINT 软件会把相当多数量的衍射点看成没有叠加，而把对称相关或者甚至把不同衍射图帧上相同的衍射点按强度叠加的数据来处理。这就妨碍了 TWINABS 合并这些衍射点，从而导致人为增加独立衍射点的数目。这种做法往往被认为会引起纯数学意义的标准不确定度出错，虽然这种偏离一般不大。从理论上说，一个衍射点出现强度叠加而位于多个不同测试位置、与它对称相关的衍射点却没有出现叠加的情况是可能的，不过经验表明这种现象其实很少见。不过，在所提的示例结构中，不一致强度叠加事件的数目大约占20%或者甚至更高，这些比例显得过高以至于不能被忽视。由于这些衍射点与模型的匹配程度一般很差，因此一个简单的做法就是事先忽略这些没表现分裂的而其对称相关衍射点却重叠的衍射点，同时在精修中则要用到这些强度叠加的衍射点。事实表明这样做对结果可能有所改进，但是其差异性是如此之小，以至于在常规的结构解析中，特别是如果数据冗余程度足够高的时候，不需要考虑它们。

7.3 孪晶检验

如上所述，（赝）缺面孪晶不能从衍射图案中检测出来，但是孪晶的强度分布与非孪生晶体存在着不同，这是各种验证孪晶方法的基础。

XPREP 软件采用 $|E^2-1|$ 平均值法来检验是否孪晶。E 值就是 F 值的归一化，E^2 的期望平均值为1。因而 $|E^2-1|$ 的平均值代表偏离1的误差。对中心对称结构，$|E^2-1|$ 理论期望值为0.968，而非中心对称结构则为0.736。更高的取值则意味着衍射强度的差异性提高了，因此倒易空间中衍射点更加强弱不均。对于（赝）缺面孪晶结构，$\langle|E^2-1|\rangle$②可能远低于理想数值，因为每个衍射强度都是两个独立衍射强度的叠加，而如上所述，这两个独立衍射强度同大或同小的概率很低。此外，XPREP 还可以比较可能劳厄群的

---

① 指分晶畴进行强度积分。——译者注
② 表示 $|E^2-1|$ 的平均值。——译者注

R_{int}数值(关于R_{int}的定义参见第一章)来检验是否孪晶,对于一个部分孪晶的结构,表观劳厄群的R_{int}值仅仅稍微比正确的劳厄群高一点点,其差异程度则取决于孪生部分的比例。

此外,也有基于强度统计的其他检验方法,具体可参见相关文献(比如 Rees,1980;Yeates,1997(www.doe-mbi.ucla.edu/Services/Twinning);Kahlenberg,1999;Kahlenberg和Messner,2001)。不管怎样,使用$|E^2-1|$的平均值相对而言比较简便,因为它仅用一个数值,而且该数值可由大多数执行数据还原和直接法相关操作的程序计算得到。

除了孪生外,其他因素也可以影响衍射强度的差异性,比如数据的各向异性或者平移赝对称。数据各向异性的问题更多地见于蛋白质结构中,而平移赝对称常见于小分子中。可以设想一个由少量重金属原子和大量碳原子形成的结构,如果金属原子占据点阵的面心或体心位置,比如C面心(底心),而碳原子对应一个初基点阵,由于金属原子的散射能力高,对衍射强度的贡献大,因此满足$h+k\neq2n$的所有衍射点将很弱,因为它们仅有来自碳原子的贡献,从而强度的差异将高于原子随机分布的情形。这时$\langle|E^2-1|\rangle$会高于理论值。而如果这个晶体是(赝)缺面孪晶,因为两种效应彼此抵消,那么这时$\langle|E^2-1|\rangle$就可能是正常的数值。另外顺便提一下,如果两个孪晶晶畴的贡献大小相近,这时 XPREP 就不能判断是属于较低对称劳厄群的完全孪晶还是对应于较高对称劳厄群的非孪晶结构了。这种问题对大多数其他强度检验办法也是同样存在的。2003 年 Padilla 和 Yeates 提出一种有望解决这个问题的检验方法,但是它主要适用于蛋白质结构。在该方法中,相邻衍射点h_1和h_2的强度数值I被用于求取函数L,表 7.2 归纳了一些该函数的期望取值:

$$L \equiv \frac{I(h_1) - I(h_2)}{I(h_1) + I(h_2)} \qquad (7.3)$$

表 7.2 函数 L 的期望取值

	$\langle|L|\rangle$	$\langle L^2\rangle$
非孪晶晶体的非面心/体心位置的衍射	1/2	1/3
非孪晶晶体的面心/体心位置的衍射	$2/\pi$	1/2
完全孪晶的非面心/体心位置的衍射	3/8	1/5

7.4 结构解析

如上所述,当每个衍射点都受到孪生影响的时候,孪晶的结构解析是困难的，对于具有相同尺度孪晶晶畴则更加麻烦。当然，对于小分子体系，如果能采用正确的空间群，那么甚至连完全孪晶结构也常常可以通过常规的直接法解出来。除了具有这种能力外，SHELXD 程序甚至还能够使用孪晶法则和孪晶子晶畴的贡献分数信息（Usón 和 Sheldrick，1999）。

孪晶结构中，帕特逊函数等于两个分晶畴的帕特逊函数之和，因此原则上也可以使用帕特逊法。此外，也有一些利用分子置换法从孪晶数据中解析出结构的文献示例（如 1999 年 Breyer 等发表的文献）。

对于部分孪晶，如果子晶畴贡献分数不是非常接近 0.5，基于数学的去孪生化操作是可行的。某个孪晶中测得的两个强度值 J_1 和 J_2 等于由其所有两个分晶畴分别贡献的强度 I_1 和 I_2 的加权，而加权因子就是子晶畴贡献分数 α。

$$J_1 = (1 - \alpha)I_1 + \alpha I_2 \tag{7.4}$$

$$J_2 = \alpha I_1 + (1 - \alpha)I_2 \tag{7.5}$$

因此，就可以反过来计算两个分晶畴的贡献，如下式所示（假设 $\alpha \neq 0.5$）：

$$I_1 = \frac{(1 - \alpha)J_1 - \alpha J_2}{1 - 2\alpha} \tag{7.6}$$

$$I_2 = \frac{(1 - \alpha)J_2 - \alpha J_1}{1 - 2\alpha} \tag{7.7}$$

这些去孪生化的数据可以用于结构解析，但是精修却应该针对原始数据执行，因为当 α 逼近 0.5 时，去孪生化得到的结果强度准确度非常低。

虽然也有使用 MAD/SAD 方法通过孪晶或者去孪生化数据解析结构的例子（如 Rudolph 等在 2003 的报道），但是为了避免将正负 Friedel 衍射点对混淆，在对反常衍射数据进行去孪生化时应当小心谨慎（Dauter，2003）。

7.5 孪晶精修

对于孪晶的精修，SHELXL 采取 Pratt 等在 1971 年及 Jameson 在 1982 年分别提出的精修孪晶的方案。F_c^2 数值的按下式计算：

$$(F_c^2)^* = osf^2 \sum_{m=1}^{n} k_m F_{c_m}^2 \tag{7.8}$$

其中，osf：全局比例因子；k_m：孪晶晶畴的贡献分数；$F_{c_m}^2$：孪晶晶畴的结构因子计算值。贡献分数 k_m 之和必须等于 1，因此只需精修 $(n-1)$ 个数值，而 K_1 按下式计算：

$$k_1 = 1 - \sum_{m=2}^{n} k_m \tag{7.9}$$

对于完全重叠的衍射图案，常规衍射强度数据文件（即标准的 HKLF 4 格式）可以和如下两条指令行一起用于精修操作：

TWIN r11 r12 r13 r21 r22 r23 r31 r32 r33 n

BASF k2 k3···kn

r_{ij} 构成的矩阵代表孪晶法则，n 为孪晶晶畴的数目。批量比例因子 BASF 后跟 $(n-1)$ 个子晶畴贡献分数的初始值。缺省的 n 值等于 2，相当于存在两个分晶畴的孪晶。

如果仅有部分衍射点包含了来自第二晶畴的贡献（如交错缺面孪晶和非缺面孪晶），就需要一个专用的衍射数据文件，它采用如下命令读取：

HKLF 5

HKLF 5 指令放于 .ins 文件的结尾，取代以前用于读取 HKLF 4 格式文件的指令行[①]。BASF 的使用与前面介绍的一样。另外，由于 HKLF 5 格式文件不再被允许合并数据，因此在 SHELXL 中，MERG 指令的缺省值设置为 0。

孪晶的数据 – 参数比例往往不好，因此经常需要增加限制条件以便获得满意的精修结果（Watkin，1994）。有用的限制条件如下：化学等价的 1，2 – 和 1，3 – 间距限制、苯环等基团的共面限制、刚性键的 *ADP* 限制（Hirshfeld，1976；Rollett，1970；Trueblood 和 Dunitz，1983）以及 "相似 *ADP* 限制" （Sheldrick，1997b）[②]。然而即使用了限制条件后，位移参数的分布（可用 ORTEP 图显示）以及差值电子密度图的残余峰值状况和常规的结构确定结果相比，仍然是差强人意的。

7.6　绝对结构确定

Flack 参数（Flack，1983；Bernadinelli 和 Flack，1985）的定义是方程 7.8 的一个特例：

$$(F_c^2)^* = (1-x)F_c^2(hkl) + xF_c^2(-h-k-l) \tag{7.10}$$

这里 x 代表设想的外消旋孪晶中反向部分对衍射强度的贡献比例。如果绝对结构正确，x 取值为 0，如果绝对结构取反了，则其值为 1。而当 x 介于 0 和 1 之间时，表示的确存在外消旋孪生现象（要注意,利用这个数值进行判断时，必须结合它的标准不确定度）。这样一来，上述公式就对应于 $n=2$ 以及孪晶法则 $R=(-1\ 0\ 0,0-1\ 0,0\ 0-1)$。这个孪晶法则矩阵也是 TWIN 指令的默认矩阵，相应的上述的两个精修指令可以改成：

---

① 即 "HKLF 4"。——译者注。
② 关于限制的详细介绍，参见第一章。

```
TWIN
BASF k2
```

7.7　孪晶的警示

经验表明，孪晶的存在可以通过下列的许多特征性警示征兆来体现（Herbst-Irmer 和 Sheldrick,1998）。当然，对任何一个具体的例子，不是所有的这些征兆都会出现，但是一旦存在一个或者几个这样的警示，那么就应该认真考虑孪晶存在的可能性：

（1）公制对称性高于劳厄对称性。

（2）在空间群的可能解中，较高对称劳厄群的 R_{int} 数值仅仅比较低对称劳厄群稍微高一点点。

（3）当采取较高对称劳厄群时，同一个化合物的不同晶体 R_{int} 数值明显不同的现象代表正确的结果是较低对称劳厄群，并且不同晶体存在着不同程度的孪晶。

（4）非中心对称条件下，$\langle | E^2 - 1 | \rangle$ 比相应的理论值 0.736 低很多——如果存在两个孪晶晶畴并且每个衍射点都包括来自两者的贡献，由于这两种贡献的分强度值不可能同时很高或者同时很低，因此其组合强度值的分布中极值要更少。

（5）表观空间群为三方或者六方。

（6）表观系统消光与任何已知的空间群不一致。

（7）虽然数据表面上是正常的，但是却不能解出结构。不过，当晶胞错误的时候，比如某个晶轴缩短一半也会出现这种情况。

（8）帕特逊函数没有物理意义。

以下性质属于非缺面孪晶的主要特征，这种孪晶倒易空间格点的叠加不一定完全，并且仅有部分衍射点受到孪生操作的影响：

（9）一个或多个晶轴特别长。

（10）晶胞精修存在问题。

（11）部分衍射点很清晰，而其他则分裂。

（12）$K = \langle F_o^2 \rangle / \langle F_c^2 \rangle$ 对于低强度衍射点整体偏高，当然，这也可能表明空间群选择错误而不是由于孪晶的存在。

（13）对于 .lst 文件中的所有"最差匹配的衍射点"，F_o 明显比 F_c 大得多。

（14）存在古怪的不能以溶剂或者无序来解释的残余电子密度。

（15）虽然数据看来质量不错，R 值却居高不下。当然也可能是别的原因造成的。

7.8 示例

下面将示范如何用 SHELXL 精修孪晶结构。尝试自行精修需要的所有文件都在随书光盘中。第一个例子与缺面孪晶有关，有助于熟悉关于孪晶精修的基本操作。第二个例子介绍了一种典型的赝缺面孪晶。它相当常见，每个晶体学者迟早都会碰上。接下来给出了交错孪晶的两个不同的例子。最后以两个非缺面孪晶的案例结束本章。

7.8.1 缺面孪晶

第一个结构(Herbst-Irmer 和 Sheldrick，1998)属于缺面孪晶的例子。它不能利用常规手段来解决。这个结构的化学组成并不确定，但是可预计它是一个包含若干个三苯基膦和氯基的铱的化合物。结构解析的第一个问题就是确定空间群，XPREP 软件给出了如下结果(mero. prp)：

Original cell in angstroms and degrees：

12. 623 12. 623 26. 325 90. 00 90. 00 120. 00

6579 Reflections read from file mero. hkl；mean（I/sigma）= 12. 17

SPACE GROUP DETERMINATION

Lattice exceptions：	P	A	B	C	I	F	Obv	Rev	All
N(total) =	0	3280	3280	3282	3281	4921	4379	4382	6579
N(int >3sigma) =	0	2552	2535	2579	2568	3833	3428	3416	5121
Mean intensity =	0.0	78. 2	76. 9	76. 8	76. 4	77. 3	75. 5	73. 8	75. 9
Mean int/sigma =	0.0	12. 3	12. 3	12. 3	12. 3	12. 3	12. 3	12. 0	12. 2

Crystal system H and Lattice type P selected

Mean $|E*E-1|$ = 0. 510[expected. 968 centrosym and. 736 non-centrosym]

Chiral flag NOT set

Systematic absence exceptions：

	61/65	62 = 31	63	– c –	– – c
N	22	17	14	464	266
N I >3s	5	0	5	333	215
<I>	258. 0	4. 7	403. 4	106. 8	106. 8
<I/s>	16. 7	0. 8	25. 9	16. 1	16. 4

Identical indices and Friedel opposites combined before calculating R(sym)

Option	Space Group	No.	Type	Axes	CSD	R(sym)	N(eq)	Syst.	Abs. CFOM
[A]	P3(1)	#144	chiral	1	68	0.067	2278	0.8/12.2	7.38
[B]	P3(2)	#145	chiral	1	68	0.067	2278	0.8/12.2	7.38
[C]	P3(1)21	#152	chiral	1	82	0.120	4108	0.8/12.2	30.65
[D]	P3(2)21	#154	chiral	1	82	0.120	4108	0.8/12.2	30.65
[E]	P3(1)12	#151	chiral	1	2	0.318	4238	0.8/12.2	190.82
[F]	P3(2)12	#153	chiral	1	2	0.318	4238	0.8/12.2	190.82
[G]	P6(2)	#171	chiral	1	6	0.286	4364	0.8/12.2	155.21
[H]	P6(4)	#172	chiral	1	6	0.286	4364	0.8/12.2	155.21
[I]	P6(2)22	#180	chiral	1	9	0.323	5216	0.8/12.2	204.06
[J]	P6(4)22	#181	chiral	1	9	0.323	5216	0.8/12.2	204.06

从输出结果看，晶体取三方晶系并且 $a = b = 12.623(2)$，$c = 26.325(5)$，存在对应于 3_1 或者 3_2 对称轴的系统消光。而 R_{int} 数值（0.067）表明 $\overline{3}$ 劳厄群可接受程度相当高，但是 $\overline{3}m$ 劳厄群的 R_{int} 值仅仅比它稍微高一点点（0.120）[①]。首先尝试空间群 $P3_2$，以此建立了用帕特逊法解析结构（用 PATT 代替 TREF 指令）的 mero01.ins 文件。从空间群 $P3_2$ 的帕特逊函数中可以得到一个锇原子、四个磷/氯原子的坐标（见文件 mero01.res 和 mero01.lst）。在 .lst 文件中，可以找到如下列表：

Solution 1 CFOM = 38.99 PATFOM = 82.0 Corr. Coeff. = 69.0 SYMFOM = 99.9
Shift to be added to superposition coordinates: 0.0579 0.1868 0.0000
Name At. No. x y z s.o.f. Minimum distances/PATSMF(self first)
OS1 81.2 0.8829 0.6197 0.5000 1.0000 **11.46**
　　　　　　　　　　　　　　　　　　179.3
CL2 21.3 0.7400 0.4227 0.5001 1.0000 **8.96** **2.23**
　　　　　　　　　　　　　　　　　　2.3 **30.6**
CL3 20.2 1.2309 0.7556 0.5003 1.0000 9.49 3.84 5.48
　　　　　　　　　　　　　　　　　　16.0 12.6 0.0

---

① 关于 R_{int} 的定义参见第一章。

CL4 17.1 1.0726 0.9680 0.4981 1.0000 9.01 3.81 8.64 4.07
6.2 20.9 0.0 9.7

P5 14.8 0.7861 0.6265 0.5885 1.0000 **10.40 2.65 3.30** 5.52 4.66
5.1 20.6 0.0 0.0 0.0

P6 14.7 1.0460 0.6141 0.5349 1.0000 **10.51 2.29 3.50** 2.30 4.42 **3.65**
68.7 20.8 2.8 0.0 0.0 **0.4**

P7 13.9 1.2088 0.7667 0.5446 1.0000 9.75 3.76 5.44 1.23 3.91 4.85 2.01
2.6 13.8 0.0 0.9 0.0 0.9 0.0

P8 13.4 0.9485 0.8371 0.4976 1.0000 **9.32 2.44 4.53** 4.18 1.61 **3.40**
3.72 4.00 **0.0** 21.2 2.8 0.0 0.0 **0.0 2.0** 0.0

粗体表示的原子具有合理的几何结构,并且大多数帕特逊极小值函数值不等于零(关于这个列表的说明参见 Sheldrick 在 1992 年发表的文献)。因此保留这五个原子[Os(1)、Cl(2)、P(5)、P(6)和 P(8)]并建立文件 mero02.ins(同时 PLAN 指令值为 100,以便产生足够多的残余电子密度峰)。对这些原子进行精修后得到的差值电子密度图效果不好。尽管 R 值还算低 $\{wR2$(对于所有衍射数据) $= 0.57, R1[F > 4\sigma(F)] = 0.24\}$[①],但是却只能确定一小部分结构,见文件 mero02.res。无论如何,一些典型的孪晶警示征兆是确实存在的:具有很低的 $\langle E^2 - 1 \rangle$ 值(0.510),并且对应于较高对称劳厄群的 R_{int} 值明显高于较低对称的值,但也仅仅高一点点。这就意味着二重轴并不是真正的结晶学对称轴,而是孪晶法则,相应矩阵为 0 1 0 1 0 0 0 0 −1。

使用 XPREP 软件所做的孪晶检验证实了这种猜想(见文件 mero.prp):

Comparing true/apparent Laue groups. 0.05 < BASF < 0.45 indicates partial merohedral twinning. BASF ca. 0.5 and a low $\langle | E^2 - 1 | \rangle$ (0.968[C] or 0.736[NC] are normal) suggests perfect merohedral twinning. For a twin, R(int) should be low for the true Laue group and low/medium for the apparent Laue group.

[1] −3 / −31m: R(int)0.067(2278)/0.335(1960), $\langle | E^2 - 1 | \rangle$ 0.499/0.366
TWIN 0 −1 0 −1 0 0 0 0 −1   BASF 0.253 [C] or 0.186 [NC]
[2] −3 / −3m1: R(int) 0.067(2278)/0.124(1830), $\langle | E^2 - 1 | \rangle$ 0.499/0.475
TWIN 0 1 0 1 0 0 0 0 −1   BASF 0.321 [C] or 0.272 [NC]

---

① 关于 R 值的定义,参见第一章。

[3] $-3/6/m$：$R(\text{int})$ 0.067(2278)/0.321(2086)，$\langle|E^2-1|\rangle$ 0.499/0.374

TWIN $-1\,0\,0$ $0\,-1\,0$ $0\,0\,1$ BASF 0.196 [C] or 0.113 [NC]

[4] $-31m/6/mmm$：$R(\text{int})$ 0.335(1960)/0.110(978)，$\langle|E^2-1|\rangle$ 0.366/0.354

TWIN $-1\,0\,0$ $0\,-1\,0$ $0\,0\,1$ BASF 0.364 [C] or 0.326 [NC]

[5] $-3m1/6/mmm$：$R(\text{int})$ 0.124(1830)/0.357(1108)，$\langle|E^2-1|\rangle$ 0.475/0.355

TWIN $-1\,0\,0$ $0\,-1\,0$ $0\,0\,1$ BASF 0.254 [C] or 0.186 [NC]

[6] $6/m$ / $6/mmm$：$R(\text{int})$ 0.321(2086)/0.125(852)，$\langle|E^2-1|\rangle$ 0.374/0.361

TWIN $0\,1\,0$ $1\,0\,0$ $0\,0\,-1$ BASF 0.380 [C] or 0.347 [NC]

在文件中添加两个指令行"TWIN 0 1 0 1 0 0 0 0 −1"和"BASF 0.4"并改名为 mero03. ins 以便执行孪晶精修。这个简单的变化却使精修结果出现实质性的改善(见文件 mero03. res 和 mero03. lst)。并且 R 值分别下降到 0.13($R1$)和 0.35($wR2$)，现在可以确定几个苯环的位置了。

仅仅进行几轮精修后，整个结构就可以被解析出来了。结果模型参见文件mero04. res。顺便说一下，精修的开始阶段，孪晶结构的电子密度图相对于正常的单晶而言并不清楚了然，因此，获得最终结构一般还需要更多的中间步骤。

本例中加上一些限制条件是必须的：因为存在九个化学等价的苯环，所以这九个苯环内的化学等价的 1，2 − 和 1，3 − 间距要被限制为相同；对每一个苯环要应用一个共面的限制指令。另外还要对碳原子的各向异性位移参数使用刚性键和相似的限制。单胞中还存在一个无序乙醇分子，对其精修时要加上间距和 ADP 限制。

精修结果(见文件 mero04. lst)表明：子晶畴贡献分数 k_2 为 0.393(2)，而$R1$ 和 $wR2$ 分别为 0.0547 与 0.1348。图 7.10 显示了最后的结构模型。

在非心(acentric)空间群以及存在重原子如铽原子时，可以确定绝对结构并且需要检查 . lst 文件中的绝对结构参数。所得 Flack 参数 x(Flack，1983)被精修到 0.54(2)①，这意味着原绝对结构错误，正确的空间群应是空间群 $P3_1$而不是 $P3_2$，并且还可能存在多余的部分外消旋孪晶。这个猜测可以通过改变TWIN 和 BASF 指令行来进行验证：

TWIN 0 1 0 1 0 0 0 0 −1 −4

BASF 0.2 0.2 0.2

其中 4 表示现在有四个孪晶畴，而负号意味着将外消旋考虑在内。因为孪晶畴有四个，所以 BASF 指令就需要三个值。这些变动包含于文件 mero05. ins

---

① 这就是在屏幕上显示警告"Possible racemic twin…(可能是外消旋孪晶…)"的原因。

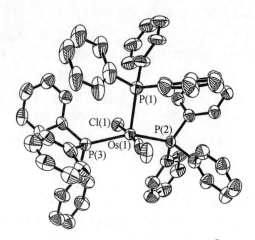

图 7.10 对应于文件的最终结构图[1]。为
清晰起见，略去了无序乙醇分子及所有氢原子

中。经过十轮精修后，晶畴贡献比例的取值结果如下：

N	value	esd	shift/esd	parameter
1	0.26977	0.00054	− 0.001	OSF
2	0.53534	0.02520	− 0.003	FVAR 2
3	**0.31975**	**0.01516**	**0.000**	**BASF 1**
4	**0.56352**	**0.01945**	**0.000**	**BASF 2**
5	**0.07401**	**0.01514**	**0.000**	**BASF 3**

其中，BASF 1 代表晶畴比例 k_2，对应于由二重轴操作(相应矩阵 0 1 0　1
0 0　0 0 −1)产生的第二晶畴；BASF 2 代表晶畴比例 k_3，对应于由对称中心
操作(相应矩阵 −1 0 0　0 −1 0　0 0 −1)产生的第三晶畴；BASF 3 代表晶畴
比例 k_4，对应于二重轴和对称中心操作同时应用后产生的第四晶畴，该镜像
操作矩阵为 0 −1 0　−1 0 0　0 0 1。而 k_1 的精修结果[$k_1 = 1 − (k_2 + k_3 + k_4)$]
非常接近于零，这意味着初始晶畴是不存在的，实际存在的是它通过反转中心
产生的晶畴。因此原来的绝对结构是错的，必须取其反向的结果。这意味着必
须将空间群 $P3_2$ 变为 $P3_1$。将坐标取反可以用如下指令行：

---

① 仍然缺少一个与锇原子成键的氢，它的位置难以确认。

MOVE 1 1 1 −1

该指令行的前三个数字表示原来分数坐标 x，y，z 分别要增加的数值。另外加和所得的结果还需要乘以第四个数字。因此上面的指令将 x，y，z 改为 $-(1+x)$，$-(1+y)$，$-(1+z)$。

由于 k_4 的精修结果也非常接近于零，因此只存在两个区域而不是四个。具有最大的孪生贡献分数的组分 2 和 3 之间通过镜面矩阵相关联，而不是二重轴，因此孪晶法则要利用矩阵 0 −1 0 −1 0 0 0 0 1 从二重轴改成镜面。上述所有的必要改动都被写入文件 mero06. ins 里。现在就可以得到满意的精修结果（见文件 mero06. res）：$R1 = 0.049$，$wR2 = 0.122$，$k_2 = 0.394(2)$，Flack 参数 $x = 0.03(2)$；尤其是考虑到这套数据是多年前在采用正比计数器的四圆衍射仪上常温收集的，因此这样差劲的实验条件下能精修到这种结果已经很不错了。

7.8.2 赝缺面孪晶的一个示例

下面用到的苯胺的数据（Gornitzka 于 1997 年私人交流中馈赠的）是在 −100 ℃ 收集的，并且强度积分过程没有任何麻烦。所指定的空间群为 $P2_1/c$（见文件 pmero. prp）。随附光盘上的文件 pmero01. ins 是这个结构相应于 SHELXS 程序的输入文件。采用直接法可以轻易地解析出结构（参见文件 pmero01. res）并找到所有的原子。但是精修却只能收敛到 $R1 = 0.071$（相应结果文件为 pmero02. res）——虽然从数据质量来看理应得到更好的精修结果。此外，精修结果的统计分析显示出一些奇怪的现象：在文件 pmero02. lst 中可以看到如下内容：

Analysis of variance for reflections employed in refinement

K = Mean[Fo^2] /Mean[Fc^2] for group

Fc/Fc(max)   0.000 0.009 0.017 0.026 0.036 0.047 0.061 0.077 0.104
              0.152 1.000

Number in group   197. 164. 178. 188. 173. 189. 163. 182. 178. 178.

GooF   1.664 1.428 1.579 1.612 1.174 0.867 0.926 0.898
        0.916 1.530

K   6.814 1.807 1.486 1.246 1.096 1.009 1.017 1.008
     1.004 1.021

在用于精修的衍射点的误差统计分析结果中，将衍射点根据强度分成若干组，并计算每一组的 *GooF* 和 *K* 值——*K* 等于（$<F_o^2>/<F_c^2>$）。对应于最低强度衍射组的 *K* 值明显偏离 1，它意味着存在一些来自第二孪晶畴的附加强度。当更仔细查看衍射数据（返回到初始的 XPREP 程序输出文件）时，在 XPREP 软件中应用 LePage 算法（LePage，1982）的结果如下（参见文件 pmero. prp）：

Search for higher metric symmetry
Identical indices and Friedel opposites combined before calculating R(sym)

Option A：FOM = 0. 041 deg. ORTHORHOMBIC C-lattice R(sym) = 0. 327［2483］
Cell：8. 319 42. 477 5. 833 90. 00 90. 00 90. 04 Volume：2061. 20
Matrix：0. 0000 0. 0000 1. 0000 2. 0000 0. 0000 1. 0000 0. 0000 1. 0000 0. 0000

Option B：FOM = 0. 000 deg. MONOCLINIC P-lattice R(sym) = 0. 059［1574］
Cell：8. 319 5. 833 21. 639 90. 00 101. 04 90. 00 Volume：1030. 60
Matrix：0. 0000 0. 0000 1. 0000 0. 0000 1. 0000 0. 0000 − 1. 0000 0. 0000 − 1. 0000

Option C：FOM = 0. 041 deg. MONOCLINIC C-lattice R(sym) = 0. 322［1735］
Cell：8. 319 42. 477 5. 833 90. 00 90. 00 90. 04 Volume：2061. 20
Matrix：0. 0000 0. 0000 − 1. 0000 − 2. 0000 0. 0000 − 1. 0000 0. 0000 1. 0000 0. 0000

Option D：FOM = 0. 041 deg. MONOCLINIC C-lattice R(sym) = 0. 347［1636］
Cell：42. 477 8. 319 5. 833 90. 00 90. 00 89. 96 Volume：2061. 20
Matrix：− 2. 0000 0. 0000 − 1. 0000 0. 0000 0. 0000 1. 0000 0. 0000 1. 0000 0. 0000

上述结果表明本结构近似正交公制对称。而 R_{int} 值的比较则清楚表明正确的劳厄群是单斜。但是由于存在更高的公制对称使赝缺面孪生化成为可能——存在于正交晶系而不存在于单斜晶系的新增二重轴就是孪晶法则。为了在这个单斜晶系中描述该对称轴,需要连乘如下三个矩阵:

$$\begin{pmatrix} 正交 \\ \downarrow \\ 单斜 \end{pmatrix} （二次轴） \begin{pmatrix} 单斜 \\ \downarrow \\ 正交 \end{pmatrix}$$

最后一个矩阵已经由 XPREP 程序给出,第一个矩阵则是这个矩阵的逆矩阵。千万小心,不要将单斜对称轴用作这个二重轴。当转换到正交晶系时,b 轴就不再是单斜的晶轴了,因此不能采用标准的单斜配置。相应矩阵及矩阵乘积如下:

$$\begin{pmatrix} -0.5 & 0.5 & 0 \\ 0 & 0 & 1 \\ 1 & 0 & 0 \end{pmatrix} \begin{pmatrix} -1 & 0 & 0 \\ 0 & 1 & 0 \\ 0 & 0 & -1 \end{pmatrix} \begin{pmatrix} 0 & 0 & 1 \\ 2 & 0 & 1 \\ 0 & 1 & 0 \end{pmatrix} = \begin{pmatrix} 1 & 0 & 1 \\ 0 & -1 & 0 \\ 0 & 0 & -1 \end{pmatrix}$$

执行如下测试可检查这个矩阵的合理性:

(1) 矩阵必须将原晶胞转换成等价晶胞,即所有晶胞常数近似是这个变换的不变量。XPREP 程序能执行这种检查(U 选项:晶胞变换)

(2) 矩阵一定不是该结构对应的劳厄群的对称操作。上面的例子意味着使用单斜的二重轴是不适当的,其最终矩阵将变成 $-1\,0\,0\quad 0\,1\,0\quad 0\,0\,-1$。

(3) BASF 各因数的精修应当合理,即它们取值介于 0 和 1 之间,并且相应标准不确定度足够小。

(4) TWIN 指令的应用必须能改善精修结果。如果 BASF 精修收敛到 ~0.5 而结果不能进一步改善,即所指定的孪晶轴是一个结晶学对称轴,并且空间群是错的。

实行孪晶精修要将以下两条指令加入到文件 pmero02. res 中,并且保存为新的. ins 文件(pmero03. ins):

TWIN 1 0 1 0 −1 0 0 0 −1

BASF 0. 2

这个孪晶精修结果明显有了改善,表 7.3 给出了采用 TWIN 指令和不采用 TWIN 指令的两种精修结果的比较。

虽然第二晶畴贡献分数只有 7%,但是却显著改善了精修结果。这就清楚表明当存在的公制对称的对称性更高时,检验是否孪晶往往很重要。本例结构早年就被报道了(Fukuyo 等,1982),但是其中的品质因子不如这里给出的好,因此该报道的数据可能也是孪晶,但是并没有被检查出来。

表 7.3　考虑及不考虑孪晶的两种不同精修结果的对比

	不用 TWIN 指令	使用 TWIN 指令
$R1[F>4\sigma(F)]$	0.071	0.047
$wR2$(对所有衍射数据)	0.198	0.123
k_2	—	0.073(2)
残余电子密度/$e \cdot Å^{-3}$	0.26	0.20
$s.u.(C—C)$	0.004 ~ 0.005	0.003
K(最弱衍射点)	6.814	0.955

7.8.3 交错缺面孪晶的第一个示例

首个示例结构是2，2，4，4，6，6－六叔丁基环三硅氧烷(2,2,4,4,6,6－hexa－t－butylcycl otrisiloxane，Herbst-Irmer 和 Sheldrick，2002)。XPREP 程序在确定空间群时给出如下结果(见文件 ret1.prp 和图 7.11)

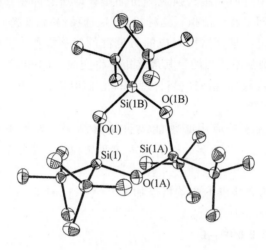

图 7.11　2，2，4，4，6，6－六叔丁基环三硅氧烷的最终结构图，参见 ret1－03.res 文件。为清晰起见，省略了氢原子

SPACE GROUP DETERMINATION

Lattice exceptions：	P	A	B	C	I	F	Obv	Rev	All
N (total) =	0	24004	23981	24079	23964	36032	31915	31944	47964
N (int >3sigma) =	0	6903	6913	7404	6931	10610	3990	6964	13592
Mean intensity =	0.0	80.3	81.4	84.3	80.8	82.0	16.8	66.2	81.0
Mean int/sigma =	0.0	4.1	4.1	4.3	4.1	4.1	1.6	3.4	4.0

Crystal system H and Lattice type O selected

Mean $|E*E-1|$ = 0.860[expected. 968 centrosym and. 736 non-centrosym]

Chiral flag NOT set

Systematic absence exceptions：

	61/65	62 = 31	63	－ c －	－ － c
N	33	0	33	1559	855
N I >3s	0	0	0	31	607

$\langle I \rangle$	3.5	0.0	3.5	5.0	491.8
$\langle I/s \rangle$	0.7	0.0	0.7	0.7	14.0

Identical indices and Friedel opposites combined before calculating R(sym)

Option	Space Group	No.	Type	Axes	CSD	R(sym)	N(eq)	Syst. Abs.	CFOM
[A]	R3c	#161	non-cen	1	80	0.040	3899	0.7 / 4.0	5.75
[B]	R−3c	#167	centro	1	61	0.040	3899	0.7 / 4.0	5.76

从软件运行结果看,该晶体可以取三方,$a = b = 10.078\ 9(9)$ Å,$c = 48.409$ (4) Å,并且存在对应于正向定位的消光现象——虽然部分 $-h + k + l = 3n$ 衍射强度虽小,但却清楚可辨。同时 c 滑移面的消光也明显存在,因此空间群可能是 $R3c$ 或者 $R\overline{3}c$。这个结构的 $|E^2 - 1|$ 平均值介于非中心对称与中心对称空间群的理论值之间。使用这两个空间群,都可以顺利利用直接法解析出结构(参见文件 ret1 – 01a.res 和 ret1 – 01b.res 以及各自对应的 .lst 文件)。因为对于 $R\overline{3}c$ 空间群,可以找到通过硅原子和氧原子的一条二重轴,所以具有更高对称性的这个空间群是正确的结果,其中每个非对称单元包含六分之一个分子。虽然它的精修过程一路顺利,但是 R 值却只能收敛到一个还说得过去的低值就不能再改善(参见 ret1 – 02.res 和 ret1 – 02.lst 文件以及表 7.4),同时还存在着不能用无序或者多余溶剂来解释的最大残余电子密度。此外,几乎有 3 000 多个的一长串违背系统消光的衍射强度也令人不安。

借助于详细查看文件可以发现所有的"最差匹配衍射点(most disagreeable reflections)"中的观测强度值都远大于计算值($F_o^2 \gg F_c^2$),并且它们全部符合 $l = 3n$:

Most Disagreeable Reflections (* if suppressed or used for Rfree)

H	k	l	F_o^2	F_c^2	Delta(F^2)/esd	F_c/F_c(max)	Resolution(Å)
−4	5	6	2533.63	558.62	8.69	0.058	1.85
−6	9	3	895.02	18.13	7.41	0.010	1.10
−3	3	36	826.00	34.79	5.93	0.014	1.22
0	3	48	2116.82	844.95	5.00	0.071	0.95
0	3	18	13667.78	8467.65	4.89	0.225	1.97
−3	3	6	32147.31	20892.20	4.86	0.353	2.74
−1	5	15	924.14	373.79	3.75	0.047	1.64

−6	9	9	397.89	61.52	3.41	0.019	1.08
−2	10	3	923.69	404.23	3.16	0.049	0.95
−1	5	18	1171.89	643.93	2.92	0.062	1.55
0	4	2	7687.22	5629.73	2.90	0.183	2.17
−3	9	6	995.41	510.83	2.85	0.055	1.09
−5	7	30	275.01	38.03	2.62	0.015	1.06
−1	2	15	16473.84	12870.77	2.60	0.277	2.72
−3	9	15	1866.63	1226.55	2.46	0.085	1.04
0	3	12	4061.67	2949.40	2.46	0.133	2.36
−2	10	6	2145.21	1461.83	2.37	0.093	0.95
0	6	42	7760.51	6013.58	2.32	0.189	0.90

表 7.4　2, 2, 4, 4, 6, 6 – hexa – t – butylcyclotrisiloxane
考虑孪晶与不考虑孪晶的精修结果比较

	不用 TWIN 指令	使用 TWIN 指令
$R1[F > 4\sigma(F)]$	0.058	0.035
$wR2$(对所有衍射数据)	0.164	0.090
$k2$	—	0.151(4)
残余电子密度/$e \cdot \text{Å}^{-3}$	0.95	0.40
$s.u.$ (C—C)	0.004 ~ 0.005	0.002 ~ 0.003
K(最弱衍射点)	4.567	2.500

上述结果可以用正/反孪晶来解释：只有符合 $l = 3n$ 的衍射具有来自第二晶畴的贡献，因此实测强度要高于从结构模型计算的值。对点阵中心处的系统消光（见前述）以及倒易空间图案（图 7.12），更进一步的观察证实了这个猜想：所有满足 $l = 3n$ 的倒易层，符合 $-h + k + l \neq 3n$ 的衍射都缺失了，因此只观测到三分之一的衍射点。而对于 $l \neq 3n$ 的倒易层，则有三分之一衍射被消光，而仅存在符合 $-h + k + l \neq 3n$ 或者 $h - k + l \neq 3n$ 的衍射点。

通过 XPREP 软件检验正/反孪晶（参见 ret1. prp 文件）给出了同样的结果，并且还得到了第二晶畴贡献比例的估计值 0.16：

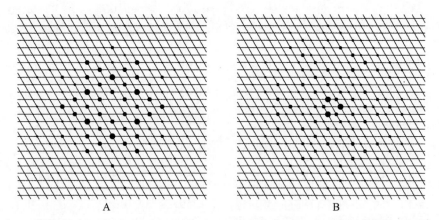

图 7.12　2,2,4,4,6,6 – hexa – *t* – butylcyclotrisiloxane 的两个倒易空间图案(沿 *l* 轴投影,*h* 向下,*k* 取右)。A:*l* = 0 层;B:*l* = 2 层

Obverse/reverse test for trigonal/hexagonal lattice

Mean I:obv only 145.5,rev only 28.0,neither obv nor rev 4.8

Preparing dataset for refinement with BASF 0.161 and TWIN – 1 0 0 0 – 1 0 0 0 1
Reflections absent for both components will be removed

为了精修正/反孪晶,需要编辑 ret1 – 02. res 文件:添加上 BASF 0.16 (该孪生比例值来自软件 XPREP),并且将 HKLF 4 改为 HKLF 5。这种孪晶精修要使用 HKLF 5 格式文件,具体见前面介绍。要生成这个文件,应该先根据 R$\bar{3}$c 的对称性合并衍射点数据,然后再建立 HKLF 5 格式的文件,具体建立过程参见前面的说明,一般需要自行编写一个程序来完成这个任务。下面是这种格式文件(ret1 – 03. hkl)的一段示例:
...

1	– 8	0	2.34	2.46	– 2
– 1	8	0	2.34	2.46	1
3	– 9	0	7.71	2.73	– 2
– 3	9	0	7.71	2.73	1
0	– 9	0	42.70	5.06	– 2

0	9	0	42.70	5.06	1
5	-10	0	75.67	5.18	-2
-5	10	0	75.67	5.18	1
2	-10	0	38.81	3.57	-2
-2	10	0	38.81	3.57	1
4	-11	0	76.65	4.30	-2
-4	11	0	76.65	4.30	1
-1	1	1	1.59	0.79	1
0	2	1	1.83	1.04	1
-2	3	1	920.59	4.95	1
-4	4	1	1.29	1.56	1

...

由于符合 $-h+k+l \neq 3n$ 的所有衍射都没有来自主晶畴的贡献，因此可以忽略掉。而所有满足 $-h+k+l=3n$ 并且 $h-k+l \neq 3n$ 的衍射仅由主晶畴产生，所以要标以批序号 1。$-h+k+l=3n$ 并且 $h-k+l=3n$ 对应的衍射点由两个晶畴共同产生，故需要将它们分解成分别具有 $-h$，$-k$，l 和 h，k，l 指数的两个组分并分别标以批序号 -2 和 1。其中，批序号的绝对值代表晶畴的编号，而 $-$ 和 $+$ 号则表示这两个衍射点叠加，共同产生了同一个实测强度。

以正/反孪晶进行精修的结果得到了明显改善（参见文件 ret1 - 03. res、ret1 - 03. lst 和表 7.4）。图 7.11 显示了这个结果模型。虽然先前已经由非孪生的晶体确定了这个结构（Clegg，1982），但本例的孪晶精修结果的质量依然可以与这个原始未孪生化精修的结果相媲美。

7.8.4 交错缺面孪晶的第二个示例

接下来的结构求解例子是关于 AlLiF 笼状结构的化合物，其求解并不顺利（Hatop 等，2001；Herbst-Irmer 和 Sheldrick，2002）。XPREP 程序无法鉴别出带心格子，而是提示属于素格子（参见 ret2. prp 文件）：

Original cell in Angstroms and degrees:
14. 899 14. 899 30. 472 90. 00 90. 00 120. 00

124456 Reflections read from file ret2. hkl; mean (I/sigma) = 8.47

Lattice exceptions:	P	A	B	C	I	F	Obv	Rev	All
N(total) =	0	62289	62289	62272	62291	93425	82924	82920	124456
N(int >3sigma) =	0	24836	24918	24978	24949	37366	16134	21440	49852
Mean intensity =	0.0	5.5	5.6	5.5	5.5	5.5	1.9	3.5	5.5
Mean int/sigma =	0.0	8.6	8.6	8.6	8.6	8.6	3.5	5.8	8.6

　　然而，分别比较所有衍射的平均强度(5.5)、取正向定位时应该消光的衍射的平均强度(1.9)以及取反向定位的时候应该消光的平均衍射强度值(3.5)，并且观察倒易空间图样(图7.13)就能看出明显存在着正/反孪晶。

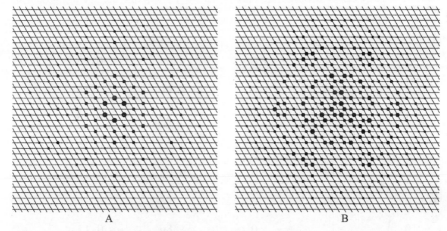

图 7.13　AlLiF 笼状结构的两幅倒易空间图案(沿 l 轴投影，h 向下，k 取右)。A：$l = 0$ 层；B：$l = 1$ 层

　　此外，高的 $|E^2 - 1|$ 值(1.068)也表明倒易空间存在大量弱的或者难以观察到的衍射点[①]。XPREP 程序的正/反孪晶验证结果也证实了这种孪晶的存在：

Obverse/reverse test for trigonal/hexagonal lattice

Mean I：obv only 9.7, rev only 5.0, neither obv nor rev 0.1

Preparing dataset for refinement with BASF 0.342 and TWIN − 1 0 0 0 − 1 0 0 0 1

---

　　① 　所谓难以被观察到的衍射(unobserved reflection)是表示低于误差的 3 倍，实际仍被仪器记录，参与衍射强度统计分析。——译者注

Reflections absent for both components will be removed

这个化合物的组成并不能确定，但是可以预计应包含一个 AlC(SiMe₃)₃ 单元及若干氟原子。选择空间群 *R*3，采用直接法从原始数据（文件 ret2 – 01. ins 和 ret2 – 01. hkl）可解出这部分片段，但是 C(SiMe₃)₃ 基团是无序的，并且完整的结构仍不大清晰（见结果文件 ret2 – 01. res 和 ret2 – 01. lst）。随后使用 HKLF 5 格式文件 ret2 – 02. hkl，利用 SHELXL 进行正/反孪晶精修，从这个单元①开始经过若干步扩展得到整个结构。完成这些操作，只需要和上面介绍的一样，在新的 . ins 文件中加入 BASF 指令（XPREP 程序建议的孪晶比例值为 0.34，很适合作为初始比例值）并且将 HKLF 4 改成 HKLF 5。而该孪晶衍射数据文件（即 ret2 – 02. hkl）的建立如前所述，其格式示例如下：

...

8	– 16	0	4. 04	0. 16	– 2
– 8	16	0	4. 04	0. 16	1
5	– 16	0	4. 30	0. 15	– 2
– 5	16	0	4. 30	0. 15	1
2	– 16	0	0. 98	0. 16	– 2
– 2	16	0	0. 98	0. 16	1
10	– 17	0	1. 86	0. 12	– 2
– 10	17	0	1. 86	0. 12	1
7	– 17	0	2. 06	0. 14	– 2
– 7	17	0	2. 06	0. 14	1
– 1	1	1	110. 03	0. 68	1
– 3	2	1	114. 59	0. 49	1
0	2	1	27. 38	0. 35	1
– 5	3	1	51. 24	0. 29	1

---

① 即 AlC(SiMe₃)₃ 单元。——译者注

−2	3	1	45.62	0.35	1
1	3	1	29.53	0.32	1
−7	4	1	16.40	0.17	1
−4	4	1	10.97	0.20	1
−1	4	1	16.35	0.24	1
2	4	1	122.91	0.46	1
−9	5	1	11.53	0.16	1

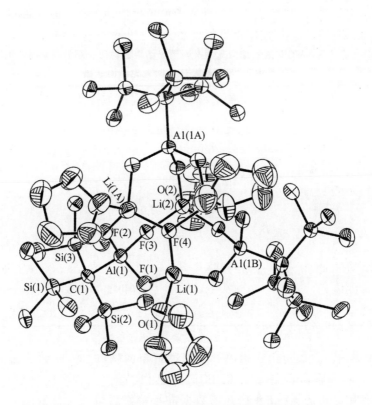

图 7.14 AlLiF 笼状结构化合物的最后模型图(参见 ret2 − 10. res 文件)。为清晰起见,省略了自由无序的四氢呋喃分子、无序的次要组分及氢原子

首次精修后，使用第五章描述的关于无序精修的诀窍，可以找到新增的部分碳原子、另一个氟原子、一个 Li(thf)[1]和一个 LiO 单元，将这些都加入文件 ret2 – 03. ins 中。这时可以对 Al 和 Si 原子进行各向异性精修。接下来，从精修结果(见文件 ret2 – 03. res)中可以找到 $SiMe_3$ 基团的所有缺失的碳原子以及第二个关于三重轴无序的 thf(使用 PART – 1 指令)，这些要加入新的输入文件 ret2 – 04. ins 中。然后就可以理论加氢，并可对所有非氢原子进行各向异性精修，从而得到结果文件 ret2 – 05. res。其中，围绕着三重轴的残余电子密度可解释为由某个无序四氢呋喃分子造成的。将该分子按 C5 环结构[2]进一步精修的结果见文件 ret2 – 06. res。对这个基团的各向异性精修和加氢只能稍微改善精修结果(文件 ret2 – 07. res)。

虽然可以找到完整的结构并且也可以确定无序结构(见图 7.14)，但是精修结果仍不够好——尽管它比同样使用原始数据但却没有考虑孪晶的结果要好很多(参见表 7.5)[3]。因此应该另外找办法进一步改进这个结构。

表 7.5   AlLiF 笼状结构三种不同精修结果的对比：不涉及孪晶、
仅考虑正/反孪晶及还同时考虑缺面孪晶

	未考虑孪晶：ret2 – 08. lst	正/反孪晶：ret2 – 07. lst	新增缺面孪晶：ret2 – 09. lst
$R1[F > 4\sigma(F)]$	0.149	0.112	0.034
$wR2$(对所有衍射数据)	0.419	0.335	0.093
k_2	—	0.219(5)	0.004(2)
k_3	—	—	0.135(1)
k_4	—	—	0.339(2)
残余电子密度/$e \cdot Å^{-3}$	1.25	0.65	0.28
$s.u.$(Al—F)	0.006 ~ 0.007	0.005 ~ 0.006	0.002
Flack-x	0.4(6)	0.3(5)	0.3(2)

作为对比，应该再次利用原始数据进行新的精修，为此如下编辑 ret2 – 07. res 文件：去掉 BASF 参数，将 HKLF 5 改回 HKLF 4 并保存这个文件为 ret2 – 08. ins。使用原始的 HKLF 4 格式的数据进行精修后得到文件 ret2 – 08. res 和 ret2 – 08. lst。在这个 .lst 文件里，和本节中第一个例子的文件不同(ret1 –

---

① thf：四氢呋喃。——译者注
② 将氧原子看成碳原子。——译者注
③ 既不考虑孪晶也不考虑无序。——译者注

02. lst），满足 $l = 3n$ 的衍射并没有明显出现在最差匹配衍射点的列表中。进一步使用 XPREP 程序查看仅满足正向定位的数据可以发现还额外存在着缺面孪晶的警示（见文件 ret2. prp）：

Crystal system H and Lattice type O selected
Mean ｜E * E - 1｜ = 0. 669 ［expected . 968 centrosym and . 736 non - centrosym］

Chiral flag NOT set
Systematic absence exceptions：

	61/65	62 = 31	63	- c -	- - c
N	33	0	33	2691	1450
N I > 3s	33	0	33	1961	1383
<I>	251. 1	0. 0	251. 1	19. 8	43. 5
<I/s>	114. 1	0. 0	114. 1	22. 9	40. 8

Identical indices and Friedel opposites combined before calculating R(sym)

Option	Space Group	No.	Type	Axes	CSD	R(sym)	N(eq)	Syst. Abs.	CFOM
［A］	R - 3	#148	centro	1	232	0. 020	4397	0. 0/15. 0	10. 05
［B］	R3	#146	chiral	1	85	0. 020	4397	0. 0/15. 0	2. 28
［C］	R3m	#160	non-cen	1	39	0. 237	5361	0. 0/15. 0	9. 22
［D］	R32	#155	chiral	1	29	0. 237	5361	0. 0/15. 0	10. 05
［E］	R -3m	#166	centro	1	28	0. 237	5361	0. 0/15. 0	18. 67

$|E^2 - 1|$ 平均值是 0. 669，低于非中心对称空间群的理论值 0. 736，并且具有较高对称性的空间群 $R\overline{3}m$ 的 R_{int} 值为 0. 237，而正确空间群的值为 0. 020，两者之间的差值表明正确空间群的确是 $R\overline{3}$。而 0. 237 又足够小，以至于可能还存在着缺面孪晶，其孪晶操作矩阵为 010 100 00 -1。当使用由原始数据以 R 格子进行合并所得的第二套数据（文件 ret2a. hkl）进行检测操作时，这个结论更加明显了，从结果文件看没有正/反孪晶的征兆（文件 ret2a. prp）：

SPACE GROUP DETERMINATION

Lattice exceptions：	P	A	B	C	I	F	Obv	Rev	All
N (total) =	0	3628	3634	3660	3636	5461	0	4865	7279

N(int > 3sigma) =　　0　　3558　3562　3594　3563　5357　　0　　4731　7121

Mean intensity =　　0. 0　40. 9　40. 4　40. 5　40. 6　40. 6　0. 0　39. 5　40. 6

Mean int/sigma =　　0. 0　53. 8　53. 5　53. 7　53. 6　53. 7　0. 0　51. 9　53. 5

Crystal system H and Lattice type O selected

Mean | E * E − 1 | = 0. 587 [expected . 968 centrosym and . 736 non-centrosym]

Chiral flag NOT set

Systematic absence exceptions:

	61/65	62 = 31	63	− c −	− − c
N	4	0	4	480	243
N I > 3s	4	0	4	441	241
< I >	199. 2	0. 0	199. 2	53. 2	75. 5
< I/s >	210. 9	0. 0	210. 9	58. 1	91. 5

Identical indices and Friedel opposites combined before calculating R(sym)

Option Space Group No.	Type	Axes	CSD	R(sym)	N(eq)	Syst. Abs.	CFOM
[A] R − 3 #148	centro	1	232	0. 037	3012	0. 0/53. 5	15. 12
[B] R3 #146	chiral	1	85	0. 037	3012	0. 0/53. 5	3. 57
[C] R3m #160	non-cen	1	39	0. 070	3966	0. 0/53. 5	14. 56
[D] R32 #155	chiral	1	29	0. 070	3966	0. 0/53. 5	15. 40
[E] R − 3m #166	centro	1	28	0. 070	3966	0. 0/53. 5	27. 80

Option [B] chosen

Obverse/reverse test for trigonal/hexagonal lattice

Mean I: obv only 40. 5, rev only 0. 0, neither obv nor rev 0. 0

Comparing true/apparent Laue groups. 0. 05 < BASF < 0. 45 indicates partial merohedral twinning. BASF ca. 0. 5 and a low $\langle | E\hat{}2 − 1 | \rangle$ (0. 968 [C] or 0. 736 [NC] are normal) suggests perfect merohedral twinning. For a twin, R(int) should be low for the true Laue group and low/medium for the apparent Laue group.

[1] − 3 / − 3m1: R(int) 0. 042(5081)/0. 069(954), $\langle | E\hat{}2 − 1 | \rangle$ 0. 571/0. 568

TWIN 0 1 0   1 0 0   0 0 − 1 BASF 0. 451 [C] or 0. 437 [NC]

输出文件中 $|E^2-1|$ 平均值为 0.587，低于理论的 0.736，甚至比第一套数据给出的结果还低，而且空间群 $R\bar{3}$ 和 $R\bar{3}m$ 的 R_{int} 值分别为 0.037 和 0.070，这种同一化合物不同晶体样品相应的较高对称的劳厄群候选解具有明显不同的 R_{int} 值的现象清楚表明较低对称的劳厄群是正确的，并且也暗示存在不同程度的孪晶现象。

综上，对于第一套数据集，现在可以应当考虑四个孪生晶畴——仅存在于正向设定中的衍射点要分裂为 $kh-l$ 和 hkl 两个组分，并分别赋予批序号 -3 和 1；相应的满足 $l=3n$ 的衍射点也分为四个组分：$-k-h-l$、$kh-l$、$-h-kl$ 和 hkl，相应批序号分别是 -4、-3、-2 和 1。因此所得的 HKLF 5 格式文件 ret2 – 09. hkl 节选示例如下：

...

7	–6	13	3.49	0.14	–3
–6	7	–13	3.49	0.14	1
7	–3	13	46.84	0.24	–3
–3	7	–13	46.84	0.24	1
7	0	13	15.82	0.17	–3
0	7	–13	15.82	0.17	1
–5	–2	12	37.71	0.24	–4
5	2	12	37.71	0.24	–3
–2	–5	–12	37.71	0.24	–2
2	5	–12	37.71	0.24	1
–5	–5	12	30.62	0.21	–4
5	5	12	30.62	0.21	–3
–5	–5	–12	30.62	0.21	–2
5	5	–12	30.62	0.21	1
–6	9	12	61.33	0.28	–4
6	–9	12	61.33	0.28	–3
9	–6	–12	61.33	0.28	–2
–9	6	–12	61.33	0.28	1

−6	6	12	37.90	0.25	−4
6	−6	12	37.90	0.25	−3
6	−6	−12	37.90	0.25	−2
−6	6	−12	37.90	0.25	1
−6	3	12	13.65	0.16	−4
6	−3	12	13.65	0.16	−3
3	−6	−12	13.65	0.16	−2
−3	6	−12	13.65	0.16	1
−6	0	12	45.13	0.31	−4
6	0	12	45.13	0.31	−3
0	−6	−12	45.13	0.31	−2
0	6	−12	45.13	0.31	1
−6	−3	12	68.78	0.27	−4
6	3	12	68.78	0.27	−3
−3	−6	−12	68.78	0.27	−2
3	6	−12	68.78	0.27	1

...

为了使用这个文件再次精修，如下编辑 ret2 – 07. ins 文件：增加两条 BASF 指令并保存该文件为 ret2 – 09. ins。经过 SHELXL 几十轮精修，所有的残差因子都收敛到令人满意的结果。随后可以精修权重到收敛，就得到了可发表的模型(见文件 ret2 – 09. res、ret2 – 09. lst 和表 7.5)。

尚未解决的问题就是 Flack-x 参数——本例子不可能可靠地确定绝对结构。由于对本结构也尝试过使用 SHELXL 程序在额外引入外消旋孪晶方面的独特功能，因此可以确信每个晶畴所使用的绝对结构是正确的，但是并不能改善这个局面——当然对于 Mo 射线而言，铝和硅原子的反常散射信号的确过小。不过如果是非孪晶的数据，同样条件下是有望获得更好的 Flack-x 参数的标准不确定度，从而可靠地确定绝对结构。可以认为，对于可能存在孪晶的数据，要确定绝对结构就应当有相当大的反常散射信号。

对这个化合物一共收集了两套数据。使用本书不涉及的第二套数据，仅考虑缺面孪晶(即只用一个 TWIN 指令)的精修也能得到满意的结果。对于第二个晶体，表面看来并没有明显的正/反孪晶的警示，但是如果额外考虑正/反孪晶后，精修结果变化不大却改善明显，虽然最终的晶畴贡献比例仅有9%。本小节讨论的仅有第一套数据提示可能存在正/反孪晶[①]。这就意味着对于第二晶畴属于小规模区域的正/反孪晶现象很容易会被忽视，特别是在数据根据 R 格子进行积分的情况下。因此，应当更频繁甚至常规化地检查每个菱面体空间群结构是否可能出现正/反孪生现象。

7.8.5　非缺面孪晶的第一个示例

　　接下来要介绍的是亚甲基二膦酸结构（methylene diphosphonic acid，$CH_6O_6P_2$，DeLaMatter 等，1973；Peterson 等，1977；Herbst-Irmer 和 Sheldrick，1998，参见图7.15）。所用数据是多年前在配备闪烁计数器的四圆衍射仪上收集的。

已经明确空间群为 $P2_1/c$（参见文件 nonm1.prp），并且可使用直接法顺利解析出结构（见 nonm1 – 01.res 和 nonm1 – 01.lst 文件）。虽然在文件 nonm1 – 02.res 和 nonm1 – 02.lst 中精修所得的模型并没有大问题，但是最终的 R 值相对于这样简单的结构来说实在过高了（见表7.6）。进一步查看 .lst 文件，可以发现存在很多违背系统消光的衍射，而大多数的 $|h|$ 是6或1：

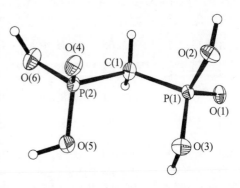

图7.15　亚甲基二膦酸的结果模型图，见 nonm1 – 07.res 文件

h	k	l	F_o^2	Sigma	Why rejected
-6	0	1	930.25	15.73	Observed but should be systematically absent
6	0	1	161.36	7.76	Observed but should be systematically absent
-6	0	3	82.29	6.27	Observed but should be systematically absent
-1	0	3	285.20	5.90	Observed but should be systematically absent
6	0	3	130.25	7.62	Observed but should be systematically absent
-6	0	5	398.92	10.99	Observed but should be systematically absent
-1	0	5	259.21	6.96	Observed but should be systematically absent

---

① 即前面用的第一套且未按 R 格子处理的原始数据。——译者注

−6	0	7	293.22	10.05	Observed but should be systematically absent
−4	0	7	19.65	4.08	Observed but should be systematically absent

...

此外，很多衍射实质上不和这个模型匹配，所有这些衍射点的 $|h|$ 取值为 0、1、5 或 6，而且它们的 F_o 都远大于 F_c：

Most Disagreeable Reflections (* if suppressed or used for Rfree)

h	k	l	F_o^2	F_c^2	Delta(F^2)/esd	F_c/F_c(max)	Resolution(Å)
−6	2	6	599.54	0.07	7.27	0.002	1.12
1	2	2	589.98	10.93	6.96	0.029	2.34
1	1	3	1942.05	641.36	6.51	0.223	2.94
−1	2	10	596.64	33.61	6.41	0.051	1.22
1	3	4	1497.31	438.10	6.38	0.184	1.53
1	2	4	597.96	42.32	6.32	0.057	1.96
−1	5	1	504.69	16.78	6.18	0.036	1.08
−1	2	6	1444.97	352.30	5.96	0.165	1.75
−6	3	2	698.88	111.98	5.72	0.093	1.06
1	2	3	797.58	158.84	5.66	0.111	2.15
−5	1	6	750.53	140.20	5.65	0.104	1.37
1	4	3	547.64	62.99	5.52	0.070	1.27
−5	2	1	1037.63	308.63	5.30	0.155	1.35
−5	1	10	629.57	114.66	5.22	0.094	1.12
−5	3	5	1490.13	609.48	4.96	0.217	1.15
0	1	4	15509.19	11272.04	4.91	0.934	2.84
6	1	3	583.27	124.66	4.73	0.098	1.12
−5	4	1	418.72	59.88	4.60	0.068	1.03
1	2	8	485.63	89.53	4.56	0.083	1.35

| 5 | 0 | 4 | 517.55 | 105.91 | 4.50 | 0.091 | 1.27 |
| -1 | 3 | 6 | 759.30 | 247.84 | 4.27 | 0.139 | 1.42 |

...

进一步还发现低强度衍射点的方差分析中，K因子的数值也很高：

Analysis of variance for reflections employed in refinement

K = Mean[F_o^2]/Mean[F_c^2] for group

F_c/F_c(max)	0.000	0.016	0.032	0.049	0.065	0.086	0.111	...
Number in group	170.	164.	177.	160.	167.	178.		...
GooF	1.250	1.269	1.072	1.160	0.999	1.348		...
K	**11.456**	3.036	1.540	1.398	1.174	1.210		...

同时，大量残余电子密度峰的数值高于 1 e·Å^{-3}。在忽略了"最差匹配衍射点"列表中满足 $\Delta F^2/s.u. > 6$ 的衍射点后(见文件 nonm1 – 03.*)[1]，精修可以得到更小的 R 值和残余密度，但是这个结果还是不够好。另外，仍然不能确定有无无序或者溶剂的影响。

可以尝试再次利用孪晶机制来解决这个问题。为了推出孪晶法则，就要找到将原晶胞转换成等价晶胞的矩阵，使用程序 ROTAX 很容易就可以得到如下孪晶法则：

Twofold rotation about 1. 0. 0. direct lattice direction：

1.000	0.000	0.000
0.000	– 1.000	0.000
– 0.822	0.000	– 1.000

Figure of merit =   0.1011

因为 0.822 ≈ 5/6，所以符合 $|h| = 0$ 或 6 的倒易格点近似完全重叠。而且当满足 $|h| = 1$ 或 5 的衍射点也彼此过于靠近以至于大多数难以彼此区分。为了说明这个推论，可以忽略掉 nonm1 – 04.hkl 文件中所有满足 $|h|$ =

---

① 这可以如下编辑文件 nonm1 – 02.ins 来实现：添加若干条指令"OMIT *h k l*"，其衍射指标取值则来自 nonm1 – 02.lst 文件中的"最差匹配衍射点(most disagreeable reflections)"列表的前面几行，随后保存为 nonm1 – 03.ins 文件。

表 7.6　亚甲基二膦酸不同精修结果的对比

	原始数据（未考虑孪晶）nonm1-02.lst	忽略极差衍射点 nonm1-03.lst	忽略符合|h|=0, 1、5、6 的衍射点 nonm1-04.lst	分解符合|h|=0 或6 的衍射点 nonm1-05.lst	分解符合|h|=0, 1、5、6 的衍射点 nonm1-06.lst	忽略极差衍射点 nonm1-07.lst
独立数据[1]	1 667	1 651	991	1 683	1 699	1 691
$R1[F>4\sigma(F)]$	0.106	0.094	0.040	0.083	0.044	0.039
$wR2$（对所有衍射数据）	0.310	0.260	0.095	0.260	0.169	0.106
K^2[2]	11.456	7.945	-0.223	4.281	0.318	0.365
k_2	2.01	1.79	0.28	1.38	0.60	0.43
残余密度$[e\cdot\text{Å}^{-3}]$	—	—	—	0.241(9)	0.211(3)	0.233(2)
$s.u.$(P—O, P—C)[Å]	0.007~0.009	0.005~0.007	0.003~0.004	0.006~0.008	0.003	0.002~0.003

① 从 nonm1-05 到 nonm1-07 的精修结果独立数据个数高于原始数据，这是因为增加了对主晶孪晶消光，但是却有来自次要晶畴贡献的衍射点。

② 对于 $0<F_c/F_{cmax}<0.016$，$K=\langle F_o^2\rangle/\langle F_c^2\rangle$。

0、1、5 或 6 的衍射作为新的输入数据文件；另外，除了 TITL 行和改过的加权配置，相应输入文件 nonm1 – 04. ins 的其余部分与 nonm1 – 02. ins 一样。精修后 R 值有了实质性的下降，这时的残余密度的大小处于正常水平，另外对于满足 $0 < F_c/F_{cmax} < 0.016$ 的衍射点，其 K 值（$<F_o^2>/<F_c^2>$）也非常低了。最差匹配衍射点的 $\Delta F^2/s.u.$ 值仅为 6.86。

与其忽略重叠的衍射点，更好的办法是考虑关于 $|h| = 0$ 或 6 的衍射的孪生效应，这种精修要使用 HKLF 5 格式的文件 nonm1 – 05. hkl，其中上述衍射被分解成两个分组分[①]。对比以原始数据进行精修的结果（nonm1 – 02 系列的精修结果），R 值尽管下降了，但是许多满足 $|h| = 1$ 或 5 的衍射仍然与结果模型不一致。因此，也应当将符合 $|h| = 1$ 或 5 的衍射点进行分解，生成 HKLF 5 格式文件 nonm1 – 06. hkl。而相应输入文件 nonm1 – 06. ins 与 nonm1 – 05. ins 基本相同，唯一的差异就是标题以及加权配置。这个精修结果更好，但是这时 . lst 文件表明一些符合 $|h| = 1$ 的衍射强度被低估了：

Most Disagreeable Reflections (∗ if suppressed)

h	k	l	F_o^2	F_c^2	Delta(F^2)/esd	F_c/F_c(max)	Resolution(Å)
1	0	-4	-42.15	2191.35	12.63	0.447	3.35
1	0	-8	-7.32	414.93	11.57	0.195	1.71
-1	1	3	-10.93	236.29	10.12	0.147	3.38
-4	2	8	83.02	9.46	7.01	0.029	1.27
1	0	-6	-8.10	39.53	6.70	0.060	2.28
-10	1	6	88.03	15.08	6.55	0.037	0.77
-3	0	4	181.05	85.40	5.37	0.088	2.29
10	1	0	48.31	8.64	5.08	0.028	0.75
1	4	1	0.51	24.05	4.44	0.047	1.33
-10	0	10	116.45	46.87	4.00	0.065	0.74

---

① 为生成输入文件，可编辑 nonm1 – 04. res，加上 BASF 指令（即 BASF 0.2），并且将 HKLF 4 改为 HKLF 5。

−7	1	13	26.15	2.53	3.39	0.015	0.84
7	0	2	434.74	284.63	3.38	0.161	1.03
−1	0	6	228.86	147.56	3.34	0.116	2.28
7	2		65.47	30.12	3.24	0.052	0.82
−10	2	9	123.59	71.55	3.16	0.081	0.72
−10	2	10	24.18	0.16	2.93	0.004	0.71
1	0	−12	−3.01	13.38	2.84	0.035	1.14

对这些衍射点，只能认为实际是不同晶畴部分叠加，而精修时却按完全叠加来处理。因此，与 nonm1 – 03. ins 文件中的操作类似，再次忽略掉这个列表中所有 $\Delta F^2/s. u. > 6$ 的极差衍射点，修改 nonm1 – 06. res 文件并保存为 nonm1 – 07. ins 并进行精修。

当精修权重因子到收敛后，就得到最终的模型。这个结构是已知的，并且文献中的晶体没有出现孪晶。而此处的最终精修结果具有和文献发表的无孪晶结构同样的标准不确定度，虽然 R 值比较高些——这可能是因为处理部分重叠存在问题，另外也可能是某个孪晶畴比其他晶畴更好地对准入射光束的中心。现在，依靠面探测器和适当程序的帮助，处理非缺面孪晶过程更加便捷了，接下来将介绍这样的例子。

7.8.6 非缺面孪晶的第二个示例

用 Bruker SMART 1000 CCD 面探测器收集了 2 - 氯甲基吡啶盐酸盐结构测定所用的数据(2 - (chloro - methyl) pyridinium chloride,Jones 等,2002)。正常指标化不能成功，并且好的衍射点与分裂的衍射点混合在一起且彼此靠得很近，这表明所得的是一个非缺面孪晶。利用程序 CELL _ NOW 可以轻松找到两个取向矩阵，见文件 nonm2 · _ cn:

---

①Cell for domain 1：7. 433 7. 869 12. 607 89. 17 89. 24 78. 01

Figure of merit：0. 753 %(0. 1)：79. 5 %(0. 2)：82. 9 %(0. 3)：85. 9

Orientation matrix：　　− 0. 00192477　　　0. 09460331　　　0. 05237783

---

① 1#晶畴的晶胞设置、品质因子、取向矩阵、可能点阵类型、不匹配衍射点统计。——译者注

−0.00459288   0.08608949   −0.05954688

−0.13745303   0.02278947   0.00209452

Percentages of reflections in this domain not consistent with lattice types:

A: 45.2, B: 51.8, C: 51.0, I: 45.4, F: 74.0, O: 67.1 and R: 68.8%

Percentages of reflections in this domain that do not have:

h = 2n: 44.1, k = 2n: 49.0, l = 2n: 49.9, h = 3n: 69.0, k = 3n: 69.7, l = 3n: 71.0%

465 reflections within 0.200 of an integer index assigned to domain 1,

465 of them exclusively; 96 reflections not yet assigned to a domain

----

Cell for domain 2: 7.433   7.869   12.607   89.17   89.24   78.01

Figure of merit: 0.705 % (0.1): 81.3 % (0.2): 97.9 % (0.3): 99.0

Orientation matrix: −0.03941386   0.09480299   −0.05366872

−0.03459287   0.08567318   0.05840024

0.12715352   0.02351695   −0.00165375

Rotated from first domain by 179.5 degrees about

reciprocal axis −0.003 1.000 0.004 and real axis −0.223   1.000   −0.006

Twin law to convert hkl from first to   −0.999   −0.005   0.006

this domain(SHELXL TWIN matrix):   −0.445   0.999   −0.011

−0.017   0.006   −1.000

RLATT color-coding employed in file: 6ad2. p4p

White: indexed for first domain

Green: current domain (but not in a previous domain)

Red: not yet indexed

304 reflections within 0.200 of an integer index assigned to domain 2,

94 of them exclusively; 2 reflections not yet assigned to a domain

----

关于轴010的二次旋转轴就是孪晶法则，这属于常见现象。用程序SAINT(7.12a 版)基于两个取向矩阵对数据进行积分，得到了 nonm2 − m. mul 文件。而相应的 nonm2 − m. _ ls 文件除了其余的信息外，还输出了如

下内容:

Statistics for reflections in nonm2 – m. mul

File is in BrukerAXS area detector ASCII format

Histograms will be accumulated for component 1

Spots with multiple components (twin overlaps) will not be included in histograms

Number of spots read from file = 25520

Number of components read from file = 32160

Number of component 1 singlets = 9501

Number of component 2 singlets = 9379

Number of spots with 1 component = 18880

Number of spots with 2 components = 6640 (excluded from histograms)

Number of spots with 3 components = 0 (excluded from histograms)

Number of spots with 4 components = 0 (excluded from histograms)

Number of spots with invalid component number = 0

Number of spots with < 1 component = 0

Number of spots with > 4 components = 0

Occurrences of overlaps between components:

	and	2	3	4
Between component				
1		6640	0	0
2			0	0
3				0

25520 衍射斑点中，9501 个仅来自第一晶畴的贡献，而 9379 仅来自第二个，两者共同产生的斑点有 6640 个。程序 TWINABS(1.02 版)被用于进行比例和吸收校正(见文件 nonm2. abs):

9501 data (3350 unique) involve component 1 only, mean I/sigma 20. 3

9379 data (3287 unique) involve component 2 only, mean I/sigma 7. 7

6640 data (2798 unique) involve 2 components, mean I/sigma 20. 4

从上面两个晶畴的平均强度与误差的比值(mean I/sigma)可以看出，第一晶畴比第二晶畴要大得多。使用 TWINABS 程序可生成 HKLF 4 格式的去孪生化数据文件用于结构解析。基于该数据，通过 XPREP 程序可以轻松确定空间群为 $P2_1/c$(见 nonm2. prp)

SPACE GROUP DETERMINATION

Lattice exceptions:	P	A	B	C	I	F	Obv	Rev	All
N (total) =	0	2288	2290	2264	2266	3421	3039	3048	4564
N (int >3sigma) =	0	1657	1713	1650	1671	2510	2243	2247	3382
Mean intensity =	0.0	13.1	15.7	16.3	16.8	15.0	16.1	15.7	16.1
Mean int/sigma =	0.0	22.6	24.7	25.2	24.5	24.2	25.1	24.7	24.8

Crystal system M and Lattice type P selected

Mean $|E*E-1| = 0.924$ [expected .968 centrosym and .736 non-centrosym]

Chiral flag NOT set

Systematic absence exceptions:

	-21-	-a-	-c-	-n-
N	9	89	90	93
N I>3s	0	2	41	41
<I>	0.1	0.1	24.1	23.3
<I/s>	0.4	1.0	20.4	19.5

Identical indices and Friedel opposites combined before calculating R(sym)

Option Space Group	No.	Type	Axes CSD	R(sym)	N(eq)	Syst. Abs.	CFOM
[A] P2(1)/c	#14	centro	4 19410	0.019	2164	1.0/19.5	0.74

结构的解析一路顺利，结果见 nonm2 – 01. res 和 nonm2 – 01. lst。虽然 TWINABS 程序也能为精修生成 HKLF 5 格式文件，但是 XPREP 软件在处理数据的时候已经按照空间群 $P2_1/c$ 的标准规定转变了原来的晶胞参数。因为 XPREP 程序不能读取 HKLF 5 格式的文件，并且在 HKLF 指令区中也不能加上一个矩阵以便和 HKLF 5 指令联用来处理晶胞转换对数据的影响，因此必须在生成 HKLF 5 格式文件前就将用于数据积分的晶胞参数转变成标准规定的取值。CELL _ NOW 可以转换晶胞参数，从而产生包含基于正确规定值的两套取向矩阵的新的 . p4p 文件(参见文件 nonm2b. _cn)，随后再次使用符合标准规定的晶胞进行数据积分，得到文件 nonm2b – m. mul 和 nonm2b – m. _ ls，最后再由 TWINABS 程序生成 HKLF 5 格式文件。精修使用具有主晶畴贡献的所有衍射点，其中所有叠加的衍射点被按不同晶畴分解成两个组分，相应批序号分别为 – 2 和 1，而所有非叠加的衍射的批序号为 1(见文件 nonm2 – 02. hkl)：

...

– 1	18	1	0. 55	4. 69	1
0	18	1	83. 51	5. 89	1
1	18	1	0. 68	4. 69	1
10	0	2	12. 45	7. 51	– 2
– 11	0	2	12. 45	7. 51	1
9	0	2	267. 16	10. 74	– 2
– 10	0	2	267. 16	10. 74	1
8	0	2	686. 97	7. 14	– 2
– 9	0	2	686. 97	7. 14	1
7	0	2	451. 40	4. 40	– 2
– 8	0	2	451. 40	4. 40	1
6	0	2	797. 27	4. 38	– 2
– 7	0	2	797. 27	4. 38	1
5	0	2	197. 26	2. 08	– 2
– 6	0	2	197. 26	2. 08	1

...

这个结构的精修结果不错：$R1[F > 4\sigma(F)] = 0.027$，$wR2$(对所有衍射数据) $= 0.071$，残余密度 $= 0.43$ e · Å^{-3}，见图 7.16。

然而，相对于去孪生化数据文件的 2302 个衍射来说，独立衍射点的数目被人为提高了——共有 3 435 个数据。在 nonm2 – 02. lst 文件的最差匹配衍射点列表中，这些独立衍射点的绝大多数呈现 $F_o > F_c$。

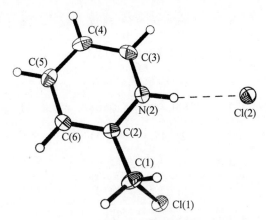

图 7.16 2 - 氯甲基吡啶盐酸盐的最终结构
图，对应文件 *nonm2 - 03. res*

Most Disagreeable Reflections (∗ if suppressed or used for Rfree)

h	k	l	F_o^2	F_c^2	Delta(F^2)/esd	F_c/F_c(max)	Resolution(Å)
3	2	2	146. 96	97. 17	7. 55	0. 084	1. 85
3	0	2	37. 58	18. 55	6. 60	0. 037	1. 94
0	6	0	117. 33	163. 90	6. 06	0. 110	2. 14
− 2	0	4	85. 39	59. 82	5. 96	0. 066	1. 82
− 5	14	4	344. 83	255. 06	5. 85	0. 137	0. 76
2	3	9	43. 69	9. 25	5. 58	0. 026	0. 76
4	5	2	135. 33	96. 62	5. 09	0. 084	1. 35
− 6	0	10	120. 98	175. 31	5. 03	0. 113	0. 71
3	4	0	51. 18	70. 26	4. 97	0. 072	2. 02
− 8	5	7	321. 20	247. 69	4. 74	0. 135	0. 77
− 2	5	2	108. 00	85. 61	4. 14	0. 079	1. 95
3	4	2	275. 40	225. 61	4. 13	0. 129	1. 66
− 1	7	4	122. 68	95. 82	3. 99	0. 084	1. 31

...

查看 HKLF 5 数据文件可以发现这些衍射点多数可分为两种：一种是没有任何来自第二晶畴的贡献，而另一种则有：

3	2	2	103.51	1.93	1
-4	2	2	222.75	1.73	-2
3	2	2	222.75	1.73	1
-4	0	2	121.97	2.08	-2
3	0	2	121.97	2.08	1
3	0	2	26.47	1.51	1
3	14	4	242.87	4.98	-2
-5	14	4	242.87	4.98	1
-5	14	4	153.79	6.63	1
0	0	4	58.04	3.90	-2
-2	0	4	58.04	3.90	1
-2	0	4	60.14	1.18	1
4	5	2	95.32	3.41	1
-5	5	2	210.82	2.08	-2
4	5	2	210.82	2.08	1

某一帧①上的衍射点(或对称相关的衍射点)被 SAINT 程序确定为分裂,而在别的帧上可能按照没有分裂来处理。当然,TWINABS 程序不会将一个认为是叠加的衍射点与一个认为没有叠加的衍射点合并②。可能有人会认为可以去掉不受孪晶的影响而是其对称相关衍射点受到孪晶影响的衍射数据,但是这种衍射的数目按照道理来说是很少的。不过,在本例数据检验中却有超过 20% 的数据存在这种所谓的 "孪晶配对错误(twin pairing errors)"。因此,可以忽略 nonm2 - 03. hkl 文件中所有自身没有分裂却存在一个分裂的对称等价衍射的衍射点。虽然这会影响到近 30% 的数据,但是改动前后两种精修结果的差别并不显著: $R1[F > 4\sigma(F)] = 0.027$,$wR2$(对所有衍射数据) $= 0.071$,残余密度 $= 0.43$ e · Å^{-3}(见文件 nonm2 - 03. lst),这时的数据点数是 2 293。因此看起来在常规

---

① 指 CCD 探测器每次摄取的一张二维衍射斑点图。——译者注

② 即本应合并的衍射点由于 SAINT 程序输出结果的差别,使得 TWINABS 程序以为是两个独立衍射点。——译者注

定结构的过程中可以忽略掉这些"孪晶配对错误"的衍射——假如数据的冗余程度足够高的话。

7.9 结论

孪晶往往与良好的结构性因素共存[①]。如果重原子位置对应于一个具有更高对称的空间群，那么要区分开孪晶和轻原子的无序是困难甚至是不可能的（Hoenle 和 von Schnering，1988）。因为按孪晶进行精修通常只需要添加两条指令以及一个额外的参数，在这种情况下理应被优先尝试——务必先于花费大量时间来详细研究所谓的无序。另外，由于孪晶精修结果容易趋于不稳定，并且有效的数据与参数比例可能很低，所以孪晶的精修往往需要联用各种约束条件和限制条件。总的说来，区分各种孪晶和无序模型可能需要化学及结晶学的直觉，而且很难确定是否已经考虑过关于这套数据的所有可能的解释。

---

① 孪晶的形成要求表观对称更高的结构。——译者注

8

赝　像

Peter Müller

　　"赝像（artefacts）"已成为晶体学界的最为广泛滥用的术语之一。部分学者习惯于将大多数自己不能解决的问题归因于"堆积效应（packing effects）"或"赝像"。和所有其他物理方法一样，晶体学技术也受到误差的影响。不管怎样，误差总可以分为两种：不可避免的（比如赝像）和可以避免的。一个优秀的晶体学者需要懂得如何避免可以避免的误差，如何处理不可避免的误差，并且更重要的是要知道如何分辨这两种误差。

　　本章固然涉及结构精修，不过更主要的还是关心科研道德的问题。赝像是无法消灭的，但是，"这是一种赝像"这句话绝不能作为草率工作的借口或者成为看来似乎无法解释的结果的搪塞之语。晶体并非个个完美，未知问题处处存在。撰造一个虚假的解释——将这些结果称为"赝像"存在着阻碍其他科研工作者关注这些问题的风险。不言而喻，使用"赝像"这个术语的原因准确说来是出于如下情形：有谁愿意让杂志的审稿者瞄准这些现象大做文章并且询问难于解释的相关问题呢？然而，如果这种伎俩成功了，那么后面要找到正确的解释将更加困难——因为没有人会再进行考虑。在存在未知问题的情况下，难道将科学界的注意力吸引过来，让别的科学家帮助找到解决办法的作风不是一个好科学家的责任吗？当然，这样做可能有碍在即将到来的基金申请中获得成功——不过，幸好这本书不涉及如何获得政府拨款的技巧。

8.1　什么是赝像？

《韦氏英语百科大辞典》（"Webster's Encyclopedic Unabridged Dictionary of the English Language"）关于"artefact"（赝像）这个术语给出了六种解释。第五个解释说赝像是"制备或者研究过程中产生的虚假现象或者结果（a spurious observation or result arising from preparatory or investigative procedures）"，而第六个解释则认为赝像是"非本身固有的，而是外来媒介、方法等引起的特征（any feature that is not naturally present but is a product of an extrinsic agent, method or the like）"。赝像一词在不同语境和学科领域中有好几种含义，而在晶体学里，赝像是由所用方法固有的不可避免的系统误差引起的不真实现象。典型的晶体学赝像有：

（1）由于振动而使得表观键长过短。

（2）由于原子核间的高电子密度而使得表观碳—碳或者碳—氮三重键过短。

（3）氢原子定位错误。

（4）由于傅里叶级数截断误差（比如遗漏强衍射点或者数据分辨率低）而产生失真的电子密度峰（或者谷）。它在特殊位置或者重原子附近特别容易出现。

8.1.1　振动

不像晶体稳定的物理外观暗示的那样，晶体内部的原子并非固定不动。事实上，如同第五章说明的一样，晶体中某些原子的运动实际上相当强烈。甚至在不存在无序的分子中，原子并非绝对静止且沿各方向均一位移。后者就是各向异性精修后的结构所对应的模型更好的原因。如前所述，低温下收集数据可以大大降低分子和原子的运动，得到更好的衍射数据，但是即使到 0 K，原子仍具有零点振动。除了温度因素外，原子的位置和质量也会影响其位移：终端原子运动的自由程度就比处于分子中心的原子大得多，并且在一个相对较轻的原子与一个较重原子成键的条件下，两者的运动中惯性更小的轻原子更强。这种主要在垂直于原子间化学键方向上摆动的运动方式称为振动（libration）。然而，原子的运动是如何影响由 X 射线衍射确定的化学键长呢？

图 8.1 中是一个关于两共价原子 A 和 B 的简单示意图，两原子间距为 r，其中一个（这里假定是原子 B）比另一个具有更强的振动性。当以椭球的形式来描述原子位置的空间分布时（这是各向异性精修的晶体结构的惯例），原子的平均位置是以该椭球的中心为准的。对于具有强烈振动的原子，椭球的中心可以明显远离该原子的真实位置，从而导致表观原子间距缩短 Δr。由于振动随温度增高而程度增大，所以结构确定的这种效应在室温条件下要比低温条件（比如 100 K）来得显著。振动是以 X 射线衍射确定的原子间距随温度增高而趋向缩短的原因——虽然这种间距变化看起来似乎和常规物理经验相悖。由振动产生的这种效应是与结构建模方法有关的赝像之一。[①] 如上所述，它主要影响终端成键的轻原子，并且所能引起的偏差范围可以达到 0.2 Å。

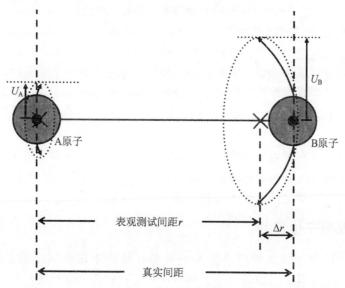

图 8.1 　双原子（以灰圆代表）示例中基于振动的表观键长缩短示意图。原子 A 的原子位移参数以 U_A 表示，而原子 B 则为 U_B。所测间距 r 明显缩短 Δr 长度。与原子运动相应的椭球以点线描绘，与表观原子位置相对应的每个椭球的中心用大"X"表示。两原子中心间的真实距离用黑色虚线标记

下面是一个可用于执行振动校正的估计 Δr 数值的简单方程。它适合于在室温结构确定中计算终端原子经振动校正后的间距：

$$\Delta r \approx \frac{\Delta U}{2r} = \frac{|U_B - U_A|}{2r} \tag{8.1}$$

---

① 　相比于简单椭球形式，更准确地描述某个原子电子密度函数可以有其他可选途径，如香蕉型椭球（banana-shaped ellipsoids）或电子多极（electronic multipoles）形式（Bader, 1990）

上述方程并没有考虑其他原子运动的影响并且假设由 U_A 和 U_B 表示[1]的振动仅来源于两原子中一方相对于另一方的摆动，这和两原子共同被看做一个刚性基团时的位移是不一样的。对振动的更好的但也更复杂的说明以及如何进行校正可参见 Schomaker 和 Trueblood 在 1968 年的文章。

对于某些处于高温下具有强烈振动的结构，应当计算并发表振动校正过的间距。使用 XP 中的 LIBR 指令就可以实现这种校正。

8.1.2　缩短的三重键

晶体中与 X 射线光子相互作用的是电子，晶体学实际测量的物理量是电子密度分布。在由电子密度图过渡到原子模型时，一个简单的假设就是高电子密度的位置对应于原子位置。虽然这个假设非常简单并且有点想当然的味道，但是借助于它而得出的结构绝大多数非常准确合理。不过，这个假设仍有失灵的时候。

轻原子之间的三重键，即碳—碳或碳—氮三键，具有相比于原子核位置处的电子数目要高得多的电子密度。分别描述三重键合的两个原子的两电子密度峰的三维坐标计算结果将会使所定的这两个原子的位置过于靠近，因此键长就显得过短(假定真实键长是原子核间的距离)。作为不可避免的并且是所用方法固有的误差，这种两轻原子间三重键的缩短属于一种赝像。

只要原子没有以电子多极来描述(Bader，1990)，这种效应就不能被克服或者校正。X 射线衍射确定的键长是电子密度峰之间的距离而不是原子核真实位置的间距，一直牢记这点是十分重要的。

8.1.3　氢原子位置

和上述的原因非常相似，在 X 射线晶体结构中定位氢原子富有挑战性：电子仅有一个并且其分布根本不紧邻质子所处的位置。除此之外，氢原子不仅是最轻的元素，而且通常还与其他原子形成终端键，因此氢原子比其他元素更容易受到振动的影响。这种影响加重了由 X 射线衍射确定氢原子精确位置的困难[2]。X 射线晶体结构中氢原子的定位和处理对结构确定非常重要，因此本书专门用一章(第三章)进行介绍。氢原子位置的不准确及缩短的 X—H 键长可以看成是晶体学中的赝像。

8.1.4　傅里叶截断误差

电子密度函数是以傅里叶加和的形式给出的(见方程 4.2)。这就意味着电子

---

[1]　原文误为 x_A 和 x_B。——译者注

[2]　当高精度确定氢原子位置十分重要时，衍射实验应当用中子源而不是 X 射线。

密度也就是结构中的相应原子被表示成一系列叠加在一起的正弦波。这些正弦波数目越大,电子密度分布就越平滑,数值就越准确。对于每个傅里叶加和,如果缺少一些叠加项就会产生波形振荡。特别是当数据集缺失某些强衍射点的时候(比如数据集不完整或者一些衍射被挡光板遮掉),虚假的电子密度——正的或负的——就可能出现在重原子位置附近。同样的效应也见于低分辨率数据。关于该效应所依据理论的详尽说明可参见 Cochran 和 Lipson 在 1966 年发表的文章。

这方面的一个有名的例子就是一种包含 Fe_7MoS_9 簇的固氮酶 MoFe 蛋白质的结构确定。该簇结构内部宽度约 4 Å 左右,其周围最近邻的是六个铁原子。原有晶体结构的确定是基于 2 Å 分辨率的条件。在该分辨率下傅里叶加和的截断使电子密度产生了大约是 −0.2 个电子的虚假极小值,其位置距离相应的铁原子为 2 Å 左右。这些偏离该簇结构的所有重原子的虚假极小值在笼簇结构的中心相叠加,几乎完全湮没了在使用更好的数据时就可以找到的一个氮原子。在本例中,虚假的负电子密度阻碍研究者发现笼中的这个氮原子。而正是这个原子的发现(Oliver Einsle 等,2002)改变了关于生物固氮机制的观点。

8.2　什么是非赝像?

除了赝像以外,其他系统误差也可以对晶体结构确定产生负面影响,比如全局赝对称性或者比例因子错误等。它们形成了一个可避免的误差集,其中常见的如下所示:

(1) 晶胞尺寸错误

(2) 孪晶结构按无序来精修

(3) 原子类型指定出错

(4) 空间群不对

(5) 氢原子引起的对傅里叶截断峰的误解(或者相反)[①]

德国晶体学者 Roland Boese 在 1999 年提出一个有意义的观点。他认为要将可避免误差(avoidable errors)和实际可避免误差(really avoidable errors)区别开来。并对后者列举了如下例子:

(1) 晶胞尺寸的印刷或书写错误

(2) 衍射仪器的误调整(比如错误的零点位置等)

(3) 收集数据和/或者还原数据的方案不对

---

① 即将氢原子引起的峰解释成傅里叶截断或者将傅里叶截断产生的假峰当成氢原子。——译者注

（4）精修中的错误

（5）在室温下收集数据

这些"实际可避免误差"惊人地泛滥成灾并且造成了多种负面效果。近几年来，大多数由衍射仪厂家发展的软件变得越来越傻瓜化。与大多数新生事物一样，这种变化利弊参半。借助这些程序可以避免很多错误是其好的一面，而坏的一面则是缺乏经验的晶体学工作者可以非常容易地掩饰其专业知识的不足。

8.3 示例

以下的精修示例对可理解成赝像的虚假电子密度峰进行了说明。

8.3.1 $C_{30}H_{47}N_9Zr_5$ 中的傅里叶截断误差

Zr（IV）基化合物 $C_{30}H_{47}N_9Zr_5$ 为绿色棱柱形晶体，四方 $I4$ 空间群。其非对称单元包含了四分之一个分子，其余部分由结晶学四重轴产生。结构的中心由五个 Zr 原子形成的四方锥构成。这个锥体的四个三角面为 NH 基团覆盖，其底面四边以 NH_2 基团桥接。同时这个 Zr_5 簇结构的底面中心存在一个 $\mu_5 - N$ 原子。每个 Zr 原子配位环境剩下的一个配体是甲基 – 环戊二烯基（MeC_5H_4）（参见 Bai 等，2000）。

随附光盘上的文件 zr5 – 00. ins 和 zr5 – 00. hkl 分别是本示例中 SHELXS 所需的输入文件和衍射数据文件。其分析结果文件 zr5 – 00. res 包含了三个独立的 Zr 原子位置：Zr（1）处于一般位置，而 Zr（2）和 Zr（3）在结晶学四重轴上。当应用结晶学四重轴操作时，这种布局产生了一个 Zr_6 八面体[①]。在这一步，其他电子密度峰的意义并不完全清楚，因此删掉所有待定的 Q 原子，仅将三个独立 Zr 原子导入文件 zr5 – 01. ins 中。

使用 SHELXL 精修 15 轮后[②]，一个与 Zr（1）配位的 MeC_5H_4 基团出现了。它由残余电子密度峰 Q（6）、Q（7）、Q（8）、Q（9）、Q（11）和 Q（12）组成。由于处于四重轴上的 Zr 原子 Zr（3）的 U_{eq} 值精修结果很大，故将它删除，仅保留 Zr（1）和 Zr（2）以及 MeC_5H_4 基团并保存为文件 zr5 – 02. ins。

六轮精修后（zr5 – 02. res）可以得到如下指派方案。位于四方锥中心的 Q（1）可能是一个氮原子（标为 N（3））；Q（2）和 Q（5）过于靠近 Zr（2），属于目前可以忽略的原子——因为当各向异性精修该 Zr 原子时，它们可能会消失；电子密度

---

① 原文误为四面体。——译者注

② 15 轮是随便选择的，不过 10 轮明显不够，可参见第 12 章。

峰 Q(3)以及它的三个对称等效点相应于覆盖四方锥的四个三角面的氮原子，可将它标为 N(2)；Q(4)及其对称等效点成为桥联该锥体底面四边的氮原子(将 Q(4)重命名为 N(1))。Q(6)和它的三个对称等效点形成一个正方形，该位置可认为存在一个 MeC_5H_4 基团(参见图 8.2)，这是某分子的局部不满足空间群对称性时的常见现象，这个基团可以使用 PART −1 指令精修，其介绍见第五章。不过，在此之前，需要找到或者以某种方式构造它的第五个碳原子。这可以使用 AFIX 56 约束来实现，该约束使得命令所涉及的五个原子形成一个完美的五元环。要实现这目标，需要先生成 Q(6)的三个对称等效点(比如使用 XP 中的 grow 命令)，接着将它们指定为碳原子(C(21)—C(24))。随后"制造"第五个碳原子 C(25)，指定其坐标为(0,0,0)。这五个碳原子放在 PART −1 和 AFIX 56 指令后，随后跟上 AFIX 0 和 PART 0 指令：

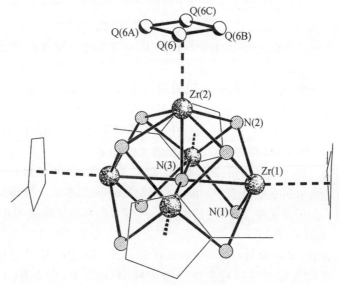

图 8.2　zr5 −02. res 文件中将 Q(1)指定为 N(3)、Q(3)为 N(2)且 Q(4)为 N(1)的结构示意图。其中 Q(6)和它的对称等效点与一个 Cp 环对应，该环关于结晶学四重轴无序

```
PART    −1
AFIX    56
C21    1 − 0. 01390     0. 08000     − 0. 41010   10. 250000   0. 05000
C22    1   0. 08000     0. 01390     − 0. 41010   10. 250000   0. 05000
C23    1   0. 01390     − 0. 08000    − 0. 41010   10. 250000   0. 05000
C24    1 − 0. 08000     − 0. 01390    − 0. 41010   10. 250000   0. 05000
C25    1   0           0            0            10. 250       0. 05
```

AFIX   0
PART   0

　　除了这些改动外，还应当稳定这个五元环与 Zr(2)的相对位置，这可以通过使用指令行 SADI zr2 c21 zr2 c22 zr2 c23 zr2 c24 zr2 c25 对所有 Zr—C 进行限制来实现。同时可以加上 ANIS $ zr 指令对这两个独立的 Zr 原子进行各向异性精修。文件 zr5 – 03. ins 包含了所有这些改动。

　　使用 SHELXL 精修六轮后得到更好的 R 值，同时程序提示绝对结构可能出错。查看 zr5 – 03. lst 可以发现 Flack 参数 x (Flack-x-parameter) (Flack,1983) 精修结果是 0.9(2)。因此在下轮精修前需要倒反这个结构。这可以运行 XP （使用 INVT 指令）或者借助于 SHELXL 中的 MOVE 指令来实现。如果 "sign" 取值为 1，跟在指令行 MOVE dx dy dz sign 后的原子坐标将从原始位置平移 (dx, dy, dz)，如果为 – 1 则这些原子坐标除了平移还要反转（更进一步说明可参见 SHELXL 手册）。因此，对大多数空间群，结构反转可以通过在 . ins 文件中位于第一个原子之前的指令行 MOVE1 1 1 – 1 来实现。这个操作也可适用于本例[①]。

　　残余电子密度峰 Q(2)相应于缺失的与 C(24)成键的甲基，可以命名为 C(20)（要记得改变占有率为 0.25）。另外，AFIX 56/AFIX 0 约束可以改用类似的限制指令，即在 zr5 – 04. ins 文件中位于 C(20)前加入 SAME c10 > c15 和 SAME c20 c21 c25 < c22 指令行，从而使两个结晶学独立的 MeC_5H_4 基团相似。为了使之有效，需要重命名第二个环中的碳原子，因为该甲基预设与 C(21)成键。如果没有重命名这些碳原子，SAME 限制指令将把本来没有相似的原子按等价来处理。为了避免碳原子 U_{eq} 的波动，可以对所有原子施加 SIMU 和 DELU 限制（参见 2.6.2 小节）。

　　在精修结果 zr5 – 04. res 文件中，属于第一个 MeC_5H_4 基团的并非四重轴引起的又一套位置出现了：残余电子密度峰 Q(8)、Q(5)、Q(6)、Q(3)、Q(2)和 Q(7)与原子 C(10A)—C(15A)——对应。另外，就像文件 zr5 – 05. ins 中已完成的改动一样，可以使用第五章的精修技巧来规范表达这种无序。

---

① 对于十一个镜像对映成对的空间群（比如 $P3_1$ 和 $P3_2$），要成为同一对中的另一个群元，需要倒转其对称操作中的平移部分。另外还有七个空间群的倒转绝对结构并不能通过相对于原点的倒转来实现（见 Bernadinelli 和 Flack,1985）。下面是这七个空间群以及相应正确的 MOVE 指令列表：

$Fdd2$	MOVE	0.25	0.25	1	– 1	$I4_1cd$	MOVE	1	0.5	1	– 1
$I4_1$	MOVE	1	0.5	1	– 1	$I\bar{4}2d$	MOVE	1	0.5	0.25	– 1
$I4_122$	MOVE	1	0.5	0.25	– 1	$F4_132$	MOVE	0.25	0.25	0.25	– 1
$I4_1md$	MOVE	1	0.5	1	– 1						

zr5 – 05. res 中的精修模型比以前更加可靠。这时可以尝试在文件 zr5 –
06. ins 中加入 ANIS 指令对所有原子进行各向异性精修。

所得精修结果中有两个碳原子成了"非正定"。对此快捷（并且暂时有用）
的补救是对这两个碳原子施加 SIMU 和 DELU 限制。在 zr5 – 06. ins 中改动这两
个指令并保存为 zr5 – 06a. ins 文件。

这次所有的原子都精修顺利，并且从差值傅里叶图上找到了相应于氮原子
上的三个独立氢原子的残余电子密度峰，其中 Q(15) 和 Q(17) 属于氮原子
N(1)，而 Q(3) 则属于 N(2)。随后在文件 zr5 – 07. ins 中加上这三个氢原子
（不要忘记给 N—H 间距加上 DFIX 指令）。另外还应加上合适的用于生成与碳
原子成键的氢原子的 HFIX 指令。

结果文件 zr5 – 07. res 描述了完成各向异性精修并且含有所有氢原子的
模型。现在，可以调整加权方案并且精修到收敛。关于碳原子的问题，尤
其是第二个基团上的依然存在。很明显，结晶学四重轴与茂基的五重轴对
称组合在一起，使得第二个基团的原子参数之间出现关联性，从而仅用
PART – 1 指令没法解决。这时，可以把对位移参数限制程度相当强的限
制指令（SIMU 和 DELU）恢复缺省值。不过，对第二个基团的所有原子，
需要加上等价位移参数约束（EADP）条件。完成所有这些变动后，可以得
到文件 zr5 – 08. ins。

当对包含这次精修所得结果模型的 zr5 – 08. res 文件中的参与电子密度
峰列表进行分析时，可以发现 Q(1) 和 Q(2) 明显高于其余极大值。Q(1)
相应于 1.38 个电子并且距离 Zr(1)0.66 Å，近邻 Zr(1)峰旁的谷底。它可
能是傅里叶截断产生的赝像，但是吸收效应也可以造成重原子位置近邻处
的虚假电子密度。要确定两种效应中是哪一种造成了 Q(1) 的存在很麻烦，
而在这里对此显然是无能为力的。Q(2) 代表位于结晶学四重轴上的 1.13
个电子，它位于 SHELXS 所得的初始结果（见文件 zr5 – 00. res）中的 Zr(3)
原子位置，从而使 Zr(5)正四棱锥成为正八面体。这种现象属于典型的赝
像之一：处于特殊位置的虚假的电子密度补全了某个貌似存在的对称性[①]。
图 8.3 显示了带有两个最大残余电子密度峰值的 Zr 原子及其对称等价点的最
终模型。

[①] 关于 Q(2) 的另一个可能的解释是 Zr(2)原子及其配体存在比例大约为 95 : 5 的无序。但
是这种无序应当也会导致 Zr(2)出现更高的 U_{eq} 值，而这并没有被观测到——实际的事实反而相
反：$U_{eq}[Zr(1)] = 0.030$，$U_{eq}[Zr(2)] = 0.024$。造成这两个 U_{eq} 值的差别的原因是施加了特殊
位置限制（参见 2.5.2 小节），Zr(2)的位移椭球形状被强制规定为四重轴对称，从而人为降低了
Zr(2)的 U_{eq} 计算值。

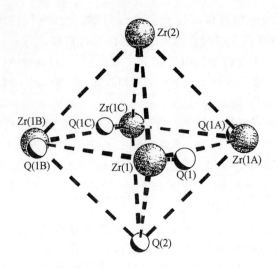

图 8.3 $C_{30}H_{47}N_9Zr_5$ 的最终 Zr 原子配位模型
示意图：该独立单元模型中存在两个最大残余电
子密度峰值（为清晰起见，已略去了所有的碳、氮
和氢原子）；其中最大残余电子密度峰 Q(2) 位于
特殊位置上，补全了貌似而实非的对称性

9

结 构 验 证

Anthony L. Spek

 1964 年，Dorothy Hodgkin 在她的诺贝尔奖演说中明确描述了推动化学家开展 X 射线结构确定工作的动力："作为化学结构分析的一种方法，X 射线分析法的巨大优势在于它具有显示某些完全超乎想象的惊人结构的力量，以及这种显示同时具有的绝对确定性。"这个观点在以大量发表于诸如"Inorganic Chemistry"和"Organometallics"等杂志中的晶体结构为基础的金属有机化学和配位化学领域中得到了明确的阐释。不幸的是，文献中同样充斥着严重出错的所谓"惊人的结果"。这类问题总是出于草率的实验以及不适当的分析。讨论某个结构所谓"有趣特性"的报道在事后看来往往都是基于某种假象，错误的所谓"成键拉伸的同分异构性（bond-stretch isomerism）"观点就是一个很好的典型（Parkin，1993）。

 本章将说明某些较为常见并且可以避免的毛病，也讨论一些容易获得的计算机软件，它们在检测到异常或者不一致性的问题时，能够生成适当的警告（ALERT）信息。当然，结构有效性分析者们应该理解某个给定警告（ALERT）信息的含义，并且能够以恰当的方式作出反应。

诸如位置及位移参数等结构模型参数被精修到收敛并不代表确定晶体结构工作的结束。错误的模型同样可以产生最小二乘精修收敛程度表面上看起来不错的结果。因此必须在称为"结构验证（structure validation）"的步骤中对模型进行详细分析。需要特别强调的是模型应当具有化学合理性。错误的模型可以轻易产生基础化学方面的严重错误结论，具体例子可参见 Harlow（1996）和 Spek（2003）的报道。

在 20 世纪 90 年代初期之前，结构验证很大程度上取决于晶体学研究者及科学出版物指定的审稿人的经验。由于自那以后，熟练的研究者和博学的审稿人的数目急剧下降，与之相反，待研究的结构数目却呈指数性增加，因此各种结构说明中的错误很容易被忽略，从而增加了诸如 CSD（Allen，2002）等数据库的"系统噪声（systematic noise）"。自动结构验证过程的设计并实施部分解决了这个难题。

自动结构验证起源于名为 cif 的通用机读文件格式的建立（Hall 等，1991），该文件用于报道晶体结构的分析结果。从现在的眼光看，广泛流行的精修软件 SHELXL（Sheldrick，1997b）很早就接受这个现在通用于结构相关领域的标准是何其重要的一件事。自动结构验证的第二个发展是使用 cif 作为电子媒介的标准并用于拟发表在"Acta Crystallographica C and E"杂志上的有关结构的文章的投递。后来人们意识到原来以明确定义的机读文件格式存在的数值数据也可以用于自动检测的过程，国际晶体学联合会（IUCr）为此建立了名为"check-CIF"的在线工具。

结构解释的严重错误经常与缺失、过多或者错位的氢原子有关，这些错误对相关化学报道具有重大的影响。原子类型指定错误造成的后果与氢原子问题类似。另外，被忽略的无序结构也是解释出错的一个来源。还有，异常的几何结构对于错误指定的空间群来说是很容易出现的结果。最后，未能解决的实验问题，比如孪晶、吸收以及衍射数据不完整等，都会严重限制数据及结构的质量。

9.1 验证

结构验证过程要解决下列三个问题：

（1）所报道的信息是否完整？

要解决这个问题，可以简单核查为了能够进行重复研究而报道的一系列项目。一致性的检查也相当容易，比如可以比较由晶胞参数计算的体积与所报道的体积的一致性；也可以比较利用基于坐标值列表和对称性而生成的晶胞组分计算的密度与所报道的密度的一致性。

（2）分析结果的质量如何？

这个问题较为困难，因为它取决于诸如晶体质量、收集数据的硬件环境、研究者的专业水平以及使用的软件等因素。对此可以计算各种合格性判据并与某些公认的标准进行比较。合格性判据包括数据集的分辨率和完整性、化学键的精度、最小二乘精修的收敛程度、R 因子及最后差值电子密度图的残余密度极值等。

（3）结构是否正确？

这个问题最为重要也最为困难。依靠计算机软件仅能部分得到解决。软件能够做的就是报告所探测到的任何反常的结构性质，随后就需要研究者来考虑这些问题，并在必要的时候采取恰当的改进措施或者在最终报道中对它另外给出有说服力的解释。

IUCr 定义并刊载了大量验证测试项目（http：// journals. iucr. org/services/cif/checking/autolist. html）。这些项目处理了结构质量、完整性及一致性的问题。此外也包含了精修和吸收校正过程的合理性检查。匿名晶体结构验证可以通过在线的 IUCr 的 checkCIF（www. journals. iucr. org/services/cif/checking/checkform. html）这个便利工具来实现。

也可以在本地运行 IUCRVAL（Farrugia，2000）和 PLATON（Spek，2006）软件进行结构有效性测试。当不能直接访问网络或者出于研究保密的需要而不允许访问网络时，本地操作就特别有用。

9.2　PLATON 有效性测试

PLATON 内众多的有效性检测项目也存在于 IUCr 的 checkCIF 工具里。它们可以处理各种有关结构的完整性、质量及正确性的问题。PLATON 会生成一个警告（ALERT）信息列表，并且每个警告信息配以 A、B 或 C 标记来代表相应的严重程度。对所报告问题，警告信息也给出了说明。有效性验证使用 SHELXL 生成的（可以适当改动）cif 文件，必要的时候也可以结合 fcf 衍射数据文件一起使用。下面章节将就一些测试进行较为详细的讨论。

9.2.1　对称缺失

刚开始进行结构确定时，往往难于直观地确定合适的空间群。只能从所具有的对称性低于真实对称性的空间群中获得初始结构是很常见的事情。其下一步分析就是改用正确的空间群来描述结果。不幸的是，正如 Dick Marsh 等多次谈到的（比如 Marsh 和 Spek，2001），这后面一步并不是总能实现的。对称性估计过低的结构被发表的频率对某些空间群来说(比如 Cc)高达 10%。

由于最小二乘正交矩阵的奇异性(或接近奇异性),尝试将中心对称结构按非中心对称空间群来精修将导致不良几何结构,比如等价的化学键将显著不同。不过在这种条件下,位移参数几乎不受影响。解决这种问题的正确操作除了保留模型中的一半原子和添加一个对称中心外,还包括将结构平移到正确的原点上。这类操作的错误将直接导致许多对称缺失问题。

作为强大的 MISSYM 算法(Le Page,1987,1988)的扩展,PLATON 中的 ADDSYM 工具可用于揭示可能的更高结晶学对称性的缺失,并且提供某个更为合适的待确认的空间群。关于对称性缺失的警告信息需要足够重视。多数情况下,需要使用原始的衍射数据来分辨对称性缺失和经常出现的赝对称现象。

9.2.2　孔隙

验证软件同时也可以揭示结构中可填充溶剂的孔隙(van der Sluis 和 Spek,1990)。这些孔隙中可能包含了使用峰搜索算法(peak-search algorithm)却未能发现的无序溶剂。造成这种失误的一般的原因可能是无序导致此处的电子密度分布不是孤立的峰,而仅仅稍微隆起或成为模糊的"高原"。除了某些空旷结构外,当失去结晶溶剂分子后,晶体结构通常会崩溃。

孔隙经常位于对称元素上或沿对称元素分布。在这种位置上的溶剂分子通常显示高度无序或者填充沿三、四或者六重旋转轴的通道。

关于孔隙的警告信息与过短的分子间距离的警告共存时,可以指出相对于对称元素而被错位放置的分子。

孔隙中可能包含无序分布的电荷,从而影响主残基的价态。

9.2.3　位移椭球

位移椭球图(参见第四章及 Johnson,1976)是行家可视化检查结构有效性的优秀工具,但不能作为自动分析工具。幸而 Hirshfeld 的刚性键测试(rigid-bond test,Hirshfeld,1976)为此提供了优秀的数值模拟技术。这两个工具共同使用,可以揭示结构模型中的大量问题。Hirshfeld 测试的核心思想是两个成键原子的各向异性位移参数在沿化学键方向上的分量应当近似取同样的数值[1]。而在对电子密度峰指定错误的原子类型时——比如将氮、氧或其他原子定为碳原子——通常将得到与之相反的结果。一般说来,拉伸的椭球暗示被遗漏的无序结构(可参见

---

① SHELXL 的 DELU 限制就是基于这个 Hirschfeld 法则,详见第二章。

图 5.1)，对此应当尝试进行解决。

许多系统误差(包括吸收、错误的入射波长和超晶格对称性缺失)经常会导致位移参数的主轴分量出现物理上无意义的非正定结果。

9.2.4　键长和键角

对于键长和键角数据，要检查是否落于预期的范围。这些范围基于所涉及原子的以往实验数据衍生出来的一般性结果。过短或者过长的化学键可能是无序被遗漏而出现的赝像。关于这方面的一个典型例子就是被原作者解释为成键"过渡状态"的处于苯基中的某种很长的 C—C 键(参见 Kapon 和 Herbstein，1995)。对此无序校正后苯基的键长平均值及分布范围与期望值 1.395 Å 相近。对期望值的显著偏离可能意味着晶胞参数错误(或者计算所用的波长错误)、差劲的衍射数据或者错误的精修模型。

9.2.5　原子类型指定

正确指定电子密度最大值对应的元素类型的过程可能出现严重的错误(参见第四章及 Müller，2001)。环状结构中的氮原子和氧原子经常被互换。对所涉及的化学问题，错误的结构说明将导致严重的后果。关于错误的原子类型指定的详细讨论可参见 Li 等在 2001 年发表的文献。另外，在五元及六元环状基团中，经常会混淆 N 和 C—H 的位置。

9.2.6　分子间接触

对于错误的结构，检查分子间接触性能够提供许多信息。显然，当原子彼此靠近的程度小于其范德华(van der Waals)半径之和，则肯定是要么遗漏了比如氢键等的某种相互作用，要么这些原子的位置存在着某些错误。氢原子"相撞"的现象可能意味着存在被放错的氢原子(比如在某个 sp^2 杂化的碳原子上放了两个氢，而不是一个氢)或者构象定位错误的甲基。

明显没有进行分子间接触分析的有意思的例子就是某个已报道的含 S—H 基团的结构(CSD 记录号：IDAKUT，Celli 等，2001)。该结构中显然包含了一个短至 2.04 Å 的 S···S 接触距离，它清楚指示结构中遗漏了一个 S—S 键。而且这个报道错误的二聚分子结构中硫原子上的氢理应被去掉。

9.2.7　氢键

羟基与某个受体形成氢键是一条很少有例外的规则，其潜在的氢原子的位置构成了一个圆锥，当差值电子密度图没有显示某个合适的最大值时，要在这个圆锥上定位氢原子的正确位置是个棘手的问题。SHELXL(Sheldrick，1997b)

程序提供了获取最佳氢原子位置的一种办法——借助于圆周上的电子密度的计算(详见第三章)。在更加缺乏直观的已知条件时,应当尝试检查差值密度图的等高线来寻找该氢原子位置。

9.2.8 连通性

CIF 文件自身已假定包含一套原子坐标数值,并且这些原子连接成化学意义上的完整分子或离子不需要应用对称操作。尽管处于结晶学对称操作位置上的分子是个例外,但是其非对称单元中成分仍然是一个连通集(connected set)①。因此,需要实行孤立原子识别的检查。某个孤立的过渡金属原子可能指向某个被错误阐释的实体。至少就出现过真实的本体最后证实是溴原子而非过渡金属原子的例子。对于孤立的氢原子,可能是偏离成键位置,需要利用某个对称操作转换到该成键位置中;也可能是它们的化学键间距超过预定的范围。单键结合的金属原子也应当被做上标记,因为它们可能反映了原子类型的错误指定问题。

9.2.9 无序

所报道的无序可以是真实的,也可以是源于差劲或者错误实验过程的某种赝像。严格意义上的无序经常伴随着平均强度随 θ 角度的快速衰减(fast decay),如果不是这样,那么这种无序可能是某种赝像,源于数据收集时选择了一个过小的晶胞并且与平均结构相关联。未处理的取代无序(比如混淆了 Cl 和 CH_3 取代基)可能会出现反常的键距以及位移参数。无序的正确精修参见第五章。

9.2.10 衍射数据

当将 fcf 文件与 cif 文件联合使用时,PLATON 验证软件能够检查衍射数据的完整性。数据收集过程的不全面将导致倒易空间测量的不完整。基于 CCD 或者成像屏的衍射仪上的数据收集需要多套扫描,以避免出现数据遗漏的机会②。

对观测值 F_o 明显大于计算值 F_c 的衍射点,相应 fcf 衍射数据的分析可以揭示被忽略的(赝)缺面孪晶。

---

① 连通集内各元素(顶点)以边相连。——译者注
② 扫描数目比绝对需要的次数越大,数据的质量通常越好。详情可参见第二章及 Müller 在 2005 年发表的文献中关于观测值的多重性 MoO(Multiplicity of observations)的内容。

9.2.11 精修参数结果

未解决的问题可以体现在精修参数结果中。一般说来，$wR2$ 不应远高于两倍的 $R1$。权重表达式中的第二个参数也不能比 1.0 大很多。当使用 SHELXL 精修时，拟合优度 S(goodness of fit) 应当近似为 1.0。最后的差值密度图理应"平淡无奇"，并且正/负峰值有相同数量级[①]。

9.3 何时开始验证？

相对于投递、发表文章的过程，结构分析过程中或者分析过程刚一结束时就进行验证更容易检测出并校正晶体结构中被忽略的问题。早点开始结构验证也可以保证研究者在适当的条件下能回溯实验，以便收集更多的数据。因此验证软件理应同结构解析和精修软件共存于同一计算机系统中，或者可以由该计算机平台通过网络进行访问。

9.4 结束语

单晶 X 射线晶体学已经并且仍然是不可替代的、可靠并且客观的新化学知识的源泉，不幸的是它得到的某些结论是有问题的。研究者必须懂得各种理应避免的疏忽。自动验证工具可以客观地对潜在的问题进行定位并列表说明。对自动验证软件生成的所有警告信息都应详细分析。它们可以指明未解决的问题或者潜在的值得关注的新科学知识。对"异常"或者"新奇"一类的结论必须详察细检并力求得到独立证据的支持。关于后者，剑桥晶体学数据库以及所带的 VISTA 等软件就是很好的工具。

如今，大多数结构数据作为相应化学研究的一部分或者证明手段发表于非晶体学专业的杂志上。遗憾的是审稿人一般得不到足够的信息用于判断其结构分析的正当性——特别是几乎没有给出晶体学方面的细节，而是经常以脚注或者某个 CSD 参考编号来聊以塞责的时候。因为对文章的结构进行验证会阻碍重要化学信息的快速发表，所以某些杂志的审稿人中甚至连一个熟练的晶体学家都没有。滑稽的是作为被审核过的出版物，那些仅仅粗略被检查的结构随后就汇入研究文献和数据库中了。

---

① 关于 $R1$，$wR2$ 和 S 的定义，参见方程 2.3、2.4 和 2.5。

10

蛋白质精修

Thomas R. Schneider

自从 20 世纪五六十年代利用 X 射线晶体学成功确定首批蛋白质的结构以来，大分子晶体学取得了令人瞩目的进展。使用蛋白重组表达机制及现代生物蛋白化学的技术，已经可以获得大量高纯的蛋白质产物。低用量样品的使用及允许对大量不同条件进行筛选的精密液体处理技术的实用化，为鉴定适合衍射测试的高品质晶体的最优生长条件提供了巨大的便利。另外，同步辐射与超灵敏探测器的联合为这个领域带来了革命性的变化，它使更小晶体的衍射数据收集成为可能。低温处理晶体技术的发展也部分克服了高剂量射线对蛋白质的辐射损伤问题。由于上述这些发展，不仅可以确定更为复杂的大分子体系的结构，而且生物大分子晶体成功在原子分辨率水平上进行数据收集的例子也日益增多[①]。

[①] 原子分辨率数据(atomic resolution data)的定义参见 Sheldrick 在 1990 年发表的文献，而关于大分子晶体学中原子分辨率数据特性的论述参见 Morris 和 Bricogne 在 2003 年的报道。

在原子分辨率水平上，观测值的数目要比中等或者低分辨率的高得多（见表 10.1），可以在模型精修中引入更多的参数，这些参数可以更详细地阐述结构及晶体中的分子柔性，比如可以使用各向异性位移参数（U^{11}、U^{22}、U^{33}、U^{12}、U^{13}、U^{23}）而不是经常被用于大分子晶体学的各向同性的 B 值[①]。对于电子密度图，高分辨率的数据可以反映更多的细节，比如多重构象和氢原子将变得直观。高分辨数据的另一个优势源于它们的数目（如表 10.1 所示，虽然每个原子都使用 9 个参数，但是观测值 - 参数比例直到 1.1 Å 的分辨率时仍高于 5:1），其参数的精修结果要比低分辨率下更加精确，从而可以在很高的水平上进行诸如原子间距比较等工作。

表 10.1　大分子晶体学中的观测值和参数

$d_{min}/\text{Å}$	N_{obs}	参　　数	N_{par}	obs: par
3.0	11 634	x, y, z	15 000	0.6:1
2.5	20 104	x, y, z, (B_{iso})	15 000	1.3:1
2.0	39 267	x, y, z, B_{iso}	20 000	2.0:1
1.5	93 078	x, y, z, B_{iso}	20 000	4.5:1
1.1	236 018	x, y, z, U^{11}, U^{22}, U^{33}, U^{12}, U^{13}, U^{23}	45 000	5.2:1
0.9	430 919	x, y, z, U^{11}, U^{22}, U^{33}, U^{12}, U^{13}, U^{23}	45 000	9.6:1

对于每种分辨率 d_{min}，给出了近似观测值数目 N_{obs}，观测数据对参数个数的比值（obs: par）以及参数数目 N_{par} 这三者的估计，其中参数数目是根据典型参数化的条件给出的。而观测衍射点数目的估算是基于某个假想的三斜晶胞，该晶胞包含 5 000 个非氢原子及 40% 含量的溶剂。对于具有更高溶剂含量的晶体结构，某一分辨率下的观测值数目也会增加。实际操作中，观测值的数量可以随限制条件的数目增加而增加，相反参数的数目则随约束条件的增加而减少（参见第二章）。

关于生物大分子原子分辨率水平结构的方方面面已经发表了若干综述（比如 Schmidt 和 Lamzin，2002；Esposito 等，2002；Vrielink 和 Sampson，2003 等）。其中比较重要的示例如下：

---

① 常见于大分子晶体学的各向同性 B 值与等价各向同性位移参数 U_{eq} 相关，$B_{iso} = 8\pi^2 U_{eq}$。晶体中描述原子位移的各种命名方式参见 Grosse - Kunstleve 和 Adams（2001）及 Trueblood 等（1996）发表的指南性报道。

（1）酶反应过渡态的共价键确定（Heine 等，2001）。

（2）0.66 Å 分辨率下酶抑制剂配合物的研究（Howard 等，2004）。

（3）结晶态组氨酸的滴定（Berisio 等，1999）。

（4）辐射损伤结构的表征（Schröder Leiros 等，2001）。

（5）光致异构化下的结构变化测试（Genick 等，1998）。

从概念上说，使用 SHELXL 软件进行的原子分辨率水平上的蛋白质结构精修可被看成是使用与小分子相关的技术来精修一个巨大的有机分子，而这些技术业已在本书的其他章节中介绍过。因此，除了一些技术性问题，使用 SHELXL 的大分子精修对一个熟悉小分子精修的晶体学者来说应该问题不大。然而对于大分子晶体学家，要充分利用各种参数、限制和约束则可能要更费些功夫。因此，这一章更主要是以蛋白质晶体学者的角度来探讨 SHELXL 对蛋白质结构的精修问题。

下面将介绍在原子分辨率水平上，SHELXL 精修蛋白质结构的典型步骤。所涉及的功能同样可以用于其他如 RNA 或者 DNA 等大分子。关于 SHELXL 的性能综述可参见 Sheldrick 和 Schneider 在 1997 年发表的文献。至于技术细节的信息，可以参考 SHELX 网站（www. shelx. uniac. gwdg. de/SHELX）。要记住，SHELXL 也可用于孪晶蛋白质的精修（见第七章）及低于原子分辨率的精修（如 Usón 等，1999）。

10.1 原子分辨率精修与标准精修的对比

当在原子分辨率水平上精修大分子结构时，必须引入小分子精修中常用的许多概念，包括晶体中原子的静态及动态无序建模的参数设定和氢原子的定位。此外，有序和主体溶剂的处理以及通过精修正交矩阵求逆来测定标准不确定度也需要进行讨论。

10.1.1 各向异性位移参数

X 射线衍射实验及后续的分析内容都不是针对某时某地的单独一个分子而言的；而是数十亿分子聚集体（即晶体）在某个时间段（即实验期间）的观测结果。其时间尺度相比于分子内构象变化的时间尺度来说非常长。因此，代表所关注分子的电子密度不能指示每个原子的准确位置，而是代表它或多或少有些复杂的空间平均［构象异质性（构象不均匀性）］以及时间平均（原子运动）分布（Dunitz 等，1988）。在大分子晶体学里，当低于原子分辨率时，这种分布通常近似于高斯分布，其中心位置是由原子位置及其 B 值确定的一个位置参数。在原子分辨率水平上，庞大的观测值数目允许使用三维椭球体对真实分布进行近似地、更详细地描述。这个椭球用六个参数表征（三个代表取向，另三个代表其在不同方向上的伸展程度）。

在精修中引入各向异性位移参数（即 ADPs）后，每个原子的参数数目扩大了两倍多——从四个（三个坐标加上一个 B 值）变到九个（三个坐标加上六个 ADPs），因此要紧密监控这些参数以免造成数据的过拟合现象。作为代表性示例，当从各向同性转到各向异性位移参数时，R_{free} 值应当至少下降 $1.0\% \sim 1.5\%$。许多情况下，ADPs 的引入会促使晶体学相角及相应的电子密度图大为改善。

与使用立体化学限制来稳定原子坐标的精修一样，各向异性位移参数也需要进行限制，以便保证它们的物理合理性。在 SHELXL 中使用限制的操作已在第二章中介绍，并用图 2.2 进行了说明。它们的权重已经通过 DEFS 指令设置，一般不需要进行变动。

10.1.2　多离散位置

在原子分辨率水平上，电子密度图的一个常见的特色就是可以找到两个电子密度峰，并且它们对应于一个处于这两个不同位置的原子。这类无序不仅见于个别分立的原子，而且也可以是原子基团，如整条侧链（见图 10.1）或者残基（Sevcík 等，2002）。

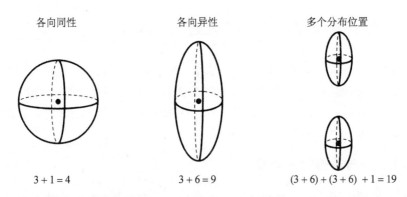

各向同性　　　　　　各向异性　　　　　　多个分布位置

$3+1=4$　　　　　$3+6=9$　　　　　$(3+6)+(3+6)+1=19$

图 10.1　不同参数化条件的示意图。各向同性精修（isotropic refinement）包含三个坐标参数和一个各向同性 B 值；各向异性精修（anisotropic refinement）使用六个参数用于原子定位概率函数的建模。而当原子需要建模的位置多于一个时，参数的个数相应增加。然而，定义两个位置的占有率仅需增加一个参数，因为第二个位置的占有率 p2 可以通过首个位置的占有率 p1 计算得到（即 $p2 = 1.0 - p1$）

为使用最少的参数描述这种情形，并且保证建模在物理上是合理的，SHELXL 允许将一个构象内的所有原子的占有率约束为相等，并且所有构象的占有率之和等于 1.0。一旦这些不同的位置被指定给特定的构象体时（使用第五章介绍的 PART 指令），SHELXL 可以完全自动地处理构象之间的非键相互作用（比如属于同一构象体的原子不能与另外构象体上的等效者形成非键相互作用）。

10.1.3 氢原子

蛋白质结构中氢原子大约占原子数目的一半（Andersson 和 Hovmöller，1998）。但是，由于它们附属的电子密度小，因此在标准大分子精修中一般略去氢原子。

SHELXL 提供了大量的方法用于将氢原子引入模型中，既保证参数使用最为经济又能完全体现所有可能化学场合下的大分子柔性（参见本书第三章）。对于蛋白质分子中的大部分氢原子，其位置一般通过近邻非氢原子的位置，利用几何构型机制（骑式模型）进行计算。对于这些计算得到的位置，精修中不会再额外引入任何一个参数。另外，从理论上说，在低于原子分辨率时，将这些氢原子排除在精修之外是毫无道理的。

对于位置不能计算的氢原子——比如羟氢，作为一种最简单的近似，允许这个羟氢绕以 C—O 键为中心的一个圆周运动，因此需要一个参数加以描述——它们的位置坐标必须从电子密度中确定或者从周围氢键分布来推导。但是，在很多情况下，衍射数据的强度不够用于实现明确的定位。实际上，这种氢原子的不正确定位在很多时候会导致在它们附近出现严重的几何结构失真（Sheldrick 和 Schneider，1997；Word 等，1999）。

往某个蛋白质模型中添加氢原子一般可以同等降低 $R1$ 和 $R1_{free}$ 值，典型的下降值是 0.5%~1%。更重要的是，引入氢原子后，由于原子间的非键相互作用可以得到更准确的阐释，因此有助于改进模型的几何结构（由 BUMP 限制指令进行强化，详情参见第二章及 SHELX 手册）。但是，引入氢原子对晶体学相角和电子密度图的影响一般不明显。

10.1.4 溶剂

在原子分辨率水平上，不仅全占据的溶剂位置，而且部分占据的溶剂位置都可以准确地被建模。为了使稳定的精修更容易进行，应当将部分占据位置的占有率与近邻蛋白质原子和/或者近邻的其他部分占据的溶剂位置通过设定约束而耦合在一起。

10.1.5 标准不确定度

大的观测值－参数比例使估计精修参数的不确定度成为可能，这可以通过对精修正交矩阵求逆计算得到（Cruickshank,1970;Press 等,2002）。由于计算系统的快速发展，在现代桌面工作站中，其涉及的庞大的计算现在可以在几个小时内完成。

一旦确实精修过的参数（比如原子坐标）的标准不确定度可以被测定，那么相应衍生参量（比如原子间距）的标准不确定度就能根据误差传递机制进行计算。以检测羧基的质子化为例，当利用原子分辨率的数据并且不带限制条件地精修过 C 和 O 原子的位置后，两个 C—O 键长之间呈现明显的区别的现象就可以用于确定质子化的存在性（质子化时为单键,反之为双键）。

10.2 典型的精修步骤

10.2.1 起步

典型的原子分辨率水平上的精修开始于某个已经完成主要部分结构的模型，比如先前在低分辨率水平下确定的同一分子的结构或者自动建模软件基于实验或分子置换得到的相角数据集生成的模型。通常这类模型中的原子属于全占据状态并且具有各向同性 B 值。

SHELXL 输入和输出文件

和其他大多数精修程序不同，SHELXL 的下一轮精修要同时使用当前的结构模型参数及指令，而这两部分都来自同一个文件，即指令文件（或者称为 ins 文件）。一个更有用的名为 SHELXPRO 的程序可以从某个 pdb 格式文件自动产生这样的 ins 文件。除了其他项目外，这个程序所生成的文件还阐明所有必要的几何参数限制，这些限制使用的目标值来源于 Engh 和 Huber 参数库（Engh 和 Huber,1991），另外也包含了各向异性位移参数的限制。

衍射数据被保存于一个固定格式的文本文件（asci 文件），即 hkl 文件。SHELXPRO 可将各种格式的衍射数据转换成 hkl 文件，以便用于 SHELXL。当然，实现这个功能，更常用的程序是 XPREP（见第一章）。另外，CCP4 软件包（Collaborative Computational Project Number 4,1994）中的 mtz2various 程序可用于转换来自 CCP4 方面的数据。当转换不同格式的数据时，只要数据格式有了变动，就要确实好好核对衍射点的准确数目（包括工作集和用于交叉验证的检验集的衍射点数目）。衍射点数目呈现不一致的原因可能是不同的 R_{free} 标记习惯、含混的分辨率截断、极小或极大衍射强度的记录格式问题、可忽略(unob-served)衍射点的不同标记方案、负值衍射强度的格式等等。这些差别通常都是到了结果要发表的时候才被发觉，从而导致相当大的麻烦。

在输出文件方面，一个精修进程将产生一个 res 文件(可作为下一轮精修的有效 ins 文件)，其中包含了该结构的新描述；同时还产生包含模型精修后的坐标的 pdb 文件、包含各种记录信息的 lst 文件以及包含用于电子密度图计算的结构因子的模和相角的 fcf 文件。fcf 文件可直接用 Xfit 程序(McRee，1999)及 Coot 程序(Emsley 和 Cowtan,2004)读取或者通过 SHELXPRO 转化成其他格式。

模型的初始调整

为了校正全局比例因子，溶剂模型以及初始模型的位置，应当用 SHELXL 先进行一轮刚性体精修。因为这种精修的参数数目小(每个刚性体有 6 个参数)，所以可以使用全矩阵精修(关键字为 L. S.)，相应的指令如下[①]：

L. S. 20 – 1	! Run 20 cycles of full matrix least
	! squares refinement
BLOC 1	! Refine only coordinates
SHEL 10 2.0	! Use data between 10 and 2.0 Å
STIR 4. 0 0. 3	! Begin refinement with data to 4. 0 Å，then
	! with every cycle include successive 0. 3 Å
	! shells of data

.

AFIX 6	! constrain all atoms to be in one rigid body

.

... ATOMS ....

.

AFIX 0

如果合适的话，通过成对使用 AFIX 6 和 AFIX 0 指令，该结构可以被分割成几个不同的刚性体，比如不同的蛋白链或者基团。

典型问题

(1) 当某一个分子置换结果产物作为初始模型时，对称相关分子的重叠区域会导致许多反碰撞(anti-bumping)限制的产生，可以利用注释化 BUMP 指令来停止应用它们。更彻底的解决办法是从一开始就使用比如 arpWarp(Perra-kis 等,1999)的自动处理操作来重建起始模型。

---

① 每行排在! 后的文字为原英文解释。——译者注

（2）测试不准确的低强度衍射点（比如过饱和衍射或者被光阑阻挡的衍射）都能够严重妨碍精修的各阶段操作。必须细心评价这些衍射的正确性，如果存在任何一点疑问，可以用关键词 SHEL 执行低分辨率数据截断。

10.2.2 1.5 Å 分辨率模型的粗调

对分辨率达到 1.5 Å 的数据在进行比例因子的初步精修之后，要精修下坐标和 B 值。这一步对基于 SHELXL 限制条件组合来校正模型的几何结构十分重要。因为其中一些限制条件相对于其他程序使用的限制存在着微小的差别。假如这个阶段给定的参数数目属于基础性层次（每个原子四个参数），就可使用共轭梯度算法（CGLS 指令）进行精修。这种算法（Sheldrick 和 Schneider，1997）虽然不如最小二乘法精确，但是可以大为缩短收敛的计算时间。可用 STIR 指令来改善收敛性质：

CGLS 20 −1 ! Run 20 cycles of conjugate gradient
           ! refinement
SHEL 10 1.5 ! Use data between 10 and 1.5 Å
STIR 2.0 0.1 ! Begin refinement with data to 2.0 Å, then
            ! with every cycle include successive 0.1 Å
            ! shells of data

需要检查这个结果模型是否存在诸如错位的侧链及虚假的水分子等严重问题。对 lst 文件里的所有警示应当仔细检查，特别是关于没进行限制的原子的警示以及 "不匹配限制（disagreeable restraints）" 列表可以指明发生问题的地方以及不同程序中所应用立体化学限制条件的不兼容性。在这个阶段，SHELXWAT 可以用来升级某个存在的或者建立一个初步的新含水结构。

典型问题

（1）当放开精修坐标和 B 值后，精修变得不稳定。多数情况下的肇事者是某类定位差劲的原子。这类原子可以通过检查 lst 文件中表征 "极大移位（maximum shifts）" 的精修参数（在 lst 文件中查找 "Max. shift"）来鉴别。

（2）从其他精修程序改由 SHELXL 精修后，R 值会与先前所得不同。这可能源于建模的差异，比如使用不同的主体溶剂校正或者用于计算 R 值的衍射数据集不同等。特别是使用不同的误差截断标准（比如以被排除的衍射点相对于其标准偏差的倍数小于 3，即 "$F < 3\sigma(F)$" 为标准）将导致不同的统计结果。核对衍射点的准确数目将揭示这个问题以及其他差别，比如隐含的分辨率截断标准不同等。

（3）精修根本没有进展。这可能是错误的标准偏差干扰了 SHELXL，因为它在权重配置中要使用这些衍射点的标准偏差。

10.2.3　导入原子分辨率数据

当模型进行了首轮校正精修后，可以使用高分辨率的数据了。STIR 指令用于逐步引入新的数据：

```
CGLS 20  –1        ! Run 20 cycles of conjugate gradient
                   ! refinement
SHEL 10 0.1        ! Use data between 10 Å and full resolution
STIR 1.5 0.05      ! Begin refinement with data to 1.5 Å, then
                   ! with every cycle include successive 0.1 Å
                   ! shells of data
```

如果数据可以扩展到高于原子分辨率(比如 d_{min} < 0.9 Å)，则仅用许多细节已经明显可见的某个中间分辨率水平下(比如 1.0 Å)的数据对模型做些操作可能更有效率。采取这种办法的主要原因是 1.0 Å 可以比 0.8 Å 的数据明显缩短计算时间(当数据从 1.0 Å 分辨率过渡到 0.8 Å 分辨率,可能衍射点的数目约增大到两倍多)。

10.2.4　开始各向异性精修

一旦分辨率水平不低于 1.2 Å，就可以精修各向异性位移参数。从技术上说，这种转变可以通过在 ins 文件中添加 ANIS 指令来实现。

当精修涉及 ADP's 时，应当密切关注 R_{free} 的取值。如果 R_{free} 下降范围低于 1%~1.5%，最好还是回到各向同性精修。作为中间过渡结果，只能通过对相关原子施加 ANIS 指令，将结构中的重原子(比如硫或者金属原子)设置为各向异性(参见 SHELXL 手册第十一章示例)。

10.2.5　原子分辨率水平的模型改造

除了利用与低于原子分辨率水平时建立结构模型一样的操作对蛋白质和溶剂模型进行改造外，原子分辨率水平的手动建模主要是考虑多重分立构象的处理。多重构象的准确建模，尤其是其中活性部位的建模，往往可以获得更清晰的电子密度图并增加结果的可阐释性。

这个操作步骤需要强调的是等到各向异性位移参数被精修后再进行多重构象体的建模往往效率会更高，因为这些位移参数的引入通常可以明显改善电子密度图的质量。

原子分辨率水平上的手动建模

关于模型错误部分的修改，目前仍然缺乏与 SHELXL 无缝结合的图形软件。现在最常用的模型修改程序是 Xfit(McRee,1999)和 Coot(Emsley 和 Cowtan,

2004）。当模型被调整后，这些程序可以输出一个需要被转换成 ins 文件的 pdb 文件。这种转换可以由 SHELXPRO 来完成。但是，为了管理定义模型的各种控制指令，需要务实地并经常利用文本编辑器好好修改这个 ins 文件（本章作者推荐的文本编辑器是 Vi 软件）。

在提交一个新建立的 ins 文件开始一个完整的精修操作前，先编制一个仅包含 100 个衍射点的衍射文件并作一轮精修可能很有用，因为这种操作在衍射数据分析上不会花太多时间，但是可以很快地产生模型的全部几何分析结果，而且这些结果可用于找出手工改造模型时犯下的错误。

待调整区域的鉴定

为了鉴定需要改造的局部结构，SHELXL 产生的 .lst 文件中包含了大量有益的诊断信息：

（1）"不匹配限制（Disagreeable restraints）"列表：最后一轮精修后得到的这个列表包含的模型中被施加限制的性质，不管是诸如键角等几何性质还是近邻原子的 $ADPs$ 取向性等 ADP 相关的性质，与其被赋予的限制条件相比，偏差都高于 r. m. s. d. 值三倍以上。对于与 $ADPs$ 相关的问题，相应振动椭球的可视化观察（比如利用 Xfit 程序）可以非常明显地揭示这种不匹配性。

（2）（$1F_o - 1F_c$）差值密度图上的极大峰值列表（即 lst 文件中的"Q1"开始的序列）：使用 PLAN 指令（比如 PLAN 200 – 1   0.1）后，SHELXL 输出的 pdb 文件中会包含这些极大峰值的位置以便随同模型的显示而一起出现。这些峰的位置也可以通过在画图程序中对合适的电子密度图进行峰值搜索而被确定。

（3）缺失的原子：不包含于模型中的某些原子能从某个列表的项目中被分辨出来，该列表标题为"下列原子不能与 DFIX 指令指定的残差匹配（Following atoms could not be matched for particular residues for DFIX）"。

（4）物理上无意义的各向异性位移参数：各向异性位移参数精修结果是不合理的数值（数学上相当于椭球体被双曲线体所代替），则相应原子被标记为"非正定"（non-positive definite，在 lst 文件中为"NON POSITIVE DEFINITE"）。$ADPs$ 所描绘的椭球拉伸长度很大，则该原子被标记为"可能是分裂的（maybe split）"①。

有时，"不匹配限制"列表中的项目相当于模型和期望立体化学结构之间的真实偏差。比如，根据某种特殊的肽键的实际电子分布，描绘该肽键平面性的 ω 角可能明显偏离 180°（见 König 等,2003）。但是，大多数情况下，模型和所用限制条件间的不一致来源于结构的错误。特别是本来为多重构象，却被按照一个构象来建模，这时就会出现明显的违背 DELU 和 SIMU 的征兆。因为对

---

① 即可能具有不同的多个位置。——译者注

于某个位置的建模，如果它的真实占有率是50%，那么该占有率被指定为1.0就要以相应原子(各向异性)B值的不合理变动来均衡，而这将导致该B值与近邻原子的B值之间产生不合理的巨大差异。

大多数时候应当从模型中去掉标记为"非正定"的原子，并且如果若干轮精修后其对应的差值电子密度峰仍存在，可以重新加入模型内。

应该观察振动椭球拉伸程度很大的原子。不管怎样，适合于引入两种分立构象体的时机一般是通过查看"不匹配限制"列表中给出的残差来判断的。

引入多重构象

当存在多重分立构象体征兆的某一局部结构被确认时，将这些多重构象加入模型的最有效策略就是逐步操作，期间每若干轮精修后参数就相应地进行变动。主要的步骤包括(见图10.2)：

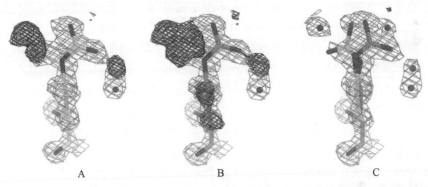

图10.2　多重构象精修步骤示意图。各个图像中，σA加权的$(2F_o - 1F_c)$差值电子密度以1σ级别(灰色)显示，而$(F_o - F_c)$差值电子密度以2.5σ级别(黑色)表示。这些图节选自分辨率为1.1 Å水平的三斜溶菌酶的精修结果，所显示的残基为精氨酸45。A：完全占据的唯一构象不能完美解释电子密度分布；B：降低侧链原子的占有率后，差值电子密度可解释性增强，原应保持完全占据的侧链原子(CB、CG、CD)显示正的$(F_o - F_c)$差值电子密度；C：加入第二构象以及差值电子密度图中的残余峰对应的一些水分子，所得模型可以完美解释电子密度分布。所有图像使用PyMOL程序绘制(DeLano,2002)

（1）将当前存在的构象的占有率限制为0.65，其理由是取值0.65通常可以使这个主要构象优先被确定。同时建议将所涉及原子的B值重新设定为各向同性。经过几轮精修后，潜在的第二构象对应的差值电子密度将变得明显、更好确认。

（2）在被改善的电子密度图中建立第二构象，对这两个构象指定相应的PART分量的编号，并且应用二者占有率之和必须为1的限制条件。若干轮精修后，占有率将达到一个最佳值，并且B值不再出现与限制条件不一致的情况。一旦两个构象已经稳定了，相应的原子可以使用 ANIS 指令再次进行各向异性精修。

（3）定义网络：如果无序的原子基团彼此靠近，则可以建立一个互斥的穿插网络结构，该网络的规定可以使用合适的"PART 编号"指令以及将这些基团占有率约束成某个正常值来实现。网络的正确建立以及对占有率数值的约束仅对精修中使用的参数数目的变化有轻微的影响，但是通常可以获得更加稳定的精修过程并且实质性地提高电子密度图的质量。当占有率的精修结果少于20% 的时候，除非存在一些比 C、N 或者 O 重的原子（比如硫原子）和/或者建立了巨大的网络结构，否则就应该考虑是否重新按照仅有一个构象来进行解释。

虽然 SHELXL 允许对三个或更多的构象进行建模（见本书第五章），但是基于稳定精修的要求，通常不需要也不可能建立多于两个构象的模型。在这种条件下，将赖氨酸侧链按三个或多个构象来描述是一个梦魇，并且——从本章作者的眼光看——是一个永难成功的个案。具有多于两个的构象而且偶尔可以被稳定精修的例外的原子是丝氨酸的羟基氧以及胱氨酸和甲硫氨酸的硫原子。

对于如何处理电子密度难以解释的原子或位置的问题业已被详细讨论过（可参见各种大分子相关的邮件列表及学术论坛）。但是，仍然没有被广泛接受的规则，尚待进一步统一。本章作者通常使用如下策略来解决这个问题：

（1）如果的确存在电子密度，那么至少应该放置一个构象，精修其原子的占有率，或者，如果可以的话，手动调整占有率为固定的某值，以便相应 B 值的精修结果与近邻原子的 B 值一致。

（2）如果没有一点电子密度，那么就从 pdb 文件中删除相应的原子，并且准备一个说明，与最终的模型一起递交给蛋白质数据库。按道理说来，占有率为零可以用于说明在晶胞内占据某个位置但衍射数据却不能提供证明的原子。不过，很多结构模型的用户并不了解这种机制，因此将从中得到错误的结论。

存在多重构象的一个常规的直观现象就是扭曲的键长和键角会出现在介于有序部分和无序部分交界的原子上。一种简单的处理办法就是复制有序部分的原子，以便通过这些原子在不同构象间的小规模运动①来缓解应变状态。这种办法理所当然要耗费更多的参数。上述具有无序侧链的残基中的 CA 原子基团就是一个典型的例子，多数情况下 CB 原子的位置将在不同的构象间轻微变动，自然会引起所在骨架原子中的 CA 原子及其他骨架原子的位置变化。虽然依次将更多的原子并入无序部分中可以逐步解决立体化学的问题，但是却会导致通常不希望看到的大部分结构呈现枝杈遍布的现象，因此在这种条件下，必

---

① 即无序。——译者注

须进行适当的折中处理。

典型问题

（1）对结构的改造中，尤其是扩展式改造时，SHELXL 偶尔会停止运行并显示"∗∗∗REFINMENT UNSTABLE∗∗∗（∗∗∗精修不稳定∗∗∗）"的信息。通常这是因为新构造的局部结构的参数相对于允许的阈限值的偏移过大。这样的局部结构可以通过查看 lst 文件中的极大位移值（见"Max. shift"列表）进行确定并从模型中移除。对于更复杂的情形，扩大带有 STIR 指令（不完全模拟退火——poor man's simulated annealing）的精修的收敛半径会有所帮助。

（2）精修操作中出现不合理状态的一个常见因素是忘记（闭合）PART 0 指令，因而下一个 PART 指令之前的所有原子的占有率是错误的。使用文本编辑器查看 pdb 文件可以发现这个问题。

（3）手动改造结构期间，如果局部几何结构畸变很大，其原因来自 SHELXL 的内部连通性表的不正确编制［完整的连通性表位于 lst 文件中，标题为"共价半径和连通性表（covalent radii and connectivity table）"］，使用 BIND 和 FREE 指令可以直接修正这个问题。

（4）当基于（$1F_o - 1F_c$）差值电子密度建立了第二构象，而几轮精修后（$2F_o - 1F_c$）差值密度却没有达到应有的水平。然而，如果去掉第二构象，则相应的（$1F_o - 1F_c$）差值密度会频繁再现。为避免无休止地循环，可以采用一个表明第二构象可被接受的实用判据：不管（$2F_o - 1F_c$）差值密度存在与否，只要（$1F_o - 1F_c$）差值电子密度中没有低于 3σ 水平的任何信号出现就行了。

10.2.6 涉及氢原子的时机与操作

由于氢原子参与许多非键相互作用并且多数情况下在催化机制中扮演关键角色，因此它们是蛋白质结构的重要部分。因为自身微弱的散射能力，在低于原子分辨率时，氢原子难于从电子密度图中被确认。但是，在原子分辨率水平上，确实可以从差值电子密度图中鉴别出大量氢原子并进行有把握地建模。

从技术角度看，氢原子的加入会将必要的结构因子计算所用的原子数目近似扩大一倍，从而导致可观的计算时间开销。考虑到氢原子的加入通常仅仅稍微改善精修统计结果（R_{work} 和 R_{free} 一般降低 0.5%~1.0%）和电子密度图的清晰度，因此建议为了保证效率，只有在比较靠后的精修阶段中才开始考虑氢原子。

对于蛋白质精修，SHELXL 用户不需要掌握对存在的氢原子进行参数化的各种手段（这些手段可以参见 SHELXL 手册和本书的第三章）。因为生成所给定蛋白质结构中的氢原子需要的所有 HFIX 指令可以方便地由 SHELXPRO 产生并保存于 ins 文件中，这些指令以注释的形式出现，以便需要的时候可以通过去掉 REM 指令来激活它们。实际上，业已证明的明智做法是不要激活所有的氢原子生成指令，而是仅限于那些可以从近邻的非氢原子位置推算出其位置的氢原子(参见第三章的骑式模型(riding-model))。对具有可变位置的氢原子，比如羟基，更好的做法是将它们放在一边以避免由于不正确的定位，而使所得的模型出现畸形并且可能陷入与几何结构相关的困境中(参见 Sheldrick 和 Schneider1997 年报道的例子)。实际上，甚至在很高分辨率的结构及高品质数据(比如 Aldose Reductase, Howard 等,2004)条件下，大量羟氢在电子密度图中也始终模糊难辨，这可能源于这些羟氢参与构成了柔性的氢键网络，比如翻转型网络 "flip-flop networks"(Saenger 等,1982)。另外，组氨酸的咪唑片段上的所有氢原子可以不必生成，对于这种情况，碳原子上的这些氢原子可以用于校正电子密度图以便明确氮原子的质子化作用。用于生成结构中所有组氨酸残基的非咪唑氢可以使用如下 HFIX 指令：

HFIX _ HIS 13 CA

HFIX _ HIS 23 CB

HFIX _ HIS 43 N

REM HFIX _ HIS 43 ND1 CE1 CD2

必须注意这组指令也可以生成原子呈现多重构象的组氨酸残基所需要的氢原子。

出于对 SHELXL 定位的氢原子的实际位置的考虑，测试这些氢原子与其他原子的间距时务必小心点，因为 SHELXL 指定给这些氢原子的位置是根据 X 射线衍射数据进行精修的最佳结果，不一定对应于这些氢原子核的真实中心(也可参考本书第三章)。

典型问题

(1) 对蛋白质氮端氨基的处理不当往往是出现矛盾的根源。如果 SHELX-PRO 没有生成相应的 HFIX 指令，就要在 ins 文件的当前所有 HFIX 声明语句前加上格式为 "HFIX 33 N _ 1" 的指令声明。

(2) 缺失原子经常会产生连通性方面的问题，因为计算伴随氢原子的位置需要完全明确的连通性信息。比如，假设残基 26 的侧链没有在 CB 原子之前确定，这时 SHELXL 就遇到了麻烦，因为在不知道 CG 原子的位置时它就不能计算伴随 CB 原子的氢原子的位置。要解决这个问题，可以先取消 CB 原子所随氢原子生成操作——加入指令 "HFIX _ 26 0 CB"。

10. 2. 7 溶剂

有序溶剂

标准大分子精修中，有序溶剂分子的建模是个迭代过程，为使得各步结果一致兼容并避免无休止的循环，遵循如下一些规则是必要的：

（1）对于完全占据的水分子，一个可以接受的这种水分子必须与结构中的其他原子至少形成一个氢键。当水分子的 B 值超过某个阈限值（比如 50 Å^2，当然，具体的准确值取决于数据收集的温度和数据质量）时，要从模型中去掉它们。

（2）对于部分占据的水分子可以分成三类：

a. 部分占据的水分子与结构中其他位置至少形成一个氢键。这个另外的位置可以是完全也可以是部分占据。对于后者，对新增的水分子应当相应选取合适的 PART 指令的编号以及占有率限制。

b. 部分占据的水分子集合：隶属于溶剂分子的拉长的电子密度往往按两个位置来建模，比如经常频繁出现的香蕉形电子密度分布就对应于两对处于半占据的水分子位置。在这种情况下，可以按填充这些位置的原子占有率固定为 0.5 来建模。

c. "不合群"水分子：在存在溶剂的区域使用缺乏实际意义的部分占据水分子通常有助于临时解释电子密度峰。这类分子的加入（虚拟原子）可以改善相角问题甚至最终可以揭示部分占据的"缓冲分子①"的性质。如果没有实际的物理或化学意义，在结束建模时应该删掉这些水分子。

主体溶剂（bulk solvent）

在 SHELXL 中，主体溶剂建模相当简单（参见 SHELXL 手册）。显然，相关衍射强度的观测值和计算值的匹配性，低分辨率的数据不如高分辨率的。

不过，在很多情况下，数据和模型的不一致也可能来自实验数据本身的质量。低分辨率数据强度的测试错误可以源于诸如曝光过度的衍射点、射线束被挡后而测试的衍射点、过快旋转晶体引起的同步问题（步进电动机失步）以及短曝光时间（不正确的快门开合时间）等原因。关于这些问题，部分可以通过仔细的数据再处理得以补救。如果不可能补救，那么可以使用 SHEL 指令进行低分辨率数据截断以去掉部分坏点。当以改正过的衍射数据重新开始精修时，溶剂模型的参数应该重新设为缺省值，这可以使用无其他参数的 SWAT 指令。而当 SWAT 参数失去其物理意义时（第一个参数 g 应该在 0.7 和 1.0 之间，而第二个参数 U 应该在 2 和 5 之间，更详细的介绍见 SHELXL 手册），同样需要如法炮制，进行主体溶剂参数重建。

10.2.8　完善模型

对大多数晶体学精修，很难决定什么时候原子分辨率水平的某个精修能被

---

① 该分子还未被完全确认，处于解析的过渡状态。——译者注

认为可以停止了。很多生物大分子的精修在可以回答相关生物学问题或 R_{work} 低于20%就结束了。但是，要牢记为了获得准确的描述，比如要准确表达某个活性点，除了这部分的模型必须彻底精修外，同一结构的其余部分也应该这样做。否则结构中未关注部分的不正确建模导致的扭曲效应会使得所关注区域出现赝像。

晶胞参数

要测试间距的绝对数值，就应该使用校准过的晶胞参数。晶胞参数不准确的典型原因可以是用于实验的波长数值误差（对于同步辐射数据），也可以是晶体与探测器间的距离数值不对。诸如 WHAT_CHECK（Hooft 等,1996）的程序可以用于确定这类问题并且提出晶胞参数的校准值。当晶胞参数经过校正后，必须通过几轮精修使目前的结构适应新的晶胞。

限制

理论上，原子水平分辨率数据包含的信息足够不加限制就能精修大分子结构的有序部分。但是，对于许多实际情形，不建议取消这些限制或者改变它们的权重（使用 DEFS 指令），因为这些限制对保持结构中有序程度较差部分的控制是绝对必要的。另外，即使已经施加了限制，如果可以的话，对于结构中有序程度更好的部分，衍射数据也可以通过精修驱动模型移向正确的位置。

但是，有一些例外是允许的。这种情况下的一个有启迪性的例子就是关于描述肽键的 ω 角的问题。即使应用了限制，很多 ω 角所取的数值仍将不同于0°或180°（表明所用的数据通过精修使模型偏离了限制指定的目标值）。有人就观察到 ω 角偏差达到30°并且与电子密度图完全匹配的事实（例子可参见 König 等,2003）以及这种偏差实际具有物理合理性（MacArthur 和 Thornton,1996）。为了得到准确的 ω 角数值，或许需要去掉秩序井然的肽键上所施加的描述平面性的限制，同时要确实无误地保留有序性不佳的肽键上的限制。另一种重要的情况是羧基的精修，即通过两个 C—O 键长的不同来考察质子化作用。此时取消标准限制（强制两个键长相等）会更稳妥些。另外，这种手段仅仅对关注的羧基属于结构中具有良好秩序的部分时才可以得到有意义的结果。

最终模型的判据

除了用于中等和低级分辨率结构的判据外（如骨架二面角和 Ramachandran 图的匹配、合理的 B 值等），对于原子分辨率的精修，还可以给出更多的判据（也可参见本书第十一章）：

（1）"不匹配限制"列表中不应有任何遗留的可以通过调整模型参数解决的项目。在某些条件下，例外的情况是可以接受的，比如理论上应存在多于两个的构象，但是由于技术原因只能按两个构象建模，从而造成与限制条件的不一致是允许的。

（2）不施加限制的原子只能是那些有意去掉限制的原子。

（3）无序结构的建立必须尽可能连贯一致，即尽可能连成网络结构。

（4）没有被标记为非正定（non-positive definite）的原子。

（5）（$1F_o - 1F_c$）差值电子密度图的 $r.m.s.d.$ 值应该近似处于 $0.07 \sim 1.0 \, e \cdot Å^{-3}$。

（6）差值电子密度图上没有明显的峰值或谷底，实际的显著性临界值将在 4.5σ 到 5σ 之间取值（误差 σ 就是（$1F_o - 1F_c$）差值电子密度图的 $r.m.s.d.$ 值）。对于可以用诸如"丝氨酸可能存在第三种构象而没有建模"等合理解释的情况，残余密度峰是可以接受的。

（7）氢原子的放置必须具有完整性和一致性。

技术要点

（1）为实现氢原子定位的一致性，一个简单的办法就是先删除模型中的所有氢原子，然后如同通过 SHELXPRO 产生的一样，使用多个 HFIX 指令重新获得一套氢原子（参见示例 10.3.1）。

（2）当模型的参数化工作完成后，就必须引入检验集中的衍射数据。这可以通过去掉 CGLS 指令的"-1"变量值来实现。如果这个结果模型出现问题，就要去掉某些位置或参数，但是，在这个阶段无论如何不能再增加参数了。

10.2.9　坐标不确定度估计

由于原子分辨率精修使用的衍射数据数目庞大，所以精修正交矩阵求逆可以用来估计被精修参数的标准不确定度（Cruickshank，1970；Press 等，2002）。相应的计算量十分巨大，直到近年来才仅能在大型主机上运行。但是，随着计算技术的快速发展，现在矩阵求逆已可以在标准晶体学工作站上花几个小时来完成[①]。

对于报道的原子分辨率水平的大分子结构，很多例子中在对正交矩阵求逆之前就去掉了所有的限制。但是，最近的研究表明，如果模型中某个区域施加限制十分重要，比如属于共享同一电子密度的两种不同构象的两个位置（见König 等，2003），标准不确定度将被高估。无论如何，对于分离很明显的位置，标准不确定度的估计是合理的。

---

① 对淀粉酶抑肽（Tendamistat）41006 个衍射点计算 7433 个参数的相关正交矩阵的逆阵（König 等，2003），用 138 MB 的内存及 2.2 GHz 的 Intel P4 处理器的配置，在 Linux 操作系统下花费了 33 min 的CPU 时间。

技术要点

（1）用于矩阵求逆操作的 ins 文件中，应该去掉所有的限制并且将偏移倍乘参数都设置为 0（DAMP 0 0）。所有限制成功去除与否可以通过查看检测性操作中所统计的限制数目来确认。对于极性空间群，需要保留用于固定原点的限制条件。

（2）如果所涉及的数值计算问题过于巨大，以至于不能由指定版本 SHELXL 的来解决的时候，程序运行将出现问题并显示诸如"＊＊＊＊＊AR-RAYB TOO SMALL FOR THIS PROBLEM＊＊＊（＊＊＊＊对这个问题来说数组过小＊＊＊）"等信息。可以使用已经编译好的使用更大数组的程序版本即 SHELXH 或重新编译程序，使它允许的数组维度增加（参见 http：∥shelx. uni- ac. gwdg. de/SHELX/#Compilation）来解决问题。另一个选择就是降低问题的尺度——将正交矩阵求逆计算限制于求取某些参数，比如坐标等，这可以使用 BLOC 指令来实现（详见 SHELXL 手册）。

（3）如果关注由被精修参数衍生出来的定量性质比如键长和键角的标准不确定度，可以引入 RTAB 指令（见第二章）用于计算这些性质的数值及其标准不确定估计值，后者可以通过误差传递机制（基于该问题的全方差－协方差矩阵）计算。详见例 10.3.2 的介绍。

典型问题

（1）正交矩阵求逆会出现数值计算不稳定而引发"挂起"的操作。这种不稳定一般是由于零占有率的原子，它们实际上可以从模型中移除（伴随出现隶属于这些特殊原子的氢原子也需要重新进行处理的麻烦）。在其他条件下，可能需要返回检验在最后一次基于 CGLS 精修的操作中仍旧处于偏离目标值或者取值振荡不稳定的参数。

10.2.10　结构的分析与显示

和中等分辨率下的结构比较，原子分辨率水平的结构可以给出大分子更详细的图像。因为一方面更高的分辨率会使电子密度图上的更小细节清晰起来。另一方面模型的更加精细的参数化可以定性回答新增的问题，比如某个活性点的两个原子的各向异性椭球是否彼此混淆。

在开始阐释结构数据之前，需要审核模型的全局质量。除了更低分辨率下提供的模型统计结果数值（R_{work}，R_{free}，R_{all}，模型与立体化学规律的一致性、平均 B 值等）外，原子分辨率模型特有的定量性质比如各向异性位移参数和所施加限制的一致性也必须一起考虑。一些重要的关于 *ADPs* 的统计分析可以从 Ethan Merritt 的 PARVATI 服务器上获得（Merritt，1999）。

由于衍射数据的优势，结构验证程序基于精修良好的中等分辨率结构正常判断是"反常"的参数值在原子分辨率水平的结构中可以有更多的体现。典型的例子是 ω 角出现极端的数值：在中等分辨率下，155°的 ω 角可信程度很差，但是在原子分辨率水平，这点可以被电子密度所证实（König 等，2003）。关于这类偏差的讨论有待后面报道。

一种很有启发效果的各向异性位移参数显示法是以某个给定的概率水平画出相应的振动椭球图（见小分子晶体学的 ORTEP 图）。这些图可以实现对 *ADPs* 的正确性和平均值的直观评价。对于大分子，振动椭球图可以用 Xfit（McRee，1999）和 BOBSCRIPT（Esnouf，1999）来显示。通过 Rosenfield 刚性体标准的应用（Rosenfield 等，1978），*ADPs* 也可以用于表征分子的柔性，具体可参考 Schneider 的报道（1996a）。

当用于显示分子无序区域的图形显示程序不适合于处理不同的 PART 编号时，需要将 pdb 文件分裂成两部分，一部分包含 PART 0 和 PART 1，另一部分包含 PART 0 和 PART 2，然后对这两部分进行显示操作。

当前用于原子分辨率水平的蛋白质结构精修的技术可以被认为是标准蛋白质技术的高分辨率扩展或者是标准小分子技术的更低分辨率扩展，因此它在新特性方面仍具有很大的发展空间。[一个例子就是使用简正模式对晶体中原子的各向异性位移进行建模（Kidera 等，1992）]。这也是为什么将实验数据和精修模型一起保存是特别重要的事，因为这种保存措施能保证将来某个时候可以从这些数据和模型中获取更多的信息。

10.3　示例

10.3.1　蛋白质精修的典型过程

原子分辨率水平的小型蛋白质精修的一个典型例子是淀粉酶抑肽（Tendamistat）的精修，它包含 74 个残基，数据分辨率为 0.93 Å（König 等，2003）。所有淀粉酶抑肽精修相关的中间文件见随书光盘。精修操作过程总结于表 10.2 中。

数据经过程序 DENZO 和 SCALEPACK（Otwinowski 和 Minor，1997）的处理，分解成一个工作集和一个检验集。随后用 XPREP 程序（Sheldrick，2001）准备 SHELXL 程序（Sheldrick，1997b）的输入数据文件。从以前 2.0 Å 分辨率下得到的淀粉酶抑肽结构（Pflugrath 等，1986；pdb-code 为 1HOE）中提取出四个硫原子的坐标提交给 SHELXD 软件作为初始模型，随后利用双空间循环法从硫原子位置出发将结构扩展到总数 634 个原子。结果模型再交给 arpWarp 程序（Perrakis 等，1999）处理，通过对基于 1.5 Å 分辨率截断的衍射数据形成的电子密度图的自动分析，获得这个蛋白质的原始构架。随后 arpWarp 使用缺省参数进行 50 轮精修，自动构造了 74 个残基中的 73 个。

表 10.2　淀粉酶抑肽的 SHELXL 精修

文件名称	N_{obs}	N_{par}	$R_{work}/\%$	$R_{free}/\%$	操 作 步 骤
tenda1	9 985	2 539	18.44	20.36	初始模型
tenda2	38 997	2 579	19.28	20.19	MOD
tenda3	38 997	5 799	14.03	15.69	各向异性参数
tenda4	38 997	5 974	13.54	15.33	FOCC、WAT
tenda5	38 997	5 974	13.16	14.96	DOUBLE、FOCC、WAT
tenda6	38 997	6 002	12.85	14.50	DOUBLE、FOCC、WAT
tenda7	38 997	6 191	12.61	14.35	DOUBLE、FOCC、WAT
tenda8	38 997	6 191	11.80	13.27	加氢
tenda9	38 997	6464	11.67	13.26	DOUBLE、FOCC、WAT、甘油
tenda10	38 997	6 519	11.26	12.55	WAT
tenda11	38 997	6 574	10.90	12.24	WAT
tenda12	38 997	6 842	10.52	12.13	WAT
tenda12_cgls	41 050	6 842	10.50	n/a	基于所有数据精修

"文件名称"列相应于光盘中的工作文件名；N_{obs} 表示精修结构所用的衍射点数目；N_{par} 为相应模型的被精修参数数目；R_{work} 和 R_{free} 分别代表工作集和检验集满足 $F > 4\sigma(F)$ 的衍射点计算的 R 值；"操作步骤"的解释见本章节的文字。

上述结果模型通过 SHELXPRO 程序从 pdb 转换成 ins 格式文件，随后基于 1.5 Å 分辨率的数据使用 SHELXL 进行各向同性 B 值精修（见 tenda1 文件）。在对模型做了微小的变动后，使用 STIR 指令逐步将所有的数据都用于精修过程（见 tenda2）。引入取代各向同性的各向异性位移参数后，待精修参数扩大了两倍多，精修后 R_{work} 和 R_{free} 分别下降 5.2% 和 4.5%（见 tenda3）。接下来的四步精修（直到 tenda7）中，对多重构象进行建模：先将首个构象的占有率固定为 0.65（即 FOCC 操作），随后加上第二个构象（即 DOUBLE 操作），然后再添加水分子（WAT 操作）。在 tenda8 中，氢原子的加入使得 R_{work} 和 R_{free} 分别下降 0.8% 和 0.9%。随后多于三步的调整及精修中建立了多重构象的网络，并且在溶剂中加入了一个甘油分子，精修收敛结果是 R_{work} 和 R_{free} 分别为 10.5% 和 12.1%。为了得到最终的结构，去掉模型中的所有氢原子（见光盘上的 tenda12_noh）并且重新加氢，所得的模型基于所有数据进行了最后 20 轮共轭梯度精修（tenda12_cgls）。

最后，利用全矩阵求逆确定标准不确定度的估计值（见光盘上的 tenda12 _ ls 文件）。

10.3.2　确定蛋白质 – 配体接触性质的标准不确定度

使用 RTAB 指令可以估算所关注结构性质的标准不确定度。下面是一个在超高分辨率醛糖还原酶（Aldose Reductase）（Howard 等，2004）结构的分析中，使用 RTAB 指令生成蛋白质 – 配体间距以及它们相应的标准不确定度数据列表的输入文件节选：

```
RTAB   INHI   C2 _ 320   NE1 _ 20
RTAB   INHI   BR8 _ 320 OG1 _ 113
RTAB   INHI   F9 _ 320   O _ 47
RTAB   INHI   F14 _ 320 CH2 _ 111
RTAB   INHI   F14 _ 320 N _ 299
```

在 lst 文件中，计算结果如下所示：

```
Distance INHI
        3.1378 (0.0040)   Lig _ 320   C2 _ 320-NE1 _ 20
        2.9727 (0.0032)   Lig _ 320   Br8 _ 320-OG1 _ 113
        3.0096 (0.0037)   Lig _ 320   F9 _ 320-O _ 47
        3.2245 (0.0043)   Lig _ 320   F14 _ 320-CH2 _ 111
        3.2627 (0.0047)   Lig _ 320   F14 _ 320-N _ 299
```

第一列包含了待确定性质的数值（在这里是原子间距）；第二列位于括弧内的则是相应的标准不确定度。

11

蛋白质结构的（交叉）验证

Michael R. Sawaya

　　交叉验证是晶体精修中保证结果准确的一个关键部分。蛋白质结构的精修特别容易出现模型偏离实际的现象，在建模中一个未经检验的结构图像或者对细节的疏忽都能进一步恶化电子密度图中的错误环节。模型出现偏差的问题源于这样的事实——蛋白质结构精修通常是一个已知信息不全的问题；初始相角的估计值较差，在精修中很快就被放弃，而且也没有足够数目的结构因子来判断待精修参数数目是否恰当。1992 年以前，蛋白质晶体学家依据两个简单的标准来判断精修结构准确性：所得的 R 因子低于 20% 并且模型的键长与键角的几何偏差分别少于 0.02 Å 和 3°。虽然它们的必要性毋庸置疑，但是这些标准已被证明难以有效保证模型的准确。实际上，就有好几个肽链走向发生严重错误的例子见于文献。这就促进了交叉验证法的产生和发展——基于不在精修过程中使用的标准来评价结构正确的可能性大小。

　　最有用并且被广泛接受的交叉验证方法是使用 R_{free} 因子（Brünger, 1992）。在去除冗余而最小化数据数目的过程中，衍射数据的一个子集预留下来，只被用于周期性地测试与其结构因子计算值的一致性[①]。如果在精修过程中 R_{free} 数值降低了，晶体学者就有理由认为精修过程良好，并且模型中没有严重的错误。其他众多的交叉验证手段以评价模型坐标的几何品质为出发点，而 R_{free} 则测试 F_c 与 F_o 之间的一致性。结构有效性判断程序的作者绞尽脑汁实现了理想蛋白质模型本质特征的参数化。本文涉及的所有例子中，与给定结构模型比较并计算相关程度所用的几何参数就是由一个精修完美、高分辨率的模型库中提取出来的。其关键点就是用于作比较的参数都没有用在精修程序的求极小值算法中。

下面章节将分别讨论 PROCHECK、WHATCHECK、Verify3D、ERRAT 和 PROVE 软件的算法以及关于专门用作示范的例子（PDB ID 为 lja3，Dimasi 等，2002）的程序输出结果的说明和解释。对蛋白质数据库（PDB）中所有保存的结构进行考察后，lja3 被程序标记为具有特别差的统计分析结果。这个结构的错误同样得到其他有效性验证程序的证明。这个蛋白质出问题的部位存在于其上部的残基 204～230（见图 11.1），尤其是其中 15 个残基（残基 217～230）的延展被错误地按破碎的 β - 股进行建模。使用本文介绍的有效性判断工具及模型改造策略，可以发现这个子区域按螺旋建模更准确。对该结构模型的改进（包括这个延展片段和其他孤立区域）使 R_{work} 从 27.8% 降到 24.7%，相应的 R_{free} 从 28.3% 降到 27.4%。读者可以比较验证程序对已保存模型和修改后模型的输出结果。由于大多数常规蛋白质晶 体 数 据 的 典 型 分 辨 率 为 中 等 水 平（3.0 Å），因此这个例子特别有借鉴意

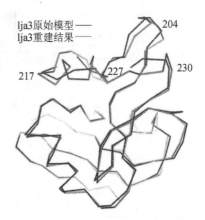

图 11.1 lja3 结构骨架模型图：黑色部分对应保存于 PDB 中的结构；基于各种交叉验证程序结果修改后的部分用灰色表示。图像三分之二以上的部位（残基 204～230）需做的改动最多

义。它同时也说明如果不使用交叉验证的话，一个结构模型偏离实际的程度是如此之大。各操作阶段的结果模型对应的 .pdb 文件和验证程序的所有输出结果都放在随书光盘上[②]。

---

① 不用于精修，而以工作集来精修模型。——译者注

② lja3_start.pdb 文件包含保存于蛋白质数据库（PDB）中的模型，lja3_final.pdb 则对应完成所有修正后的最终结构。而其余的 .pdb 文件记录了中间过渡状态。验证程序的输出结果可以在 "valid-output" 目录下找到。

可以个别访问本文介绍的结构验证程序（网址参见本书参考文献章节）或方便地通过结构分析和验证服务器（Structure Analysis and Validation Server，SAVS）联合使用，该服务器网址是 http://nihserver. mbi. ucla. edu/SAVS。

11.1 PROCHECK

结构验证程序 PROCHECK（Laskowski 等，1993）应用了大量定性检测，对几何偏差的处理联合使用了交叉验证和标准性检查。所产生的 Ramachandran 图（Ramakrishnan 和 Ramachandran，1965）是它最吸引人也是最有用的特性。Ramachandran 图是一种包含每个氨基酸残基的 ϕ/ψ 角度值的二维图。基于体系内能最小化，侧链和主链原子间的空间重叠会限制 ϕ/ψ 角度的取值范围。这意味着对落于该图中允许区域外的残基（在图中以黄色和红色标记）就要更细心地检查[①]。如果某个残基落于不允许区域，它的残基序号也会被标出。因为 ϕ/ψ 角度一般不参与自动精修程序的优化过程，所以这种图的判断结果可以看作是一种交叉验证的方法。典型精修合理的结构有 80%~90% 的残基位于"最佳容许（most favoured）"的区域，剩下的则位于"勉强容许（additionally allowed）"的区域。

Ramachandran 图有助于鉴别单独一个氨基酸中的局部错误（一个孤立 Ramachandran 标记）或者诸如主链走向错误等更加全局性的问题（一系列连续的多个标记）。Ramachandran 图中对应于孤立氨基酸的标记在大多数情况下意味着需要翻转肽键（换句话说，就是 180°旋转肽平面使羰基氧指向相反的方向）。这表明主链和侧链原子定位（原子 CA、CB 等）是正确的，但是肽平面（原子 N、C、O）的取向却不对。在图像分辨率低于 2.5 Å 时，由于在电子密度图中难以看清羰基处的凸包（该凸起来自羰基氧原子的电子密度分布包络，参见图 11.2），所以这种错误会更加常见。如果 Ramachandran 图中某个区域有大量连续的标记并且 B-因子很高（比如一个溶剂外露的环结构），就可以考虑使用"O"图形程序包（Jones 等，1991）中的环结构库（使用 lego _ loop 命令），这个环库取自精修完美，高分辨率的结构，从而具有准确的几何特征。

在蛋白质中，能量不允许的 ϕ/ψ 角度是很罕见的，但也不是没有。最终的决定性因素应当是电子密度图。如果密度图清楚表明羰基氧建模正确并且没有其他看起来合理的解释，那么就不应当更改 ϕ/ψ 角度。有时候所谓不允许的 ϕ/ψ 角度正是蛋白质结构具有某种结构或者功能特色的关键因素，而这些是其他情况下不可能实现的。一般说来，如果这种不允许的 ϕ/ψ 角度属于该

---

① 因为它们意味着原子空间重叠发生，内能高不稳定。——译者注

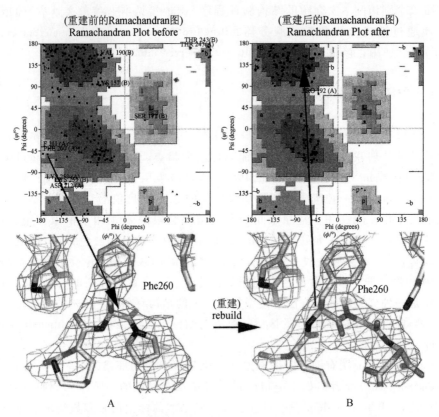

图 11.2 PROCHECK 程序得到的关于 lja3 的 Ramachandran 图：A 图为保存在蛋白质数据库（PDB）中的模型；B 图则是模型修改后的结果。修改后的残基 260 从 Ramachandran 图的"过分容许"区域移到了"最佳容许"区域

蛋白质结构的真实属性，那么就应当存在一个用于稳定这种会产生应变的构象的氢键或者其他合适的与该肽键骨架的相互作用框架。同时该区域中的残基也不应存在变形的键长或键角。而要检查这些几何结构偏差的情况，可以参考下面的讨论对 PROCHECK 输出结果的最后部分进行考查。

从 lja3 的 Ramachandran 图（图 11.2）一眼就可看出这个模型存在影响主链走向的严重错误。仅有 65% 的残基位于图中的"最佳容许"区域，30% 处于"勉强容许"的区域，而剩下的 5% 的残基则存在于图中的"过分容许（generously allowed）"区域（标以残基序号）。作为被标记的一员，Phe260 在图 11.2 中被突出显示：由于衍射数据的分辨率仅能扩展到 3.0 Å，因此电子密度图上缺乏判断骨架羧基氧原子位置的羧基峰凸包；通过仔细查看 $2F_o - 1F_c$ 电子密度图，可以发现 ϕ 与 ψ 角度都应当翻转并且添加一个残基以对应这些残余电子密度。这个新的构象使 Phe260 进入 Ramachandran 图的"最佳容许"区域。

PROCHECK 输出结果的其余部分评价了键长、键角、芳环和酰胺基团的平面性。这些几何性质方面的偏差通常说来应当很小，这是因为自动化精修程序在精修中会将这些参数限制成可以接受的数值。如果输出结果中出现大量异常的标记，可以改变自动化精修程序的加权方案从而更进一步强化采取理想几何结构的倾向。如果输出文件出现几个异常标记，就需要分别检查它们。如果这些被标记的还属于主链中的连续残基，那么就要更加注意。这种情况下通常可以改变对电子密度的解释从而降低应变①。而且这类错误通常有 $F_o - F_c$ 电子密度图上的峰作为佐证。在 lja3 示例中有十个被标明超出理论值达 $10°$ 的主链键角，其中五个簇聚在某个包含残基 216、218、219、221 和 222 的局部区域。这些残基也对应于下面要讨论的 Verify3D 和 ERRAT 图（图 11.4 和 11.5）中最不和谐的违规部分。由于被卷入的残基如此之多，因此必须从模型中去掉这些残基，然后计算一张粗略的电子密度图（图 11.3）。仔细查看后可以确定这块区域应当从 β – 股变为 α – 螺旋。

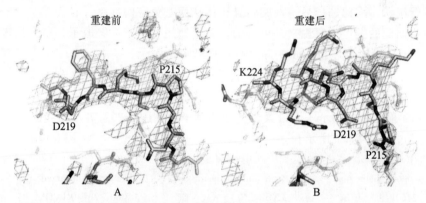

图 11.3　保存于 PDB 中的 lja3 模型对应的基于 1.2σ 标准绘制的粗略电子密度图：A 图显示了包含一个破裂 β – 股的原始结构模型；B 图为对应修改后的模型

PROCHECK 可从网址 http://www.biochem.ucl.ac.uk/~roman/procheck/procheck.html 下载。简单敲入 "procheck mycoordinates.pdb resolution_limit" 就可以运行 PROCHECK 程序。其中标准蛋白质数据库（PDB）格式文件 "mycoordinates.pdb" 包含了所精修蛋白质结构的原子坐标，而 "resolution_limit" 项则是精修所用数据的最高分辨率，以 Å 为单位。另外，也可以将坐标数据提交给这两个网站中的任一个进行处理：SAVS 服务器或者 PDB 验证服务器（www.deposit.pdb.org/validate/）。关于进一步的信息可以参考 PROCHECK 手

---

① 即变换几何结构，得到合理的键长键角，而不是原来具有应变的畸形几何结构。——译者注

册，见网址 www. biochem. ucl. ac. uk/ ~ roman/procheck/manual/。

11. 2 WHAT _ CHECK

结构验证程序 WHAT _ CHECK(Hooft 等，1996)对大约 40 种不同的蛋白质几何性质进行检查。这些检查有助于发现从非对称单元中被粗心遗漏的某个蛋白质分子到侧链原子命名上的细微差别等各种层次的错误。WHAT _ CHECK 输出的结果信息庞大得容易令人不知所措，而实际需要特别注意的是如下三类关键的检查项目。

11. 2. 1 紧密非成键接触列表

原子彼此间距不应该低于其范德华半径之和。违背这项规定且程度最严重的原子往往处于结构图的反常区域中。由于结构图中的这些区域本来就没有好好进行确认，因此选择另一种旋转异构体从而避免空间冲突并且仍然与电子密度包络匹配的做法一般说来是可行的。如果违规者属于主链原子，就可以考虑使用 "O" 图形程序包(Jones 等,1991)里的环结构库。要牢记：一个与近邻羰基氧原子存在多个紧密接触的水分子可能意味着模型中的这个水分子实际上是一个金属离子。

lja3 检验结果揭示了大量紧密接触的例子，其中最严重者小于范德华半径之和超过 1 Å，如下所示：

Residue i					Residue j				Distance violation	Distatance observed	
type	number	chain	atom		type	number	chain	atom			
SER	(216)	A	CA	– –	LYS	(217)	A	CE	1. 060	2. 140	INTRA BF
SER	(216)	A	C	– –	LYS	(217)	A	CE	0. 911	2. 289	INTRA BF
SER	(216)	A	CA	– –	LYS	(217)	A	NZ	0. 885	2. 215	INTRA BF
LYS	(221)	A	NZ	– –	SER	(229)	A	N	0. 807	2. 193	INTRA
VAL	(140)	A	CG1	– –	MET	(155)	A	CG	0. 637	2. 563	INTRA
SER	(216)	A	C	– –	LYS	(217)	A	CD	0. 631	2. 569	INTRA BF
PRO	(215)	A	O	– –	LYS	(217)	A	CE	0. 594	2. 206	INTRA BF
ARG	(230)	A	CG	– –	GLY	(231)	A	N	0. 502	2. 598	INTRA BF
CYS	(163)	A	O	– –	LYS	(164)	A	C	0. 485	2. 315	INTRA BF
GLY	(214)	A	O	– –	SER	(216)	A	N	0. 460	2. 240	INTRA BF
PRO	(215)	A	C	– –	LYS	(217)	A	CE	0. 419	2. 781	INTRA BF
LYS	(206)	A	N	– –	GLU	(207)	A	N	0. 367	2. 233	INTRA BF
PHE	(260)	A	N	– –	PRO	(261)	A	CD	0. 358	2. 642	INTRA BF
SER	(216)	A	N	– –	LYS	(217)	A	CE	0. 325	2. 775	INTRA BF

LYS (203)	A	O	--	LYS (205)	A	N	0.320	2.380	INTRA BF
THR (159)	A	O	--	GLY (162)	A	N	0.320	2.230	INTRA BF
LYS (203)	A	C	--	LYS (205)	A	N	0.275	2.625	INTRA BF
TRP (160)	A	C	--	GLY (162)	A	N	0.261	2.639	INTRA BF

And so on for a total of 114 lines

再次可以看到最靠前的 18 个违规者中的 9 个属于前两节中提到的错误建模的 β – 股的局部团簇(残基 216 ~ 221)。

11.2.2　欠妥的氢键给体/受体

绝大多数蛋白质在其分辨率限制下,不可能简单地通过电子密度峰的高度来区分氮原子和氧原子。实际上,对此需要做的是检查这些原子的周邻。在氢键长度(2.3 ~ 3.2 Å)距离内不可能出现两个氢键给体原子,也不可能在如此短的间距内找到两个氢键受体原子。如果出现这种罕见的情况,就应检查是否可能把附近的某个酰氨基翻转了(比如倒转天冬酰胺(Asn)、谷氨酰胺(Gln)的酰胺基团或组氨酸(His)的咪唑环),从而交换了氮原子和氧原子的位置。应注意查看关于 HIS、ASN、GLN 侧链翻转错误("Error:HIS,ASN,GLN side chain flips")的输出信息。它给出了可能需要翻转以优化氢键网络的侧链列表。

在 lja3 示例中,这个列表显示的结果要比一个简单的侧链翻转严重得多——大多数欠妥的氢键给体/受体属于主链骨架的酰胺基团:

ASN	(156)	A	N
THR	(159)	A	N
LYS	(176)	A	N
ILE	(177)	A	N
ILE	(191)	A	N
ILE	(197)	A	N
LEU	(199)	A	N
LYS	(204)	A	N
GLU	(207)	A	N
TRP	(210)	A	N
ILE	(211)	A	N
ASP	(212)	A	N
GLY	(214)	A	N
SER	(216)	A	N
SER	(216)	A	OG
ILE	(247)	A	N
ILE	(252)	A	N

与前面的结论相同,这些残基多数位于问题最大的结构区域(残基 204 ~

230）。在模型改造后，虽然不是全部，但是这些残基的大多数可以从这种列表中消除。

11.2.3 孤立水分子列表

除非与别的原子形成氢键，否则水分子永远不是有序的。对于出现孤立水分子的情况，最好应当从模型中去掉这些孤立的水分子，接着运行又一轮自动精修。精修后检测这个区域的 $F_o - F_c$ 图。有时这些相应于水分子的电子密度会消失，而这证明了它们原来的建模是错误的。无论如何，如果看到的是正电子密度，就应当扩展视野，看看这些电子密度是否可能属于交叉的侧链构象或者一个更大的配位基团。只要数据的分辨率比 2.7 Å 更差，通常是很少或者不能发现水分子的，如同 lja3 示例中的情况。

11.3 Verify3D

Verify3D（Lüthy 等，1992）是检测蛋白质结构全局错误的有效工具，比如确定主链走向或者某个序列匹配是否出错等。该程序可以核查三级结构与一级结构的相容程度。20 个氨基酸中的每一个都用如下三个参数来描绘其偏好性：①二级结构形式；②表面积被包埋程度；③侧链面积被极性原子覆盖的比例。该程序以这三个参数对结构中的每一个残基进行评价并且计算实测的这套参数与指定给该类氨基酸的理想参数值之间的相关程度。比如，如果结构中某个氨基酸残基被指定为一个亮氨酸残基（该类氨基酸以优先选择表面被包埋并且侧链为极性原子覆盖为特征），而这个残基中的原子却大量暴露于溶剂中，因此该残基所得的相关性评价得分很低。该程序中，评价得分是以 21 个残基为取

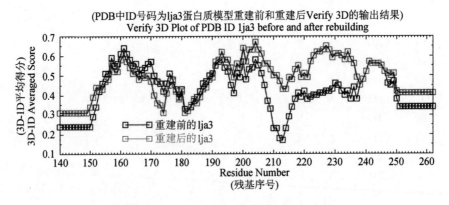

(PDB中ID号码为lja3蛋白质模型重建前和重建后Verify 3D的输出结果)
Verify 3D Plot of PDB ID 1ja3 before and after rebuilding

图 11.4　lja3 模型的 Verify 3D 图：黑色对应于保存在 PDB 中的结构；修改后的为灰色图——要注意残基 205～235 得分的改进

样窗口进行平均，所得图谱覆盖所有残基。由于自动化精修程序并没有考虑这些参数，因此该程序算法可以看作是一种交叉验证的方法。如果图中某一片段相关性低于 0.2，就应当重新考虑此处的序列设置。

在 lja3 示例中，又一次可以看到显示最差 3D－1D 平均得分的残基正是与建模错误的 β－股对应的残基 208～219（见图 11.4）。将该区域重改成螺旋后，这些残基的三维周邻环境条件变化很大，Verify3D 图表明该局部区域乃至整个结构都有了明显改善。

11.4   Errat

Errat 程序（Colovos 和 Yeates,1993）在检测蛋白分子的反常原子环境条件方面异常的灵敏。它所用的算法不同于其他验证程序。该算法基于碳、氮和氧原子之间的非共价键成对相互作用的分布并不是简单随意的，而是受限于蛋白质分子施加的能量和几何效应的事实。从某个高可靠、高分辨率的结构库中提取了临界间距内（3.0～3.75 Å）的每个成对（原子－原子）相互作用类型（C—C,C—N,C—O,N—N,N—O 和 O—O）的出现频率。结果表明其频率分布（换句话说就是这六种原子－原子对之一的相互作用所占比例）明显不同于假定原子随机分布时理应出现的结果。以这种经验得来的原子分布为基础，可以统计性鉴别某个问题蛋白质结构的正确和错误建模区域。错误建模区域的原子分布会偏向随机分布的数值，而正确建模的区域则接近数据库中的取值。以连续的九个残基作为取样窗口计算的得分用来显示这个区域的模型处于错误状态的置信水平。某个结构所得的全局 Errat 分数取决于落在低于 95% 置信限位置的残基所占的百分数。大多数有效的结构中有 80%～100% 低于 95% 置信限。如果个别取样窗口得分高于 95% 的置信水平，在图中该窗口中心的残基在会画上黑条块。这时应当更仔细地检查该区域的电子密度图。由于除了本征范德华半径外，自动化精修程序就没有考虑其他原子环境因素，所以这种程序可以作为一种交叉验证方法。

Errat 揭露了保存于蛋白质数据库（PDB）中的多个严重出错的例子（Colovos 和 Yeates,1993）。Errat 得分仅有 37.8 的 lja3 就是最严重者之一。换句话说，该结构中有 63.2% 的残基高于存在错误的 95% 置信限（见图 11.5A）。同样可看到，违规最大的区域（残基 210～220）对应于建模错误的 β－股。参考粗略电子密度图将该区域按 α－螺旋建模后（图 11.3），可得到图 11.5B 的结果。其特征相当模糊的电子密度图源于全局 Wilson B 因子过高（68 Å^2）。而这也可能是该电子密度图的原始解释出错的主要原因。改造结构后，最终 Errat 分值从 37.8 提高到 88.8。

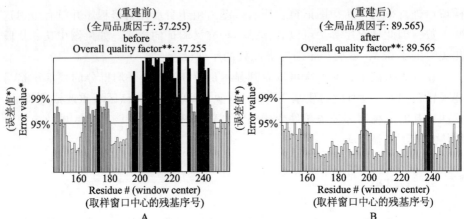

图 11.5　1ja3 模型的 Errat 图：保存在 PDB 中的结构(A)和修改后的结果(B)。此图说明残基 210～220 按 α - 螺旋处理而不用 β - 股可以显著改善模型并提高 Errat 得分

　　有时查看电子密度图往往不能明显找到出现低分数的原因。在这些情况下，问题通常出在原子类型指定错误。比如，一个组氨酸可能被 Errat 认为出错——因为咪唑环上的 CD 原子近邻环境出现反常。虽然原结构与电子密度图的匹配看来不错，但是其环境条件的化学合理性多少存在不足。有可能是近邻的某个氧原子所成氢键距离过短。这时，通过 180° 翻转咪唑环可望解决问题。翻转后，NE 原子将位于原 CD 原子位置从而合理地与近邻氧原子形成氢键。同时该组氨酸与电子密度图的匹配仍旧保持良好。

11.5　Prove

　　Prove 软件(Pontius 等,1996)是基于如下观点：某结构中建模粗劣的片段可以通过其不规则的原子体积鉴别出来。这种不规则的原子体积来源于所得结构与电子密度图的病态匹配。在错误的结构中，某原子与近邻原子过于紧密的挤压或者过分的远离产生了体积偏差。Prove 程序会计算问题结构的被包埋原子的原子体积并且以体积的 Z 分值(Z-score)来评价它们与标准值的偏差。一个包含 64 个精修完美、高分辨率蛋白质结构的数据库用于产生所需的标准原子体积值。这些原子及其体积被分成 23 种化学类型(比如甲基与亚甲基等)。由于精修过程中并没有直接对原子体积进行限制，因此，该算法是一种交叉验证方法。

　　在 1ja3 示例中，0.144 的 Z 分值表明平均原子大小仅仅稍微超过标准数值(见图 11.6 中的黑点记号)。这个数值落于相同分辨率结构的期望值区域内(灰色锥形块)，因此该值自身不是这个模型值得关注的原因。然而，Z 分值均方根偏差（Z-score RMS）为 1.85，远离这种 3.0 Å 分辨率结构理应分布的范围，意味着该结构中有一部分原子体积过高，而另一部分则非常低。这个大 RMS 数值提示应当对个别残基区域的 Z 分值进行检查。但是，lja3 例子的 Z 分值图能提供的信息相当缺乏，不能确定可用于集中考虑的偏差较大的区域位置。实际上，整个结构在该图中所有的偏差尺度差不多相同，而本来可以认为残基 204～230 构成的区域中每个残基的最大 Z 分值偏差应当明显偏高——因为先前介绍的结构验证工具中这个区域已再三被标记为出错的区域。显而易见，虽然 Prove 在这个示例中可以作为全局结构品质的指标，但是在指明出错范围方面则用处不大。如前所述，重建结构后，这些偏差整体下降，均方根偏差由 1.85 变为 1.37（见图 11.6 右边部分的"X"符号标记）

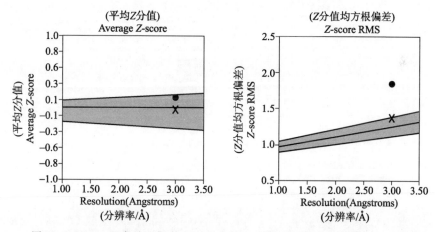

图 11.6　Prove 程序关于保存于 PDB 中的 lja3 模型和修改后模型的 Z 分值位置图，所得 Z 值分别以"●"和"X"标记

12

总　　论

Peter Müller

在写这本书时，我认为有几个相当重要的问题需要讨论一下，但是它们却与各章的背景不相符合，难以放入某一章中。另外，在某些章节中已经涉及的一些内容由于其重要性，也需要再次强调并深入阐述。在下文中，我就"仍想谈谈的这些事"进行了归纳并作了简短列举。

12.1　循环精修需要多少次？

关于这个问题没有一个普适的答案。精修循环次数过少，收敛就不完全。即使对于良性的精修，至少也需要四到六次。而次数过多虽然不会损害精修结果，但是却会浪费计算机时[①]。我自己一般精修 10 轮，并根据精修收敛的好坏决定降低或者增加次数。当"平均偏移/误差（Mean shift/esd）"结果及"极大值（Maximum）"非

[①]　现代计算机上的小型结构精修，每轮费时不到 1 s，因此目前几乎不用考虑计算机时。

常小(理想值是 0.000,但是在精修的初期阶段,0.01 甚至 0.1 都是可以接受的)的时候,就可以认为精修是收敛的①。

出于某些原因,如果执行次数非常多的精修——如 100 次——而发现 20 轮后精修已经收敛,这时就不需要等到剩下的 80 轮精修结束。因为在每轮精修中,SHELXL 会检查是否存在 fin 格式的文件 name.fin。当存在这个文件时,SHELXL 会将它删除并且在完成当前一轮精修后接着进行最终的结构因子计算等,然后正常结束精修流程,而不是进行下一轮精修。这种手段在精修蛋白质等大型结构的时候特别有用。例如,可以在晚上回家前启动一个 100 轮的精修,当你第二天早上回来时,可以准备一个 .fin 文件,大概喝杯咖啡的时间后,精修就会结束。

12.2 如何处理 NPD 原子?

在这本书的某些示例(比 6.3.1 或 8.3.1)以及晶体学工作者自身实践中多半会遇到的是某些原子成为 NPD。NPD 代表"非正定(non-positive definite)",它对应这样的热振动椭球——各向异性位移椭球的三个半轴有一个或多个取值为负。这种结果毫无物理意义,且包含这种原子的模型是不能发表的②。

"如何处理 NPD 原子?"问题的答案主要取决于原子成为非正定的原因。有些人认为不能各向异性精修的原子就不应当进行各向异性精修,换句话说,就是如果原子被指明是非正定的,那么就应当各向同性精修——因为数据质量并不能实现模型各向异性精修。某些时候这种观点是有道理的,特别是当晶体质量差并且仅能得到分辨率很低(比如 1.1 Å 或更糟)的高误差数据集的时候。通常在这种条件下,会有几个甚至大多数原子属于 NPD 而其他原子多数的位移椭球显示病态形状。不过,对于高分辨率的数据,往往也会观察到 NPD 原子,这时通常需要采取措施得到一个没有 NPD 原子的全部各向异性精修过的模型。

如果某个原子成为 NPD 是因为元素类型指定错误(比如实际是碳原子而不是硫原子等)或者由于某个未解决的无序结构,则这种错误通常能够被纠正从而得到正确的结果。对于其他更困难的情况,约束和限制可能有所帮助。

李晶法则,赝对称性或无序将不同原子的参数联系在一起。形象地说,这

---

① 对于共轭梯度最小二乘(CGLS)精修,要监视的数值称为最大偏移(Max. shift)。

② 至少是不应当被发表——令人惊讶的是一些例子在审稿人和编辑看来却是可以发表的。

种强关联效应可以导致某些原子的热椭球符号由于其他原子的压迫而"投降"。这种效应在孪晶结构或者具有全局赝对称性的结构中尤其明显。但是有时也可以出现在一些明显无序的结构中——如果无序结构中某一组分的一个轻原子靠近其他组分的更重的原子。在上述这些场合里,对各向异性位移参数使用相似性限制和刚性键限制可以取得出乎意料的成功①。有时可能要将标准不确定度变小来加强限制效果(如 SIMU 取 0.01 而 DELU 取 0.005)或者将 SIMU 和 DELU 与 ISOR 组合在一起使用——ISOR 将原子按近似各向同性处理(关于这些限制的完整介绍参见 2.6.2 小节和图 2.2)

如果限制指令没有效果,就需要使用 EADP 约束两个或更多个原子具有相同的各向异性位移参数。这在示例 6.3.1 和 8.3.1 已经介绍过。如果原子显示 NPD 行为的原因是意料之中的事,那么采取这种手段是非常合适的。无论如何,只要结构精修中用到限制或约束,发表时就应当进行说明。

12.3 某个结构中可以使用多少限制?

按照许多人的看法——其中也包括科学杂志的审稿人和编辑——某个结构中使用的限制个数不应当超过待精修参数的数目。这看来是一种有些盲目的主张,因为限制在精修中是当作补充的数据来处理的(参见方程 2.6)而不是被看成是参数。虽然为了确保结构精修主要基于衍射数据而不是基于一大堆限制,因此要求所用限制的数目保持明显低于独立衍射点数目看来是合理的;但是凭什么说晶体结构精修中使用数目多于待精修参数的限制就不能得到合理的、可发表的模型,其原因我就搞不明白了!

当然,对"使用多少个限制"这个问题的回答通常取决于用什么限制以及如何用。正如第二章所述,有两种限制:绝对的和相对的。前者强制某个变量(如原子间距)成为指定的期望值,而后者则关联模型中的变量,并没有给予任何外来数值。相对限制对模型施加的影响通常比绝对限制要温和得多,甚至合理使用数量非常庞大的 SADI 和 DELU 限制也不会妨碍模型整体保持中规中矩。这完全不同于绝对限制——即使大量使用强大的 DFIX 和 ISOR 指令可以使得模型成为化学家期望的样子,但是实际上却往往得到了一种病态的晶体结构②。

---

① 正如第五章所述,这是无序总要借助于几何限制(SAME,SADI)和位移参数限制(SIMU, DELU)进行精修的原因之一。

② George Sheldrick 说:"只要限制用得对头,你可以用一头大象来拟合任何数据(with the right restraints,you can fit an elephant to any data)。"

一般说来，必须小心翼翼地并且仅在合理的条件下使用限制。不过，只要条件允许，就应当毫不迟疑地去用并且不要耻于在某个精修中让限制的数目高于参数个数。

12.4 一些阳离子的配位几何

某些阳离子具有有助于鉴别自身的特征配位几何结构。比如 Pt^{2+} 几乎都是四重轴配位——四个配体与该金属原子同处于一个平面上。而 Pt^{4+} 则趋向于形成八面体几何构型。另一方面，铅或钼等其他阳离子的几何结构多变，记住它们的所有可能几何构型是根本没必要的。因此，下表并不完整，只是包含常见阳离子及其最重要配位几何结构的一个小型的数据收录。其中较为常见的配位数和几何构型用黑体表示，未包含极为少见的结果。

离 子	配 位 数	配位几何构型
Li^+	4	四面体
	6	**八面体**
Na^+	4	四面体
	6	**八面体**
K^+	4	四面体
	6	**八面体**
	>6	不同几何构型
Mg^{2+}	4	四面体
	6	**八面体**
Ca^{2+}	**6**	**八面体**
	>6	不同几何构型
Al^{3+}	**4**	**四面体**
	5	三角双锥
	6	**八面体**
Ga^{3+}/In^{3+}	**4**	**四面体**
	5	不同几何构型
	6	**八面体**
Si^{4+}	3	平面三角形
	4	**四面体**
Ti^+/Ti^{2+}	6	八面体
Ti^{3+}	3	平面三角形
	5	三角双锥
	6	**八面体**
Ti^{4+}	4	**四面体**
Zr^{4+}/Hf^{4+}	6	八面体、三角双锥

离　　子	配　位　数	配位几何构型
Zr^{4+}/Hf^{4+}	>6	不同几何构型
V/Nb/Ta 所有氧化态	6	八面体
Cr^{3+}	6	八面体
Cr^{4+}	4	四面体
Mn^{+}/Mn^{4+}	6	八面体
$Mn^{5+}/Mn^{6+}/Mn^{7+}$	4	四面体
Co^{3+}	6	八面体
Pd^{2+}/Pt^{2+}	4	平面
Pd^{4+}/Pt^{4+}	6	八面体
Cu^{+}	4	四面体
Cu^{2+}	4	四面体
	6	八面体(姜－泰勒畸变)
$Ag^{+}/Au^{+}/Hg^{2+}$	2	线型
$Ag^{2+}/Au^{2+}/Au^{3+}$	4	平面
Zn^{2+}	4	四面体、平面
	6	八面体
Cd^{2+}	4	四面体
	6	八面体

12.5　一些典型的键长

下面是一些较为常见的共价键长表，单位均为 Å。

单键

B	C	N	O	F	Si	P	S	Cl	Br	
1.62	1.58	1.49	1.37	1.32	1.98	1.94	1.81	1.74	1.89	**B**
	1.54	1.47	1.43	1.39	1.87	1.85	1.83	1.79	1.95	**C**
		1.45	1.41	1.36	1.74	1.70	1.69	1.75	2.14	**N**
			1.48	1.42	1.64	1.62	1.57	1.70	1.65	**O**
				1.42	1.56	1.57	1.54	1.64	1.76	**F**
					2.34	2.25	2.13	2.02	2.17	**Si**
						2.22	2.12	2.04	2.22	**P**
							2.07	2.01	2.24	**S**
								1.99	2.14	**Cl**
									2.29	**Br**

	C(sp^3)	C(sp^2)	C(sp)	N(sp^3)	N(sp^2)	O	S	F	Cl	Br
C(sp^3)	1.54	1.51	1.46	1.47	1.45	1.43	1.83	1.39	1.79	1.95
C(sp^2)		1.47	1.43	1.43	1.40	1.35	1.76	1.35	1.73	1.85
C(sp)			1.37	1.33	1.33	1.26		1.2	1.63	1.79

双键

	C	N	O	P	S
C	1.34	1.29	1.21	1.67	1.63
N		1.25	1.22	1.55	1.52
O			1.21	1.47	1.43
P				2.03	1.92

	C(sp^2)	C(sp)	N(sp^2)	O	S
C(sp^2)	1.34	1.32	1.29	1.21	1.70
C(sp)		1.29	1.20	1.17	1.56

三键

	C	N	O	P	S
C	1.20	1.16	1.13	1.53	1.47
N		1.10	1.11		

12.6 分辨率表

根据布拉格定律：$\lambda = 2d\sin\theta$，对于任意给定的波长 λ，可以非常容易地计算分辨率 d 与角度 2θ 之间的对应关系。下表包含了 $d(Å) - 2\theta(°)$ 数值对，分别对应最常用的两种阳极材料：铜和钼。

Mo 射线：$\lambda = 0.710\ 73\ Å$

2θ	d	d	2θ	2θ	d	d	2θ
5	8.15	0.70	61.0	40	1.04	1.10	37.7
10	4.08	0.75	56.6	45	0.93	1.20	34.8
15	2.72	0.80	52.7	50	0.84	1.30	32.0
20	2.05	0.85	49.4	55	0.77	1.40	29.4
25	1.66	0.90	46.5	60	0.71	1.50	27.4
30	1.39	0.95	43.3			2.00	20.5
35	1.18	1.00	41.6				

Cu 射线：$\lambda = 1.541\ 8$ Å

2θ	d	d	2θ	2θ	d	d	2θ
5	17.67	0.80	149.0	80	1.20	1.40	66.8
10	8.85	0.85	130.2	90	1.09	1.50	61.9
20	4.44	0.90	117.9	100	1.01	2.00	45.3
30	2.98	0.95	108.5	110	0.94	3.00	29.8
40	2.25	1.00	100.0	120	0.89	4.00	22.2
50	1.82	1.10	89.0	130	0.85	5.00	17.7
60	1.54	1.20	79.9	140	0.82		
70	1.34	1.30	72.7	150	0.80		

参 考 文 献

Ackerhans, C. , Böttcher, P. , Müller, P. , Roesky, H. W. , Usón, I. , Schmidt, H. G. , and Noltemeyer, M. (2001). *Inorg. Chem.* , **50**, No. 15, 3766 – 3773.

Adamchuk, J. , Schrock, R. R. , Tonzetich, Z. J. and Müller, P. (2006). *Organometallics*, **25**, 2364 – 2373.

Allen, F. H. (2002). *Acta Crystallogr.* , **B58**, 380 – 388.

Andersson, K. M. and Hovmöller, S. (1998). *Z. Kristallogr.* , **213**, 369 – 373.

Arnberg, L. , Hovmöller, S. , and Westerman, S. (1979). *Acta Crystallogr.* , **A35**, 497 – 499.

Bader, R. F. W. (1990). *Atoms in Molecules, a Quantum Theory*, Oxford: Clarendon Press.

Bai, G. , Müller, P. , Roesky, H. W. , and Usón, I. (2000). *Organometallics*, **19**, 4675 – 4677.

Berisio, R. , Lamzin, V. S. , Sica, F. , Wilson, K. S. , Zagari, A. , and Mazzarella, L. (1999). *J. Mol. Biol.* , **292**, 845 – 854.

Bernardinelli, G. and Flack, H. D. (1985). *Acta Crystallogr.* , **A41**, 500 – 511.

Boese, R. (1999). Der Vergleich von Röntgenstrukturdaten—Fehler und Artefakte *In*: Workshop Struktrubestimmung—Datenbanken—Molecular Modelling, November 27 – 30 Frankfurt/Main (Abstract book of the 1999 KSAM-Meeting in Frankfurt/Main, Germany).

Breyer, W. A. , Kingston, R. L. , Anderson, B. F. , and Baker, E. N. (1999). *Acta Crystallogr.* , **D55**, 129 – 138.

Bruker (1999). GEMINI. Bruker AXS Inc. , Madison, WI.

Bruker (2001). SAINT. Bruker AXS Inc. , Madison, WI.

Brünger, A. T. (1992). *Nature*, **355**, 472 – 474.

Celli, A. M. , Donati, D. , Fonticelli, F. , Roberts-Blaming, S. J. , Kalaji, M. , and Murphy, P. J. (2001). *Org. Lett.* , **3**, 3573 – 3574.

Clegg, W. (1982). *Acta Crystallogr.* , **B38**, 1648 – 1649.

Cochran, W. and Lipson, H. (1966). *In*: W. L. Bragg, ed. *The Determination of Crystal Structures*. Ithaca, NY: Cornell University Press, pp. 323 – 330.

Collaborative Computational Project Number 4 (1994). *Acta Crystallogr.* , **D50**, 760 – 763.

Colovos, C. and Yeates, T. O. (1993). *Protein Sci.* , **2**, 1511 – 1519.

Cooper, R. I. , Gould, R. O. , Parsons, S. , and Watkin, D. J. (2002). *J. Appl. Crystallogr.* , **35**, 168 – 174.

Cruickshank, D. W. (1970). *In*: F. R. Ahmed, S. R. Hall, C. P. Huber, eds. *Crystallographic Computing*. Copenhagen: Munksgaard Publ. pp. 187 – 197.

Cruickshank, D. W. J. and McDonald, W. S. (1967). *Acta Crystallogr.*, **23**, 1 – 11.

Dauter, Z. (2003). *Acta Crystallogr.*, **D59**, 2004 – 2016.

DeLaMatter, D., McCullough, J. J., and Calvo, C. (1973). *J. Phys. Chem.*, **77**, 1146 – 1148.

DeLano (2002). *The PyMOL Molecular Graphics System.* DeLano Scientific, San Carlos, CA, USA.

Didisheim, J. J. and Schwarzenbach, D. (1987). *Acta Crystallogr.*, **A43**, 226 – 232.

Dimasi, N., Sawicki, M. W., Reineck, L. A., Li, Y., Natarajan, K., Marguiles, D. H., and Mariuzza, R. A. (2002). *J. Mol. Biol.*, **320**, 573 – 585.

Duisenberg, A. J. M. (1992). *J. Appl. Crystallogr.*, **25**, 92 – 96.

Duisenberg, A. J. M., Kroon-Batenburg, L. M. J., and Schreurs, A. M. M. (2003). *J. Appl. Crystallogr.*, **36**, 220 – 229.

Dunitz, J. D., Maverick, E. F., and Trueblood, K. N. (1988). *Angew. Chem. Int. Ed. Engl.*, **27**, 880 – 895.

Einsle, O. F., Tezcan, A., Andrade, S. L. A., Schmid, B., Yoshida, M., Howerd, J. B., and Rees, D. C. (2002). *Science*, **297**, 1696 – 1700.

Emsley, P. and Cowtan, K. (2004). *Acta Crystallogr.*, **D60**, 2126 – 2132.

Engh, R. and Huber, R. (1991). *Acta Crystallogr.*, **A47**, 392 – 400.

Esnouf, R. M. (1999). *Acta Crystallogr.*, **D55**, 938 – 940.

Esposito, L., Vitagliano, L., and Mazzarella, L. (2002). *Protein Pept. Lett.*, **9**, 95 – 105.

Farrugia, L. J. (2000). IUCRVAL, University of Glasgow, Scotland.

Flack, H. D. (1983). *Acta Crystallogr.*, **A39**, 876 – 881.

Flack, H. D. and Schwarzenbach, D. (1988). *Acta Crystallogr.*, **A44**, 499 – 506.

Friedel, G. (1928). *Leçons de Cristallographie.* Paris: Berger-Levrault.

Fukuyo, M., Hirotsu, K., and Higuchi, T. (1982). *Acta Crystallogr.*, **B38**, 640 – 643.

Genick, U. K., Soltis, S. M., Kuhn, P., Canestrelli, I. L., and Getzoff, E. D. (1998). *Nature*, **392**, 206 – 209.

Gerke, R., Fitjer, L., Müller, P., Usón, I., Kowski, K., and Rademacher, P. (1999). *Tetrahedron*, **55**, 14429 – 14434.

Giacovazzo, C., ed. (2002). *Fundamentals in Crystallography.* 2nd ed. Oxford: Oxford University Press.

Grosse-Kunstleve, R. W., and Adams, P. D. (2001). *J. Appl. Crystallogr.*, **35**, 477 – 480.

Hall, S. R., Allen, F. H., and Brown, I. D. (1991). *Acta Crystallogr.*, **A47**, 655 – 685.

Harlow, R. L. (1996). *J. Res. Natl. Inst. Stand. Technol.*, **101**, 327 – 339.

Hatop, H., Schiefer, M., Roesky, H. W., Herbst-Irmer, R., and Labahn, T. (2001). *Organometallics*, **20**, 2643 – 2646.

Heine, A., DeSantis, G., Luz, J. G., Mitchell, M., Wong, C. H., and Wilson, I. A. (2001). *Science*, **294**, 369 – 374.

Herbst-Irmer, R. and Sheldrick, G. M. (1998). *Acta Crystallogr.* , **B54**, 443 – 449.

Herbst-Irmer, R. and Sheldrick, G. M. (2002). *Acta Crystallogr.* , **B58**, 477 – 481.

Hirshfeld, F. L. (1976). *Acta Crystallogr.* , **A32**, 239 – 244.

Hirshfeld, F. L. and Rabinovich, D. (1973). *Acta Crystallogr.* , **A29**, 510 – 513.

Hoenle, W. and von Schnering, H. G. (1988). *Z. Krist.* , **184**, 301 – 305.

Hooft, R. W. W. , Vriend, G. , Sander, C. , and Abola, E. E. (1996). *Nature*, **381**, 272 – 277.

Howard, E. I. , Sanishvili, R. , Cachau, R. E. , Mitschler, A. , Chevrier, B. , Barth, P. , Lamour, V. , Van Zandt, M. , Sibley, E. , Bon, C. , Moras, D. , Schneider, T. R. , Joachimiak, A. , and Podjarny, A. (2004). *Proteins*, **55**, 792 – 804.

Hutmacher, H. M. , Fritz, H. G. , and Mussow, H. (1975). *Angew. Chem.* , **14**, 180 – 181.

Jameson, G. B. (1982). *Acta Crystallogr.* , **A38**, 817 – 820.

Jancarick, J. and Kim, S. -H. (1991). *J. Appl. Crystallogr.* , **24**, 409 – 411.

Johnson, C. K. (1976). ORTEP-Ⅱ , Oak Ridge National Laboratory, Tennessee, USA.

Jones, A. T. , Zou, J. Y. , Cowan, S. W. , and Kjelgaard, M. (1991). *Acta. Crystallogr.* , **A47**, 110 – 119.

Jones, P. G. , Vancea, F. , and Herbst-Irmer, R. (2002). *Acta Crystallogr.* , **C58**, o665 – o668.

Kahlenberg, V. (1999). *Acta Crystallogr.* , **B55**, 745 – 751.

Kahlenberg, V. and Messner, T. (2001). *J. Appl. Crystallogr.* , **34**, 405 – 405.

Kapon, M. and Herbstein, F. H. (1995). *Acta Crystallogr.* , **B51**, 108 – 113.

Kidera, A. , Inaka, K. , Matsushima, M. , and Go, N. (1992). *J. Mol. Biol.* , **225**, 477 – 486.

König, V. , Vértesy, L. , and Schneider, T. R. (2003). *Acta Crystallogr.* , **D59**, 1737 – 1743.

Larson, A. C. (1970). *In*: F. R. Ahmed, S. R. Hall, and C. P. Huber, eds. *Crystallographic Computing*. Copenhagen: Munksgaard Publ. , pp. 291 – 294.

Laskowski, R. A. , MacArthur, M. W. , Moss, D. S. , and Thornton, J. M. (1993). *J. Appl. Crystallogr.* , **26**, 283 – 291.

Le Page, Y. (1982). *J. Appl. Crystallogr.* , **15**, 255 – 259.

Le Page, Y. (1987). *J. Appl. Crystallogr.* , **20**, 264 – 269.

Le Page, Y. (1988). *J. Appl. Crystallogr.* , **21**, 983 – 984.

Li, J. , Burgett, A. W. G. , Esser, L. , Amezcua, C. , and Harran, P. G. (2001). *Angew. Chem. Int. Ed.* , **40**, 4770 – 4773.

Lüthy, R. , Bowie, J. U. , and Eisenberg, D. (1992). *Nature*, **356**, 83 – 85.

MacArthur, M. W. , and Thornton, J. M. (1996). *J. Mol. Biol.* , **264**, 1180 – 1195.

Marsh, R. E. and Spek, A. L. (2001). *Acta Crystallogr.* , **B57**, 800 – 805.

McRee, D. E. (1999). *J. Struct. Biol.* , **125**, 156 – 165.

Merrit, E. A. (1999). *Acta Crystallogr.* , **D55**, 1109 – 1117.

Moews, P. C. and Kretsinger, R. H. (1975). *J. Mol. Biol.* , **91**, 201 – 228.

Morris, J. M. and Bricogne, G. (2003). *Acta Crystallogr.* , **D59**, 615 – 617.

Müller, P. (2001). *Probleme der modernen hochauflösenden Einkristall-Röntgenstrukturanalyse*, Thesis (PhD), University of Göttingen, Germany.

Müller, P. (2005). MoO is no Schmu. *In*: Annual meeting of the American Crystallographic Association, May 28 – June 2, Orlando, FL.

Müller, P. , Sawaya, M. R. , Pashkov, I. , Chan, S. , Nguyen, C. , Wu, Y. , Perry, L. J. , and Eisenberg, D. (2005). *Acta Crystallogr.* , **D61**, 309 – 315.

Müller, P. , Usón, I. , Hensel, V. , Schlüter, A. D. , and Sheldrick, G. M. (2001). *Helv. Chim. Acta*, **84**, 778 – 785.

Müller, P. , Usón, I. , Prust, J. , and Roesky, H. W. (2000). *Acta Crystallogr.* , **C56**, 1300.

Otwinowski, Z. , and Minor, W. (1997). *In*: R. M. Sweet and C. W. Carter Jr. , eds. *Methods in Enzymology*, volume 276, Orlando, FL: Academic Press, pp. 307 – 326.

Padilla, J. E. and Yeates, T. O. (2003). *Acta Crystallogr.* , **D59**, 1124 – 1130.

Parkin, G. (1993). *Chem. Rev.* , **93**, 887 – 911.

Pauling, L. (1947). *J. Am. Chem. Soc.* , **69**, 542 – 553.

Perrakis, A. , Morris, R. M. , and Lamzin, V. S. (1999). *Nat. Struct. Biol.* , **6**, 458 – 463.

Peterson, S. W. , Gebert, E. , Reis, A. H. , Druyan, Jr. M. E. , Mason, G. W. , and Peppard, D. F. (1977). *J. Phys. Chem.* , 81, 466 – 471.

Pflugrath, J. W. , Wiegand, G. , Huber, R. , and Vertesy, L. (1986). *J. Mol. Biol.* , **189**, 383 – 386.

Pontius, J. , Richelle, J. , and Wodak, S. J. (1996). *J. Mol. Biol.* , **264**, 121 – 136.

Pratt, C. S. , Coyle, B. A. , and Ibers, J. A. (1971). *J. Chem. Soc.* , **A**, 2146 – 2151.

Press, W. H. , Teukolsky, S. A. , Vetterling, W. T. , and Flannery, B. P. (2002). *Numerical Recipes in C ++* , Cambridge: Cambridge University Press.

Ramakrishnan, C. and Ramachandran, G. N. (1965). *Biophys. J.* , **5**, 909 – 993.

Rees, D. C. (1980). *Acta Crystallogr.* , **A36**, 578 – 581.

Rennekamp, C. , Müller, P. , Prust, J. , Wessel, H. , Roesky, H. W. , and Usón, I. (2000). *Eur. J. Inorg. Chem.* , **5**, 1861 – 1868.

Rollett, J. S. (1970). *In*: F. R. Ahmed, S. R. Hall, and C. P. Huber, eds. *Crystallographic Computing*. Copenhagen: Munksgaard Publ. , pp. 167 – 181.

Rosenfield, R. E. , Trueblood, K. N. , and Dunitz, J. D. (1978). *Acta Crystallogr.* , **A34**, 828 – 829.

Rudolph, M. G. , Kelker, M. S. , Schneider, T. R. , Yeates, T. O. , Oseroff, V. , Heidary, D. K. , Jennings, P. A. , and Wilson, I. A. (2003). *Acta Crystallogr.* , **D59**, 290 – 298.

Saenger, W. , Betzel, C. , Hingerty, B. , and Brown, G. M. (1982). *Nature*, **296**,

581 – 583.

Schmidt, A. , and Lamzin, V. S. (2002). *Curr. Opin. Struct. Biol.* , **12**, 698 – 703.

Schneider, T. R. (1996a). *In*: E. Dodson, M. Moore, S. Bailey, eds. *Proceedings of the CCP4 Study Weekend*, Warrington: Daresbury Laboratories, pp. 133 – 144.

Schneider, T. R. (1996b). *Röntgenkristallographische Untersuchung der Struktur und Dynamik einer Serinprotease*, Thesis (PhD), Universität München, Germany.

Schomaker, V. and Trueblood, K. N. (1968). *Acta Crystallogr.* , **B24**, 63 – 76.

Schröder Leiros, H. -K. , McSweeney, S. M. , and Smalås, A. O. (2001). *Acta Crystallogr.* , **D58**, 1307 – 1313.

Sevcík, J. , Lamzin, V. S. , Dauter, Z. , and Wilson, K. S. (2002). *Acta Crystallogr.* , **D57**, 488 – 597.

Sheldrick, G. M. (1990). *Acta Crystallogr.* , **A46**, 467 – 473.

Sheldrick, G. M. (1992). *In*: D. Moras, A. D. Podjarny, J. C. Thierry, eds. *Crystallographic Computing*, volume 5. Oxford: Oxford University Press, pp. 145 – 157.

Sheldrick, G. M. (1997a). SADABS, University of Göttingen.

Sheldrick, G. M. (1997b). SHELXL – 97, University of Göttingen.

Sheldrick, G. M. (2001). XPREP 6. 12, SHELXTL, Bruker-AXS.

Sheldrick, G. M. (2002). TWINABS, University of Göttingen.

Sheldrick, G. M. (2003). CELL_ NOW, University of Göttingen.

Sheldrick, G. M. and Schneider, T. R. (1997). *In*: R. M. Sweet and C. W. Carter Jr. , eds. *Methods in Enzymology*, volume 277, Orlando, FL: Academic Press, pp. 319 – 343.

Sluis, P. van der and Spek, A. L. (1990). *Acta Crystallogr.* , **A46**, 194 – 201.

Sparks, R. A. (1997). Twinning—programs for indexing, structure refinement and determining the relationship between the twin components. *In*: *Annual Meeting of the American Crystallographic Association*, July 19 – 25, St. Louis, MI.

Spek, A. L. (2003). *J. Appl. Crystallogr.* , **36**, 7 – 13.

Spek, A. L. (2006). *PLATON*: *A Multipurpose Crystallographic Tool*. Utrecht University.

Trueblood, K. N. , Bürgi, H. -B. , Burzlaff, H. , Dunitz, J. D. , Gramaccioli, C. M. , Schulz, H. H. , Shmueli, U. , and Abrahams, S. C. (1996). *Acta Crystallogr.* , **A52**, 770 – 781.

Trueblood, K. N. and Dunitz, J. D. (1983). *Acta Crystallogr.* , **B39**, 120 – 133.

Usón, I., Pohl, E. , Schneider, T. R. , Dauter, Z. , Schmidt, A. , Fritz, H. J. , and Sheldrick, G. M. (1999). *Acta Crystallogr.* , **D55**, 1158 – 1167.

Usón, I. and Sheldrick, G. M. (1999). *Curr. Opin. Struct. Biol.* , **9**, 643 – 648.

Vrielink, A. and Sampson, N. (2003). *Curr. Opin. Struct. Biol.* , **13**, 109 – 715.

Watkin, D. (1994). *Acta Crystallogr.* , **A50**, 411 – 437.

Word, J. M. , Lovell, S. C. , LaBean, T. H. , Tayler, H. C. , Zalis, M. E. , Presley, B. K. ,

Richardson, J. S., and Richardson, D. C. (1999). *J. Mol. Biol.*, **285**, 1711 – 1733.

Yeates, T. (1997). *In:* R. M. Sweet and C. W. Carter Jr., eds. *Methods in Enzymology*, volume 276, Orlando, FL: Academic Press, pp. 344 – 358.

Yu, P., Müller, P., Said, M. A., Roesky, H. W., Usón, I., Bai, G., and Noltemeyer, M. (1999). *Organometallics*, **18**, 1669 – 1674.

网站(在 **2005 年 11 月 24 日**,所有的网站都是可访问的)

ARP/wARP: www. embl-hamburg. de/ARP/

BobScript: www. strubi. ox. ac. uk/bobscript/

Coot. www. ysbl. york. ac. uk/ ~ emsley/coot/

*ccp*4. www. ccp4. ac. uk/

ERRAT: www. nihserver. mbi. ucla. edu/ERRATv2/

IUCr validation criteria: www. journals. iucr. org/services/cif/checking/autolist. html

IUCr checkCIF: www. journals. iucr. org/services/cif/checking/checkform. html

Numerical Recipes: www. nr. com

Ortep: www. ornl. gov/sci/ortep/

Ortep for Windows: www. chem. gla. ac. uk/ ~ louis/software/ortep3/

Parvati: www. bmsc. washington. edu/parvati/parvati. html

PDB Validation Server: www. deposit. pdb. org/validate/

PLATON: www. xraysoft. chem. uu. nl

PROCHECK: www. biochem. ucl. ac. uk/ ~ roman/procheck/procheck. html

PROVE: www. biotech. ebi. ac. uk: 8400/doc/prove/prove. html

PyMOL: www. pymol. sourceforge. net/

SAVS: www. nihserver. mbi. ucla. edu/SAVS/

SHELX: www. shelx. uni-ac. gwdg. de/SHELX

Twin Server: www. doe-mbi. ucla. edu/Services/Twinning

Verify3D: www. nihserver. mbi. ucla. edu/Verify _ 3D/

WHAT _ CHECK: www. swift. cmbi. ru. nl/gv/whatcheck/

WinGX: www. chem. gla. ac. uk/ ~ louis/software/wingx/

Xfit: www. sdsc. edu/CCMS/Packages/XTALVIEW/xtalview. html

进 阶 读 物

　　本书的宗旨是为已有一些专业基础的晶体学者提供常见精修问题的帮助，既不是对晶体结构精修的彻底全面说明也不是关于晶体学领域的通俗性读物。对于后者有大量优秀的教材和文章可以参考。下列读物提供了更加全面的介绍。有兴趣的读者可以查阅这些参考文献以获得更加全面的知识——如果他/她希望达到这个目的的话。

　　（1）W. Massa（2004）．"Crystal Structure Determination"．2nd edn．New York：Springer.

　　这是入门者的理想读物。在 R. O. Gould 的这本优秀译作中，Massa 介绍了所有基础性内容：正空间和倒易空间的对称性、X 射线起源和其他实践操作以及结构解析和精修。许多教授晶体学入门课程的高级教师为其学生推荐这本书。正是该书的德文原版在我还初出茅庐的时候帮助我掌握了晶体学的知识。

　　（2）W. Clegg（1998），"Crystal Structure Determination"，Oxford：Oxford University Press.

　　如果你想囫囵吞枣地了解，那么这本书就很适合你。在不到 100 页的书中，Clegg 讲述了 X 射线结构测定中最重要的基础性内容。

　　（3）C. Giacovazzo，ed.（2002），"Fundamentals of Crystallography"．2nd edn，Oxford：Oxford University Press.

　　这本书是已从 Massa 等著作中入门的人进一步深造的理想读物。晶体学中最重要的部分被解释得通俗易懂，每一位严谨的晶体学者都应当读一下。

　　（4）W. Clegg，ed.（2001），"Crystal Structure Analysis"，Oxford：Oxford University Press.

　　这本书的内容基于"X 射线结构分析精品课程"的素材，描述了晶体学实践方法，晶体生长（多数同类书籍并没有涉及）、几种数据收集技术、结构解析和精修方法以及晶体结构模型说明和晶体学数据库等内容。

　　（5）J. P. Glusker and K. N. Trueblood（1985），"Crystal Structure Analysis——A Primer"．2nd edn．Oxford：Oxford University Press.

　　此书是一本经典之作，主要面向生物学家。书中阐述了从 X 射线衍射花样到三维结构的方方面面的问题。叙述富有条理性且容易理解。同时它尽量少用公式并采用贴切的示例。

(6) G. H. Stout and L. H. Jensen(1989)，"X-Ray Structure Determination". 2nd edn. New York：Wiley Interscience.

这本带有大量精美插图的书内容全面。从 X 射线的产生和衍射开始，到方法的歧义性和误差结束，几乎你想知道的(或者还没听说的)关于 X 射线结构测定方法的每一件事都可在这里看到。遗憾的是这本书有些过时了，较新的进展比如面探测器就没有涉及。

(7) H. Lipson and W. Cochran(1966)，"The Determination of Crystal Structures". 3rd edn. Ithaca, NY：Cornell University Press.

这是 Lawrence Bragg 先生编辑的 "The Crystalline State" 丛书的第三卷。和第一卷或第二卷(第一卷：L. Bragg(第三版,1966)，"The Crystalline State"；第二卷：R. W. James (1965)， "The Optical Principles of the Diffraction of X-Rays" 一样，这是一本仍然令人惊异的书。虽然它的确过时且不再印刷，但是现在人们认为理所当然的关于 X 射线结构测定方法的许多细节在当时则是以崭新观念的形式出现，并且以令人激动的方式充分地进行解释。

虽然我一定不会将这本书推荐给一个新人，但是对专家来说，阅读这本书的确是一件快乐而享受的事。

下列网站值得一游[在 2005 年 11 月 20 日,所有的网站都是可访问的]

● 关于傅里叶变换和结构因子计算的 "Kevin Cowtan's Tutorials" 简单明了又富有启发性。通过这本 "Book of Fourier" 中的 "傅里叶鸭" 和 "傅里叶猫"，Cowtan 创造了一个奇迹：www. ysbl. york. ac. uk/ ~ cowtan/。

● Mike Sawaya 关于实践蛋白质晶体学内容的教程非常通俗易懂，并且用大量精心挑选的示例阐明许多重要的程序：www. doe-mbi. ucla. edu/ ~ sawaya/ tutorials/tutorials. html。

● Bernhard Rupp 的 "Crystallography 101" 对晶体学进行更加通俗的介绍。它是一本很好的在线入门教程：ruppweb. dyndns. org/Xray/101index. html。

● Eftichia Alexopoulos 和 Fabio Dall'Antonia 的 "SHELXTL Tutorial" 是入门者的理想练习资料，非常类似本书的零起步章节。它从小处着眼，详细介绍了 XPREP、SHELXS、SHELXL 和 XP 软件的基础：shelx. uni-ac. gwdg. de/tutorial/ english/index. html。

索 引

A

absolute structure	绝对结构　107，114，126，131，132，148，149，170
absorption	吸收　70，171，174
absorption correction	吸收校正　15，122，174，177；也可见 SAD-ABS 和 TWINABS
ACTA	ACTA　26，27
ADP restraints	原子位移参数限制　21，22，68，69，126；也可见 SIMU/DELU/ISOR
ADP constraints	原子位移参数约束，参见 EADP
AFIX	AFIX　17，18，33，34，70，75，90—93，169，170，187
angles	角度，参见 bond angles
ANIS	ANIS　56，72，75，82，189，192
anisotropic displacement parameters	各向异性位移参数　60—62，64，182，189，190，198，199
anisotropic refinement	各向异性精修　10，70，102，144，171
anomalous diffraction/scattering	反常衍射/散射　10，107，125，148
atomic coordinates	原子坐标，参见 coordinates
atom type	原子类型　10，15，27，45—50，57，167，174，177，178，212

B

Babinet's principle	Babinet 原理　62，98
BASF	BASF　107，126，127，130—132，135，144—148
batch scale factors	批比例因子，参见 BASF
BIND	BIND　7，193
BLOC	BLOC　187，198
BOND	BOND　25，27，35

光盘文件勘误说明

　　文件 hbond-03. ins、hbond-03. res、hbond-03. lst、hbond-04. ins、hbond-04. res、hbond-04. lst、hbond-05. ins、hbond-05. res、hbond-05. lst 中氢原子(H10S)的占有率应该是50%而不是100%。将 Q(16) 指定为 H10S 时，就要以半占据状态来考虑它。顺便提一句，当以半占据状态正确加入这个氢原子后，精修是不稳定的。此时唯一的办法是利用指令 HFIX 147 求得这个溶剂氢原子的精修结果。

　　文件 co-0 * . ins、co-0 * . res 和 co-0 * . lst 中，氢原子(H2N，在文件 co-01. ins、co-01. res 和 co-01. lst 中则标记为 H1LB)的占有率其实是100%，并非50%。

　　文件 tol-0 * . ins、tol-0 * . res 和 tol-0 * . lst 中，EQIV 指令给定的对称操作是错误的，正确的指令语句应该是：

EQIV $ 1x, 0. 5 - y, z

上述这些错误将在下一版中纠正。

　　感谢 Dan Anderson、Adam Beitelman、Becky Bjork、Sandy Blake、Montana Childress、Tim Cook、Jim Ibers、Jörg Kärcher、Nick Piro、George Sheldrick、Youtao Si、Glenn Yap 和 Shao-Liang Zheng 指出书中的这些错误以及已在2008年重印中纠正的其他疏漏。

P. Müller

郑 重 声 明

高等教育出版社依法对本书享有专有出版权。任何未经许可的复制、销售行为均违反《中华人民共和国著作权法》，其行为人将承担相应的民事责任和行政责任，构成犯罪的，将被依法追究刑事责任。为了维护市场秩序，保护读者的合法权益，避免读者误用盗版书造成不良后果，我社将配合行政执法部门和司法机关对违法犯罪的单位和个人给予严厉打击。社会各界人士如发现上述侵权行为，希望及时举报，本社将奖励举报有功人员。

反盗版举报电话：（010）58581897/58581896/58581879

传　　真：（010）82086060

E‒mail：dd@hep.com.cn

通信地址：北京市西城区德外大街 4 号

　　　　　　高等教育出版社打击盗版办公室

邮　　编：100120

购书请拨打电话：（010）58581118

图字：01 - 2009 - 3089 号

Crystal Structure Refinement：A Crystallographer's Guide to SHELXL ©
Oxford University Press，2006

"Crystal Structure Refinement：A Crystallographer's Guide to SHELXL" was o-
riginally published in English in 2006. This translation is published by arrange-
ment with Oxford University Press.

原著以英文在 2006 年出版，本翻译版由牛津大学出版社授权出版。

图书在版编目（CIP）数据

晶体结构精修：晶体学者的 SHELXL 软件指南/（美）马勒
（Müller, P.）等著；陈昊鸿译. —北京：高等教育出版社，
2010.3（2021.2重印）

（材料科学经典著作选译）

书名原文：Crystal Structure Refinement：A Crystallographer's
Guide to SHELXL

ISBN 978-7-04-028880-3

Ⅰ.①晶… Ⅱ.①马…②陈… Ⅲ.①晶体结构–应用
软件，SHELXL–指南 Ⅳ.①O76-39

中国版本图书馆 CIP 数据核字（2010）第 020616 号

| 策划编辑 | 刘剑波 | 责任编辑 | 周延彪 | 封面设计 | 刘晓翔 | 版式设计 | 张 岚 |
| 责任校对 | 王效珍 | 责任印制 | 耿 轩 | | | | |

出版发行	高等教育出版社	咨询电话	400 - 810 - 0598
社 址	北京市西城区德外大街 4 号	网 址	http：//www.hep.edu.cn
邮政编码	100120		http：//www.hep.com.cn
印 刷	固安县铭成印刷有限公司	网上订购	http：//www.landraco.com
开 本	787×1092 1/16		http：//www.landraco.com.cn
印 张	16.5	版 次	2010 年 3 月第 1 版
字 数	300 000	印 次	2021 年 2 月第 4 次印刷
购书热线	010 - 58581118	定 价	69.00 元

本书如有缺页、倒页、脱页等质量问题，请到所购图书销售部门联系调换

版权所有 侵权必究

物 料 号 28880 -A0

材料科学经典著作选译

已经出版

非线性光学晶体手册（第三版，修订版）
V. G. Dmitriev, G. G. Gurzadyan, D. N. Nikogosyan
王继扬　译，吴以成　校

ISBN 978-7-04-027780-7

非线性光学晶体：一份完整的总结
David N. Nikogosyan
王继扬　译，吴以成　校

ISBN 978-7-04-027779-1

脆性固体断裂力学（第二版）
Brian Lawn
龚江宏　译

ISBN 978-7-04-025379-5

凝固原理（第四版，修订版）
W. Kurz, D. J. Fisher
李建国　胡侨丹　译

ISBN 978-7-04-028879-7

陶瓷导论（第二版）
W. D. Kingery, H. K. Bowen, D. R. Uhlmann
清华大学新型陶瓷与精细工艺国家重点实验室　译

ISBN 978-7-04-025600-0

晶体结构精修：晶体学者的SHELXL软件指南（附光盘）
P. Müller, R. Herbst-Irmer, A. L. Spek, T. R. Schneider,
M. R. Sawaya
陈昊鸿　译，赵景泰　校

ISBN 978-7-04-028880-3

金属塑性成形导论
Reiner Kopp, Herbert Wiegels
康永林　洪慧平　译，鹿守理　审校

ISBN 978-7-04-028136-1

金属高温氧化导论（第二版）
Neil Birks, Gerald H. Meier, Frederick S. Pettit
辛丽　王文　译，吴维芟　审校

ISBN 978-7-04-030273-8

金属和合金中的相变（第三版）
David A.Porter, Kenneth E. Easterling, Mohamed Y. Sherif
陈冷　余永宁　译

ISBN 978-7-04-030567-8

电子显微镜中的电子能量损失谱学（第二版）
R. F. Egerton
段晓峰　高尚鹏　张志华　谢琳　王自强　译

ISBN 978-7-04-031535-6

纳米结构和纳米材料：合成、性能及应用（第二版）
Guozhong Cao, Ying Wang
董星龙　译

ISBN 978-7-04-032624-6

焊接冶金学（第二版）
Sindo Kou
闫久春　杨建国　张广军　译

ISBN 978-7-04-030127-4

晶体材料中的界面
A. P. Sutton, R. W. Balluffi
叶飞　顾新福　邱冬　张敏　译

ISBN 978-7-04-043153-7

透射电子显微学（第二版，上册）
David B. Williams, C. Barry Carter
李建奇　等　译

ISBN 978-7-04-043150-6

粉末衍射理论与实践
R. E. Dinnebier, S. J. L. Billinge
陈昊鸿　雷芳　译，陈昊鸿　校

ISBN 978-7-04-044970-9

材料力学行为（第二版）
Marc Meyers, Krishan Chawla
张哲峰　卢磊　等　译，王中光　校

ISBN 978-7-04-046336-1

即将出版

透射电子显微学（第二版，下册）
David B. Williams, C. Barry Carter
李建奇　等　译

先进陶瓷制备工艺
M. N. Rahaman
宁晓山　译

固体表面、界面与薄膜（第五版）
Hans Lüth
王聪　译

水泥化学（第三版）
H. F. W. Taylor
沈晓冬　陈益民　许仲梓　译

材料的结构（第二版）
Marc De Graef, Michael E. McHenry
李含冬　王志明　译

晶体生长入门：成核、生长和外延基础（第二版）
Ivan V Markov
牛刚　王志明　译

位错导论（第五版）
D. Hull, D. J. Bacon
黄晓旭　吴桂林　译

发光材料
G. Blasse , B.C. Grabmaier
陈昊鸿　译